Nachthimmel

Carole Stott

Nachthimmel

Praktische Astronomie
für Einsteiger

Carole Stott

coventgarden

coventgarden

BEI DORLING KINDERSLEY

Lektorat Heather Jones
Bildbetreuung Vanessa Hamilton
Gestaltung Joanne Long
DTP-Design Jason Little
Bildrecherche Andrea Sadler
Herstellung Michelle Thomas, Silvia La Greca
Cheflektorat Martyn Page
Leitung Bildlektorat Bryn Walls

Für die deutsche Ausgabe:
Programmleitung Monika Schlitzer
Projektbetreuung Kathrin Schmidt
Herstellungsleitung Dorothee Whittaker
Herstellung Gerd Wiechcinski

Bibliografische Information Der Deutschen Bibliothek
Die Deutsche Bibliothek verzeichnet diese Publikation in der Deutschen Nationalbibliografie;
detaillierte bibliografische Daten sind im Internet über http://dnb.ddb.de abrufbar.

Titel der englischen Originalausgabe:
New Astronomer

Übersetzung Margit Röser
Redaktion Dr. Friedrich Kögel, Dr. Eva Dempewolf
Satz Peter Rudolph

ISBN 978-3-8310-9049-5

Colour reproduction by GRB, Italy
Printed and bound in China by Toppan Printing Co., (Shenzhen) Ltd.

Besuchen Sie uns im Internet
www.dk.com

Hinweis

Die Informationen und Ratschläge in diesem Buch sind von den Autoren und vom Verlag sorgfältig erwogen und geprüft, dennoch kann eine Garantie nicht übernommen werden.

Eine Haftung der Autoren bzw. des Verlags und seiner Beauftragten für Personen-, Sach- und Vermögensschäden ist ausgeschlossen.

Inhalt

Sterngucken mit dem Fernglas

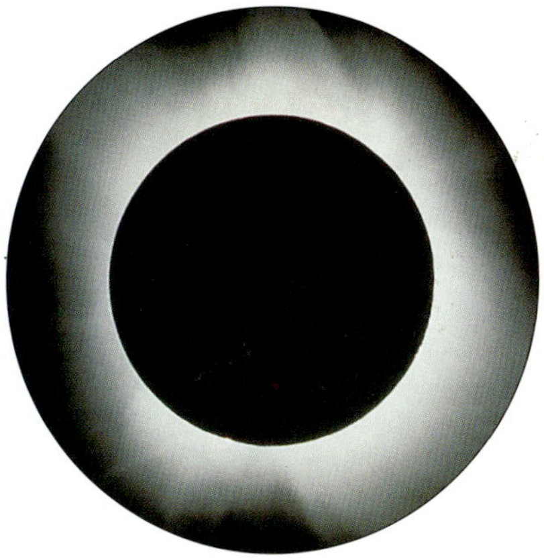

Sonnenfinsternis

Beobachtung des Sonnensystems

Beobachtung der Sterne

Die Galaxie M33 in Triangulum

Der Planet Saturn

Der Sternenhaufen der Plejaden

Der Kugelhaufen M10 in Ophiuchus

Nordlicht

Überall auf der Erde kann man über sich den Himmel sehen, der unseren Planeten umgibt. Dieser Himmel ist in ständiger Veränderung begriffen, und welchen Anblick er bietet, hängt vom jeweiligen Standort ab. Dieses Kapitel beschreibt, was man von wo sehen kann, wie sich der Anblick verändert, und wie man sich mit Hilfe von Himmelskarten orientiert.

Einführung in den Nachthimmel

Der Blick nach oben

Blickt man nach oben an den Himmel, so schaut man hinaus in die unermesslichen Weiten des Alls. In jeder Richtung liegen Abermilliarden von Sternen. Es gibt ganze Galaxien voller Sterne und Wolken aus Gas und Staub, die von explodierten Sternen stammen. Näher bei uns liegt unser eigener Stern, die Sonne, die uns auf der Erde Licht und Wärme spendet.

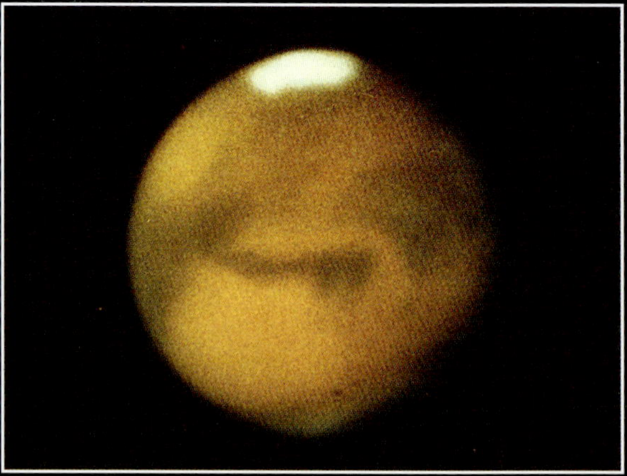

Die Milchstraße
In dunklen Nächten zieht sich quer über den Himmel ein nebliges Lichtband. Dies ist die Ansicht, die wir von unserer eigenen Galaxis haben. Ihre dicht gedrängten Sterne erinnern an verschüttete Milch, daher ihr Name: Milchstraße.

Die Planeten
Die Planeten erscheinen am Himmel wie helle Sterne, erweisen sich bei näherem Hinschauen jedoch als Scheibchen. Mars (oben) ist eine rotierende Gesteinskugel mit Polkappen und dunklen Flecken, die von der Erde aus mit einem Teleskop sichtbar sind.

Ferne Galaxien
Galaxien sind riesige Ansammlungen von Sternen, die so weit entfernt sind, dass selbst eine der nächsten, die Andromeda-Galaxie, nur wie ein kleiner verschwommener Lichtfleck erscheint. Erst im Teleskop wird die Gestalt der Galaxie erkennbar.

Sternhaufen
Einige Sterne bilden zusammen mit Tausenden anderer Sterne regelrechte Haufen. Dieser Sternhaufen (oben) besteht aus alten Sternen, die von Geburt an beieinander geblieben sind.

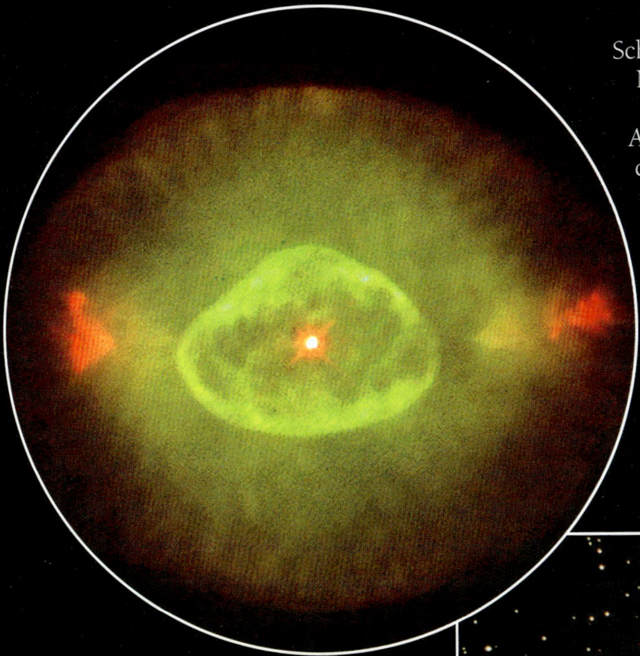

Sternenmuster
Schauen wir zum dunklen Nachthimmel auf, fallen die hellsten Sterne ins Auge, deren Lichtpunkte charakteristische Muster wie z. B. Orion bilden. Diese sogenannten Sternbilder helfen Astronomen und Hobby-Sternenguckern, sich am Himmel zurechtzufinden.

Sterben eines Sterns
Jeder Stern ist schon deshalb einzigartig, weil er sich in einem ganz bestimmten Entwicklungsstadium befindet. Der oben abgebildete Stern hat seinen Todeskampf begonnen und stößt gigantische Gaswolken ab.

Helle Nebel
Nebel sind riesige Gas- und Staubwolken, die aus von Sternen abgestoßenem Material entstehen. Aus ihnen bilden sich neue Sterne, die in Millionen Jahren am irdischen Himmel leuchten werden.

Sonnenfinsternis
Eine Sonnenfinsternis ist ein seltenes Himmelsschauspiel, das immer dann zu sehen ist, wenn der Mond die Sonne bedeckt.

Observatorium Erde

Es gibt Zigtausende kosmischer Objekte am Himmel, die von der Erde aus betrachtet alle gleich weit entfernt wie auf einer riesigen Leinwand zu liegen scheinen. Tatsächlich stehen jedoch alle Himmelsobjekte in ganz unterschiedlichen Entfernungen zur Erde und auch zueinander. Von der Erde aus erhält man auch einen falschen Eindruck von der Größe und Natur kosmischer Objekte. Eine ferne Galaxie aus Milliarden von Sternen erscheint am Himmel genauso groß wie ein einzelner Stern. Auch Planeten werden häufig für Sterne gehalten, und ein verschwommenes Lichtfleckchen kann mehrerlei sein: ein Haufen aus Tausenden von Sternen, ein Nebel oder ein vorüberziehender Komet. Mit der Zeit lernt man jedoch, viele unterschiedliche Objekte zu identifizieren.

Planet Erde
Wenn wir von der Erde hinaus in den Weltraum blicken, scheinen sich alle Objekte am Himmel um uns herum zu drehen. In Wirklichkeit ist es aber natürlich die Erde, die sich dreht und durch den Raum bewegt.

Der Mond
Eines der kleinsten Himmelsobjekte, der Mond, erscheint uns am Himmel als eines der größten, weil er der Erde am nächsten steht.

Der Planet Jupiter
Ein Stück weiter entfernt sind die Planeten. Jupiter sieht von der Erde wie ein kleiner heller Stern aus, obwohl er 41-mal größer ist als der Mond und neben diesen gestellt riesig wirken würde. Er erscheint nur deshalb so klein, weil er etwa 2000-mal weiter entfernt ist.

Ein Fenster zum Weltall
Bei klarem Himmel kann man weit hinaus in den Weltraum schauen. Ganz gleich, von welchem Land aus ein Beobachter den Himmel betrachtet und in welche Richtung er schaut – Nord, Süd, Ost oder West –, immer öffnet sich ihm ein Fenster zum All, durch das er Objekte völlig unterschiedlicher Größe, Struktur und Entfernung sehen kann.

Galaxien
Die größten und entferntesten beobachtbaren Objekte sind Galaxien, die weit jenseits unserer eigenen liegen. Wegen ihrer enormen Entfernung sehen sie winzig aus, doch sie enthalten Milliarden von Sternen.

Die Sterne
Jeder Stern ist wie die Sonne eine riesige Kugel aus heißem, leuchtendem Gas. Sterne können sich zu Tausenden zusammenscharen und sogenannte Haufen bilden.

Der Schleier-Nebel
In den Räumen zwischen den Sternen liegen riesige Wolken aus Gas und Staub, die Nebel genannt werden.

Komet West
Kometen sind »schmutzige Schneebälle« am Rand des Sonnensystems. Gerät jedoch ein Komet in die Nähe der Sonne, wird er zu einer spektakulären Erscheinung an unserem Himmel.

Entfernungsmessung

Entfernungen innerhalb des Sonnensystems werden mit Radar gemessen, die naher Sterne mit der Parallaxenmethode (rechts). Dazu beobachtet man einen Stern von entgegengesetzten Seiten der Erdbahn aus, d. h. im Abstand von 6 Monaten. Aus der scheinbaren Verschiebung der Position des Sterns lässt sich seine Entfernung errechnen. Weiter entfernte Sterne werden durch Analyse ihres Lichtes vermessen.

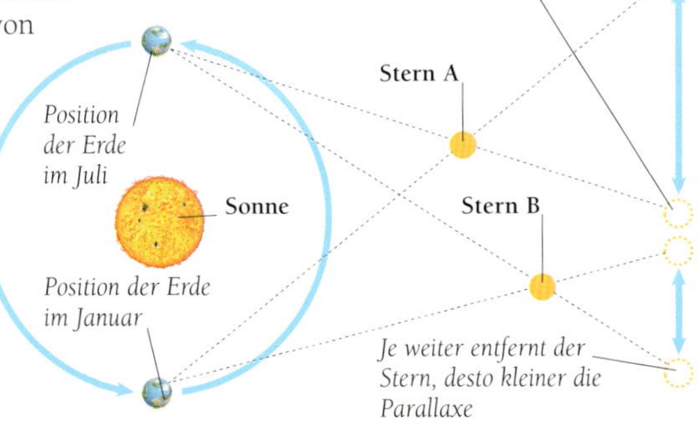

Jenseits unseres heutigen Sehvermögens

Es gibt zahllose Galaxien im All, die wir noch nie erblickt haben. 1995 schaute das leistungsstarke Hubble-Weltraumteleskop 10 Tage lang auf ein kleines Stückchen Himmel (etwa $^{1}/_{30}$ Vollmonddurchmesser) und erzeugte das obige Bild. Astronomen schätzen, dass über 3000 Galaxien auf dieser Aufnahme zu sehen sind.

Der veränderliche Himmel

Unser Heimatplanet, die Erde, wandert durch den Weltraum. Sie dreht sich täglich einmal um sich selbst und läuft in einem Jahr einmal um die Sonne. Obwohl wir die Bewegung der Erde nicht spüren, können wir sie durch die Bewegung der kosmischen Objekte am Himmel wahrnehmen. Der tägliche Lauf der Sonne ist uns am vertrautesten, doch auch die Sterne ziehen jede Nacht von Ost nach West über den Himmel. Die jährliche Bewegung der Erde um die Sonne zeigt sich zum einen in dem veränderten Sonnenstand am Himmel – im Sommer steht sie hoch, im Winter tief – und zum anderen in den wechselnden Sternbildern, die Monat für Monat über unseren Köpfen erscheinen, während die Erde vor dem Hintergrund der Sterne ihre Bahn zieht.

Die Sonne steigt am Morgenhimmel

Die tägliche Rotation der Erde
Die Erde dreht sich in 24 Stunden einmal um ihre Achse. Dabei erleben wir wechselnde Perioden von Tag und Nacht, d. h. Licht und Dunkelheit, da wir einmal der Sonne zu- und einmal von ihr abgewandt sind.

Tägliche Veränderungen

Wenn sich die Erde bei ihrer täglichen Rotation der Sonne zuwendet, steigt diese über dem östlichen Horizont auf und bewegt sich langsam über den Himmel, bis sie in der Mitte ihres Laufs ihren Höchststand erreicht. Während sich die Erde nun langsam wieder von der Sonne abwendet, sinkt diese gen Westen und verschwindet schließlich hinter dem westlichen Horizont.

Jährliche Veränderungen am Nachthimmel

Fast überall auf der Welt, mit Ausnahme des Nord- und Südpols, erblickt man im Laufe eines Jahres unterschiedliche Sterne am Himmel. Die Reihenfolge der im Jahreslauf beobachtbaren Sterne ist stets gleich. So kann beispielsweise ein Beobachter an einem bestimmten Ort auf der Nordhalbkugel, der jeweils zu einer bestimmten Uhrzeit in dieselbe Richtung schaut, die unten abgebildeten Veränderungen am Himmel verfolgen.

Mitte Januar 22.30 Uhr
Orion (S. 112) steht dicht über dem Horizont (rechts). Mit Fortschreiten der Nacht werden Canis Major (S. 113) und der strahlende Sirius weiter über den Himmel wandern.

Ende Mai 22.30 Uhr
Arktur (unten rechts) strahlt als Leuchtfeuer im Sternbild Bootes (S. 120). Links in der Mitte erkennt man einen Halbkreis heller Sterne: die Corona Borealis (S. 120).

Mitte September 22.30 Uhr
Gegen Jahresende ist Aquarius (S. 108) zu sehen; im Laufe des neuen Jahres erscheinen dann nacheinander auch die anderen Tierkreis-Sternbilder.

Tägliche Veränderungen am Nachthimmel
Im Laufe der Nacht verändern die Sterne ihre Position. Wir bemerken zwar diese Veränderung, können die Bewegung mit dem Auge aber nicht direkt wahrnehmen. Auf langbelichteten Fotografien ist sie in Form von Lichtspuren jedoch deutlich erkennbar.

Jährliche Veränderungen am Taghimmel

Die Aussage, die Sonne gehe im Osten auf und im Westen unter, gilt nur näherungsweise. Während die Jahreszeiten fortschreiten und die Erde ihren Umlauf um die Sonne vollendet, geht die Sonne an unterschiedlichen Punkten entlang des Horizonts auf und unter.

Sonnenuntergang, 6. August
Die Sonne verschwindet gerade hinter dem Horizont dieses bei 50°N gelegenen Beobachtungsstandorts. Der Fotograf blickt in Richtung Westen.

Sonnenuntergang, 7. August
Schaut man einen Tag später am selben Standort zur gleichen Zeit nach Westen, sieht man die Sonne ein Stück weiter südlich untergehen.

Sonnenuntergang, 11. August
Mit Fortschreiten des Sommers rückt der Untergangspunkt der Sonne auf der Horizontlinie immer weiter nach Süden.

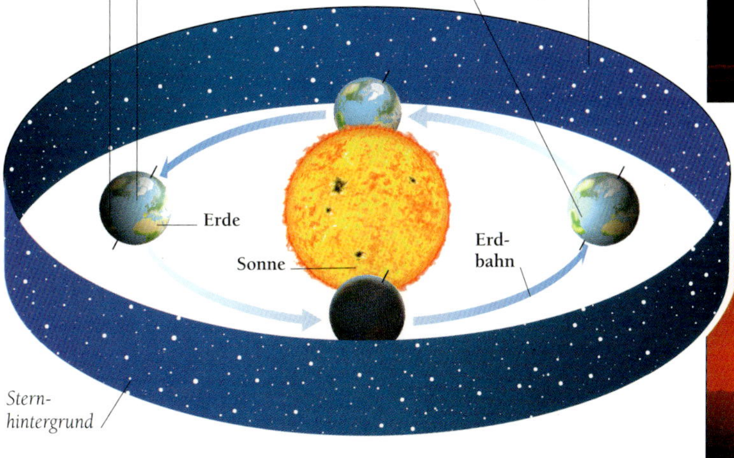

Warum sich der Himmel im Laufe eines Jahres verändert
Die Erde benötigt für einen Umlauf um die Sonne ein Jahr. Während die Erde ihre jährliche Bahn vor dem Hintergrund der Sterne zieht, sieht ein Beobachter auf der Erde Nacht für Nacht jeweils zur gleichen Zeit immer andere Sterne.

Die lokale Himmelsansicht

Schaut man an den Himmel, so blickt man auf eine imaginäre Sphäre, die die Erde umgibt (S.16–17). An jedem Ort der Erde ist zu jedem Zeitpunkt immer nur ein Teil dieser Sphäre sichtbar. Wenn sich dieser Anblick auch im Laufe eines Jahres ändert, können die meisten Beobachter doch nie die gesamte Himmelssphäre betrachten.

Der sichtbare Teil der Sphäre hängt direkt von der geographischen Breite des Standorts des Beobachters ab. Beobachter auf demselben Breitengrad rings um die ganze Welt sehen nacheinander denselben Himmelsausschnitt. Für optimale Sicht auf den Himmel sollte man den bestmöglichen Standort für seine Beobachtungen wählen.

Welche Sterne wo sichtbar sind

Der Ausschnitt der Himmelssphäre, der an einem Ort der Erde sichtbar ist, hängt von dessen geographischer Breite ab. Geht man nach Norden oder Süden, ändert sich der sichtbare Teil der Sphäre. Die Sterne auf dem entsprechenden Sphärenausschnitt sind das ganze Jahr über zu sehen. (Sie stehen immer am Himmel, sind aber nur sichtbar, wenn sie sich nachts über dem Horizont befinden.)

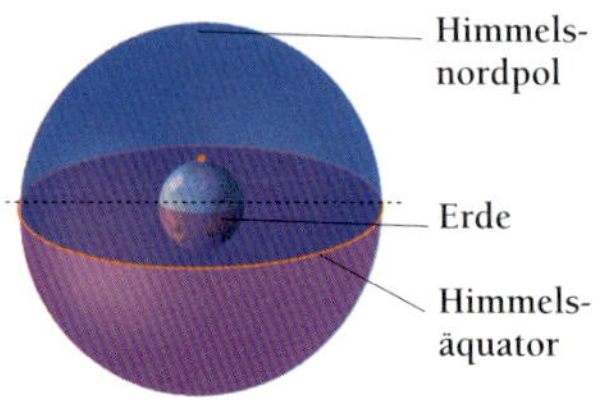

Blick vom Nordpol
Der Himmelsnordpol steht senkrecht über dem Beobachter. Nur die Sterne der nördlichen Himmelshemisphäre sind sichtbar.

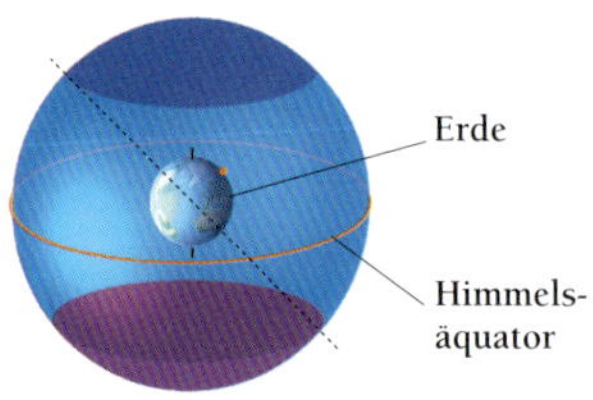

Blick von mittleren Breiten
Die Sterne in der Nähe des Himmelspols sind stets sichtbar. Andere erscheinen im Laufe des Jahres.

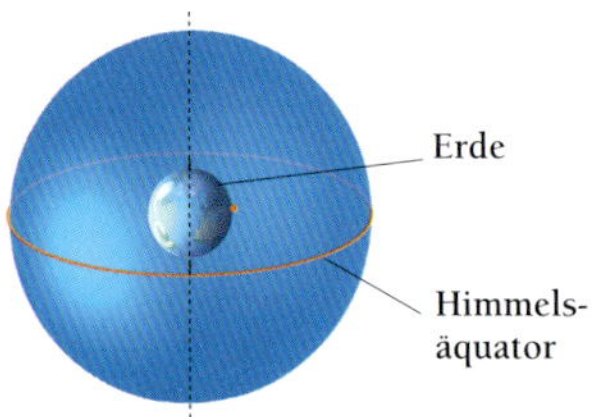

Blick vom Äquator
Der Himmelsäquator befindet sich direkt über dem Beobachter, die Himmelspole liegen am Nord- bzw. Südhorizont. Im Laufe des Jahres sind alle Sterne zu sehen.

Legende zu den Himmelssphären

- Immer sichtbare Sterne
- Zu einem bestimmten Zeitpunkt im Jahr sichtbare Sterne
- Niemals sichtbare Sterne
- ······ Horizont
- • Standort des Beobachters

Stadt und Land

Kosmische Objekte wie Sterne und Planeten sind am besten an einem dunklen Himmel zu sehen, weit weg von Straßen- und Hausbeleuchtung. In ländlichen Gegenden hat man die beste Sicht, und höher gelegene Standorte bieten noch bessere Beobachtungsmöglichkeit.

Breite und Länge

Beobachter auf demselben Breitengrad können sich auf entgegengesetzten Seiten der Erde befinden, bei unterschiedlichen geographischen Längen, und sehen doch dieselben Sterne. So kann z. B. ein Beobachter in Japan nachts zur gleichen Ortszeit dieselben Sterne betrachten wie ein Beobachter in Arizona, allerdings erst ein paar Stunden später.

Arizona, USA, 22.00 Uhr
Das Sternbild Orion steht in Arizona spätabends hoch über dem südlichen Horizont.

Tokio, Japan, 22.00 Uhr
Einige Stunden später sieht man auch in Japan Orion hoch über dem Horizont stehen.

In der Stadt
Der Himmel über einer erleuchteten Stadt ist nie richtig dunkel, doch helle Sterne und Planeten kann man erkennen. Da diese Sterne gewöhnlich die charakteristischen Sternbildmuster bilden, ist die Stadt ein guter Ort, die wichtigsten Konstellationen kennen zu lernen.

Auf dem Lande
Am dunkelsten ist der Himmel auf dem Lande, weitab von künstlicher Beleuchtung. Hier sind auch lichtschwache Sterne zu sehen, nicht nur die hellen wie in der Stadt. Während man dort nur rund 300 Sterne sieht, sind es auf dem Lande etwa 3500.

Verbesserte Sicht

Stellen Sie mit Hilfe der Sonnenauf- und -untergangszeiten für die verschiedenen geographischen Längen (S. 136) fest, wann Ihr Himmel dunkel ist. Mit bloßem Auge kann man bei wirklich dunklem Himmel Hunderte von Sternen erkennen, wenn auch die Beobachtung lichtschwächerer Objekte schwieriger sein mag. In solchen Fällen hilft oft die Technik des indirekten Sehens: Schauen Sie nicht direkt auf das Objekt, sondern etwas seitlich daran vorbei. Das Licht fällt dann auf den empfindlicheren äußeren Bereich der Netzhaut, und plötzlich können Sie das Objekt sehen.

Beobachtungsmethoden
Die Symbole unten tauchen im ganzen Buch auf und zeigen an, mit welchem Instrument ein Objekt am besten zu beobachten ist.

Mit bloßem Auge

Mit einem Fernglas

Mit einem Teleskop

Mittels CCD-Kamera/Computer

Mit dem Fernglas
Im Fernglas sind etwa 43 000 Sterne auszumachen. Berge und Krater auf dem Mond sowie Sternhaufen, Nebel und Galaxien werden ebenfalls sichtbar.

Im Sitzen lässt sich das Fernglas leichter ruhig halten

Nächtliche Sternbewegung

Von der geographischen Breite des Beobachterstandorts hängt ab, welcher Teil der Himmelssphäre sichtbar ist und wie sich die Sterne am Himmel bewegen, denn sie bestimmt die Position des Himmelspols am Himmel. Die Höhe des Himmelspols über dem Horizont ist gleich der Gradzahl der geographischen Breite, d. h. bei 35°N steht der Himmelsnordpol 35° über dem nördlichen Horizont.

Sternbewegungen in mittleren Breiten
Sowohl am Nord- als auch am Südhimmel scheinen die Sterne den jeweiligen Himmelspol zu umkreisen. Langbelichtete Fotografien zeigen jeden Stern als Lichtspur.

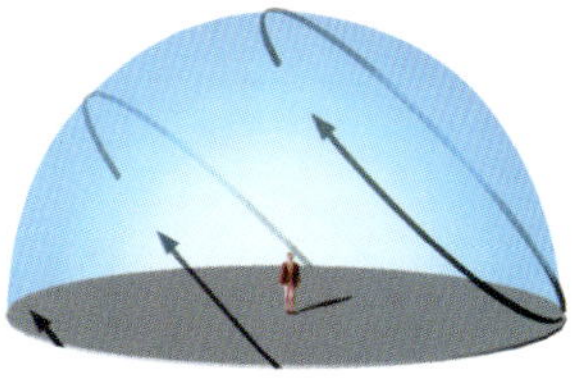

Ansicht bei mittleren Breiten
Hier scheinen einige Sterne den Himmelspol zu umkreisen, während andere am Horizont aufgehen, über den Himmel wandern und hinter dem gegenüberliegenden Horizont wieder verschwinden.

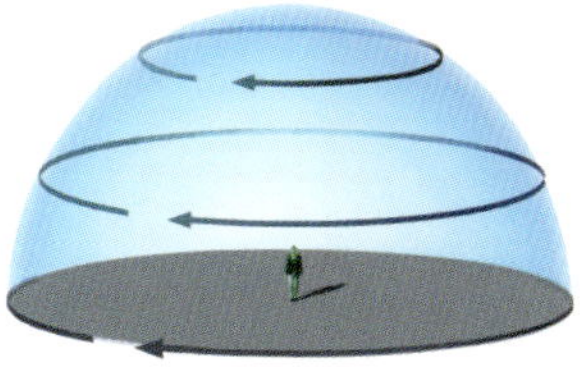

Ansicht am Nordpol
Ein Beobachter am Nordpol sieht die Sterne direkt über sich kreisen. Am Südpol kreisen sie in entgegengesetzter Richtung.

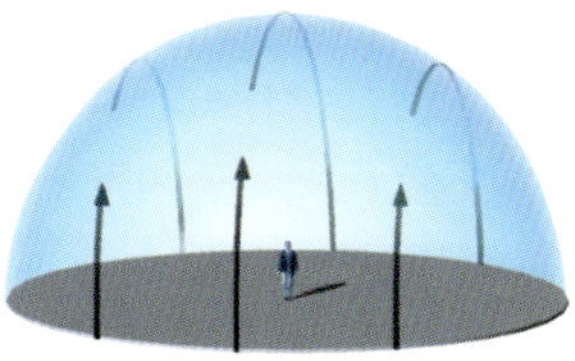

Ansicht am Äquator
Hier gehen alle Sterne am östlichen Horizont auf, wandern über dem Kopf des Beobachters über den Himmel und gehen schließlich hinter dem westlichen Horizont wieder unter.

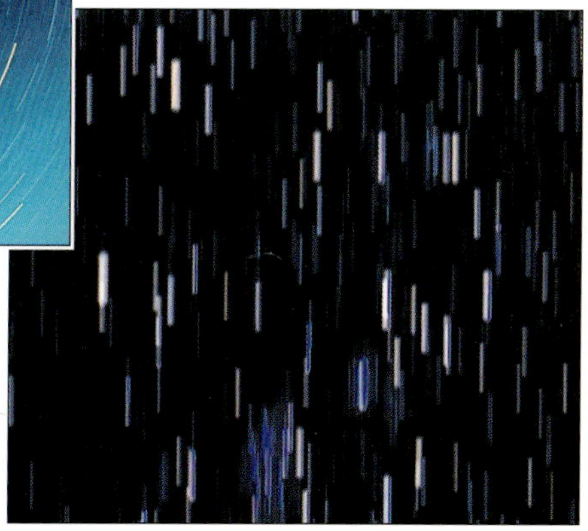

Sternbewegungen am Äquator
Die einzelnen Sterne erscheinen auf diesem am Äquator aufgenommenen langbelichteten Foto als Striche, die zum Horizont weisen, wo die Sterne schließlich untergehen werden.

Die Kartierung des Himmels

Eine Himmelskarte ist ein wichtiges Hilfsmittel für Astronomen – nicht nur für Anfänger, sondern auch für erfahrene Beobachter. Genau wie eine Landkarte hilft sie einem, sich am Himmel zu orientieren und einzelne Objekte aufzufinden. Sämtliche Himmelskarten beruhen auf dem Konzept der Himmelssphäre, einer imaginären Kugel, die die Erde umschließt. Die Sterne scheinen an der Innenseite dieser Kugel befestigt und behalten während ihrer nächtlichen Wanderung über den Himmel ihre relativen Positionen zueinander bei. Obwohl die Himmelssphäre nur in unserer Vorstellung existiert, ist sie Grundlage für alle Sternkarten.

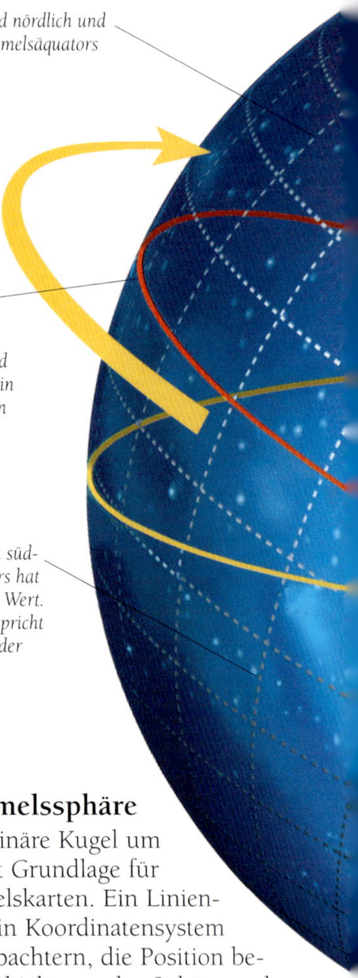

Die Himmelssphäre

Diese imaginäre Kugel um die Erde ist Grundlage für alle Himmelskarten. Ein Liniennetz und ein Koordinatensystem helfen Beobachtern, die Position bestimmter Objekte an der Sphäre und damit am Himmel festzulegen.

Die Himmelskoordinaten

Die Koordinaten Rektaszension (RA) und Deklination (Dek) dienen genauso wie die geographische Länge und Breite auf der Erde zur Festlegung der Position eines Sterns oder eines Planeten auf der Himmelssphäre. Die RA wird von 0 bis 24 Stunden (h), die Dek von 90 Grad Nord über 0 bis 90 Grad Süd gezählt.

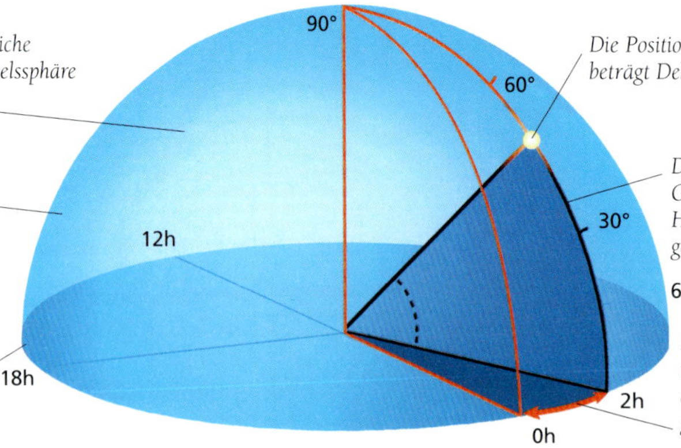

Stern-Größenklassen

Die Sterne am Himmel haben unterschiedliche Helligkeiten. Astronomen geben mit Hilfe einer sogenannten Größenklassen-Skala (Magnituden, Abk. mag) an, wie hell uns ein Stern erscheint. Diese scheinbare Helligkeit ist nicht gleich der tatsächlichen Helligkeit oder Leuchtkraft des Sterns. Auf Sternkarten hat jeder Stern eine Größenklassenzahl: je größer diese Zahl, desto lichtschwächer ist der Stern. Sterne, die heller erscheinen als 1 mag, erhalten die Zahl Null oder einen negativen Wert. Zum Beispiel hat der hellste Stern am Himmel, Sirius, –1,46 mag. Die Größenklassen-Skala gilt auch für andere kosmische Objekte. Der Vollmond hat –12,5 mag und Venus bei ihrer größten Helligkeit –4,4 mag.

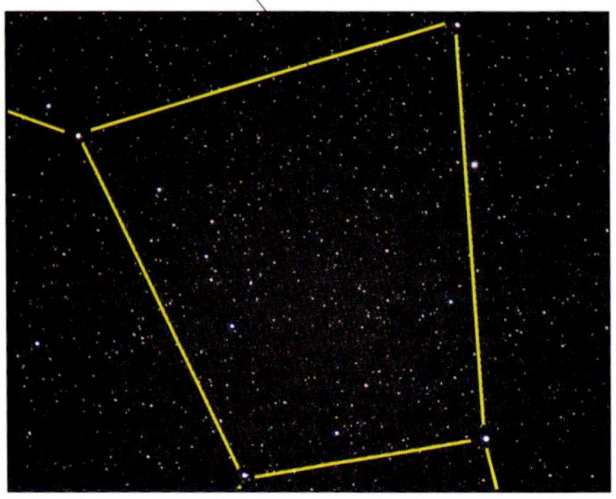

Sterne im Sternbild Hercules
Dieses Foto zeigt Sterne unterschiedlicher Größenklassen. Die lichtschwächsten (10 mag) sind mit bloßem Auge nicht sichtbar, wohl aber im Fernglas.

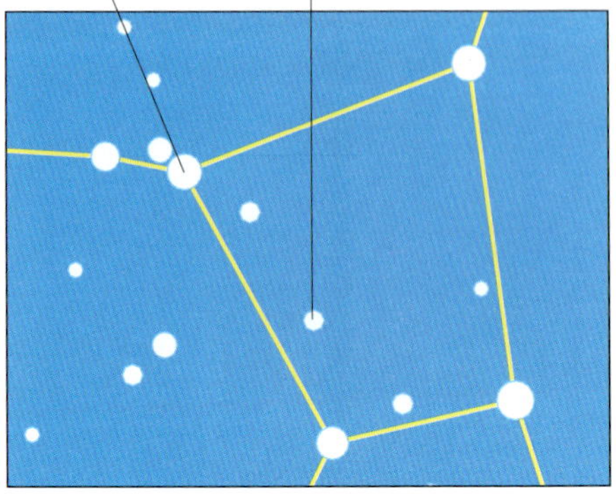

Sternbildkarte eines Teils von Hercules
Kreise auf den Karten symbolisieren die Sternhelligkeiten, gerundet auf die nächste ganze Zahl innerhalb der Größenklassen-Skala.

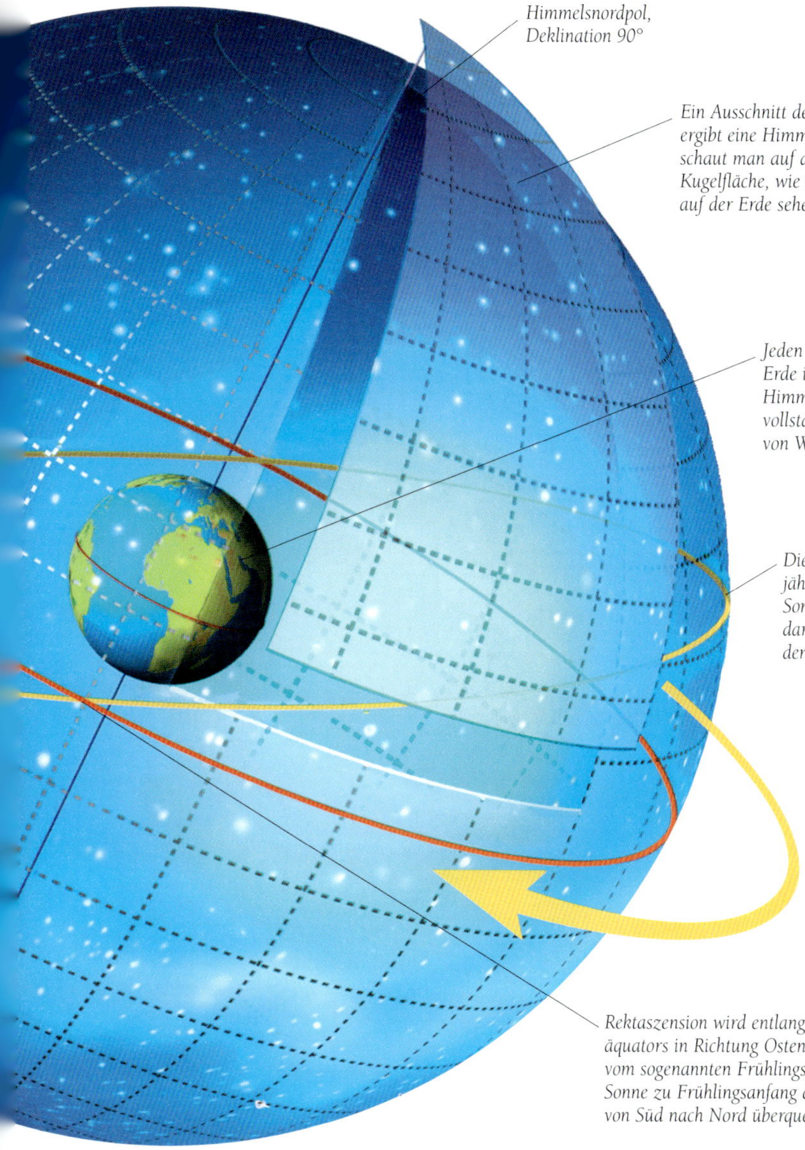

Himmelsnordpol, Deklination 90°

Ein Ausschnitt der Himmelssphäre ergibt eine Himmelskarte. Dabei schaut man auf die Innenseite der Kugelfläche, wie sie ein Beobachter auf der Erde sehen würde

Jeden Tag vollführt die Erde innerhalb der Himmelssphäre eine vollständige Drehung von West nach Ost

Die Ekliptik stellt die jährliche Bahn der Sonne über den Himmel dar. Sie kreuzt zweimal den Himmelsäquator

Rektaszension wird entlang des Himmelsäquators in Richtung Osten gemessen, ausgehend vom sogenannten Frühlingspunkt, an dem die Sonne zu Frühlingsanfang den Himmelsäquator von Süd nach Nord überquert

Himmelskarten

Himmelskarten werden erstellt, indem man die Himmelssphäre in Standardsektionen unterteilt und diese auf eine Ebene projiziert. Die Sphäre wird üblicherweise in die Nord- und Südpolarkarten sowie mehrere Äquatorialkarten unterteilt.

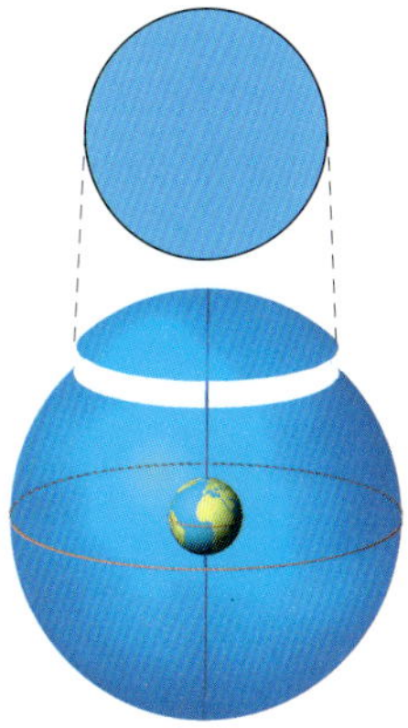

Nordpolarkarte
Dies ist der Bereich 50°N bis 90°N, zentriert auf den Himmelsnordpol.

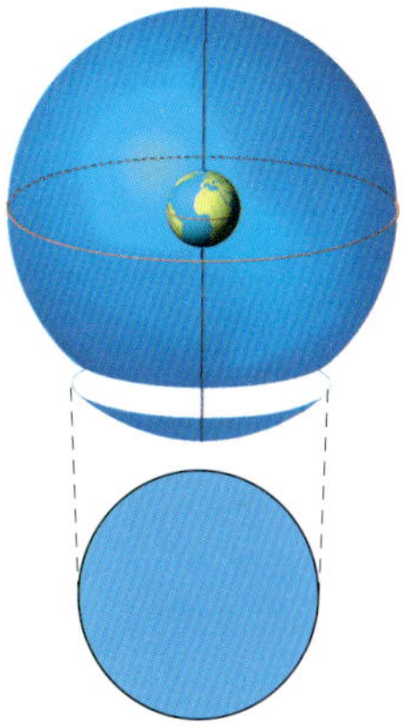

Südpolarkarte
Dies ist der Bereich 50°S bis 90°S, zentriert auf den Himmelssüdpol.

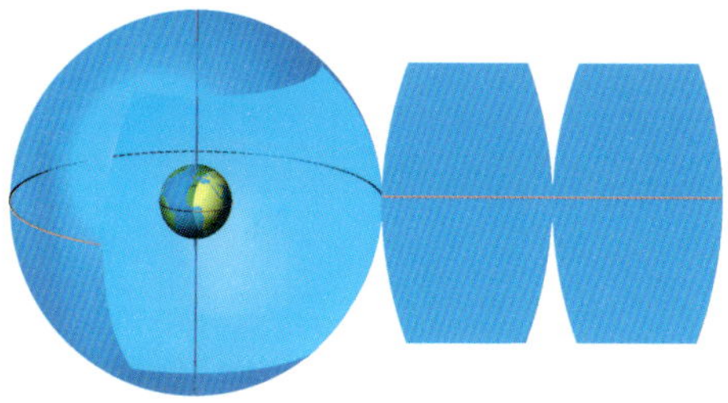

Äquatorialkarten
Ein breites Band zu beiden Seiten des Äquators kann in einzelne Karten unterteilt werden, die die im Laufe eines Jahres sichtbaren Sterne zeigen.

Andere Himmelskarten

Himmelskarten unterscheiden sich in der Anzahl der Objekte, die sie enthalten, und in den angegebenen Details. Einige zeigen sehr lichtschwache Sterne oder Sterntypen. Sternkataloge mit den Himmelskoordinaten kosmischer Objekte sind als Bücher oder auf Computer-Disketten erhältlich; sie sind für Beobachtungen mit Teleskopen unabdingbar (S. 26–27).

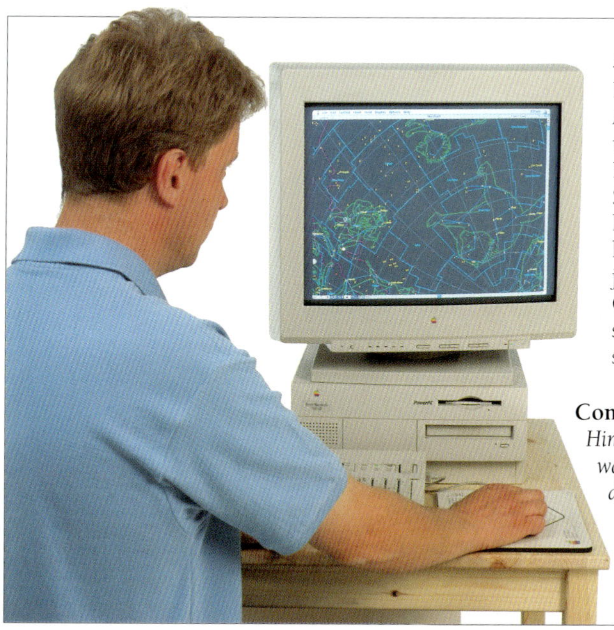

Computerkarten
Himmelskarten sind als Computersoftware erhältlich. Einige haben verschiedene Standorte gespeichert und zeigen den Himmel zu bestimmten Uhrzeiten und Daten; andere verdeutlichen die Bewegung von Objekten vor dem Sternhintergrund.

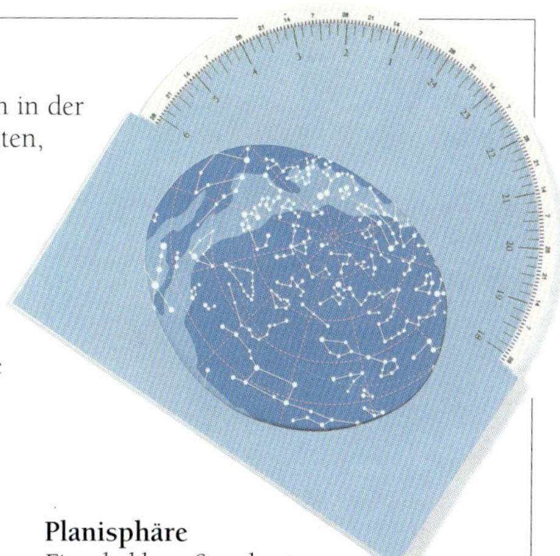

Planisphäre
Eine drehbare Sternkarte (Planisphäre) ist sowohl für Amateure als auch für Berufsastronomen ein nützliches Hilfsmittel zur Orientierung. Hinweise zum Zusammenbau und zur Benutzung der beiliegenden finden Sie auf S. 22–23.

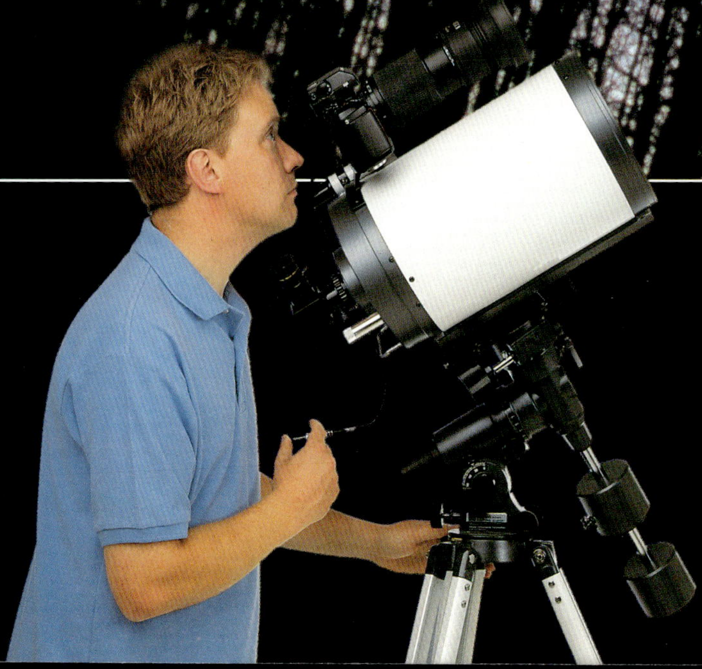

Viele Objekte am Nachthimmel können schon mit bloßem Auge beobachtet werden, optische Hilfsmittel zeigen jedoch wesentlich mehr. Dieses Kapitel erklärt den Gebrauch einer Planisphäre, die Vorteile von Ferngläsern, Teleskopen und CCD-Anlagen sowie Methoden der Himmels-Fotografie.

Astronomische Hilfsmittel und Techniken

Die Grundausstattung

Sternengucken ist eines der am leichtesten zu praktizierenden Hobbys. Man wartet einfach, bis es dunkel ist, geht hinaus und schaut hinauf an den Himmel. Eine spezielle Ausrüstung ist nicht nötig. Wichtig ist jedoch, dass man es warm und bequem hat, da es seine Zeit braucht, um mit dem Himmel vertraut zu werden, und selbst Sommernächte empfindlich kalt werden können, insbesondere wenn man einige Stunden bewegungslos verharrt.

Das Beobachtungstagebuch
Versuchen Sie Aufzeichnungen über das Gesehene zu machen. Schreiben Sie die Position eines Objekts, Zeit, Ort, Beobachtungsbedingungen und andere Einzelheiten auf. Einfache Skizzen dienen als Gedächtnisstütze zum späteren Vergleich und vervollständigen Ihre Notizen.

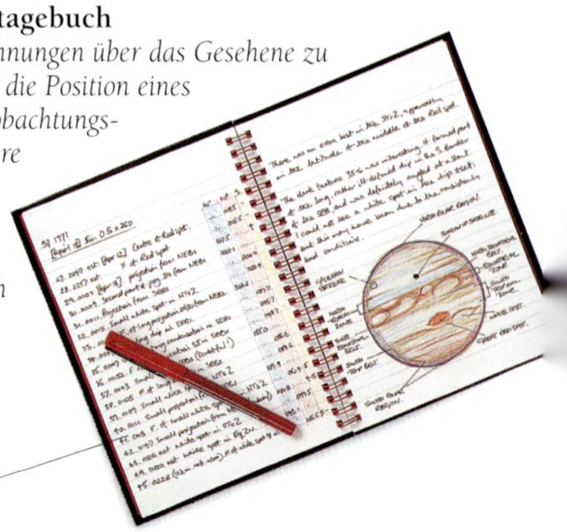

Ein Ringbuch lässt sich flach öffnen

Was man braucht

Bevor Sie hinausgehen, vergewissern Sie sich, dass Sie alles Nötige dabeihaben, damit Sie nicht nochmals ins Haus müssen, nachdem sich Ihre Augen an die Dunkelheit gewöhnt haben. Nehmen Sie neben Fernglas, Sternkarten und Notizbuch auch warme Kleidung, eine Sitzgelegenheit und etwas zu essen und zu trinken mit.

Mit einem Standardfernglas (S. 25) werden Tausende von Sternen sichtbar

Lokalisieren Sie mit Hilfe der Sternbildkarten (S. 98–133) interessante Objekte wie z. B. helle Sterne

Ziehen Sie sich zum Sternengucken warm an; dunkle, klare Nächte können kalt sein

Adaption an die Dunkelheit
Es dauert etwa 30 Minuten, bis sich Ihre Augen voll an die Dunkelheit angepasst (adaptiert) haben, doch Planisphäre und Karten sind dann schwerer abzulesen. Benutzen Sie eine zur Dämpfung des Lichts mit rotem Zellophan abgedeckte Taschenlampe, damit Ihre Augen dunkeladaptiert bleiben.

Rotes Zellophan dämpft das Taschenlampenlicht

Ein Kompass hilft bei der Bestimmung der Himmelsrichtungen

Bestimmung der Himmelsrichtung
Zur Bestimmung von Himmelsrichtungen, insbesondere in unbekannter Umgebung, ist ein Kompass nötig. Mit ihm und der Planisphäre lassen sich auch stellare Objekte am Himmel lokalisieren.

Entfernungsmessung am Himmel

Haben Sie Ihre Planisphäre (S. 22–23) eingestellt und einen Stern oder ein Sternbild identifiziert, können Sie mit Ihren Armen auf einfache Weise die Höhe eines Objekts über dem Horizont und seine Himmelsrichtung bestimmen.

Höhenmessung: 90°
Die Planisphäre gibt an, wie viel Grad ein Stern über dem Horizont steht. Ein Winkel von 90° ist leicht mit ausgestreckten Armen abzumessen, wobei der Horizont als Grundlinie dient.

Höhenmessung: 45°
Einen Winkel von 45° findet man, indem man einfach mit dem einen Arm den 90°-Winkel halbiert. Mit etwas Übung kann man 90° in verschiedene Winkel unterteilen, beispielsweise auch in 30°.

Richtungsbestimmung: 90°
Die Planisphäre gibt die Himmelsrichtung eines Sterns an. Bilden Sie mit ausgestreckten Armen einen Winkel von 90°, wobei die Nord- oder Südrichtung als Grundlinie dient.

Richtungsbestimmung: 45°
Einen Stern im Südosten findet man, indem man mit einem Arm den 90°-Winkel zwischen Süd und Ost halbiert. Durch Kombinieren von Richtungswinkeln, Höhen (oben) und Handspannenmaßen (unten) lassen sich Objekte am Himmel lokalisieren.

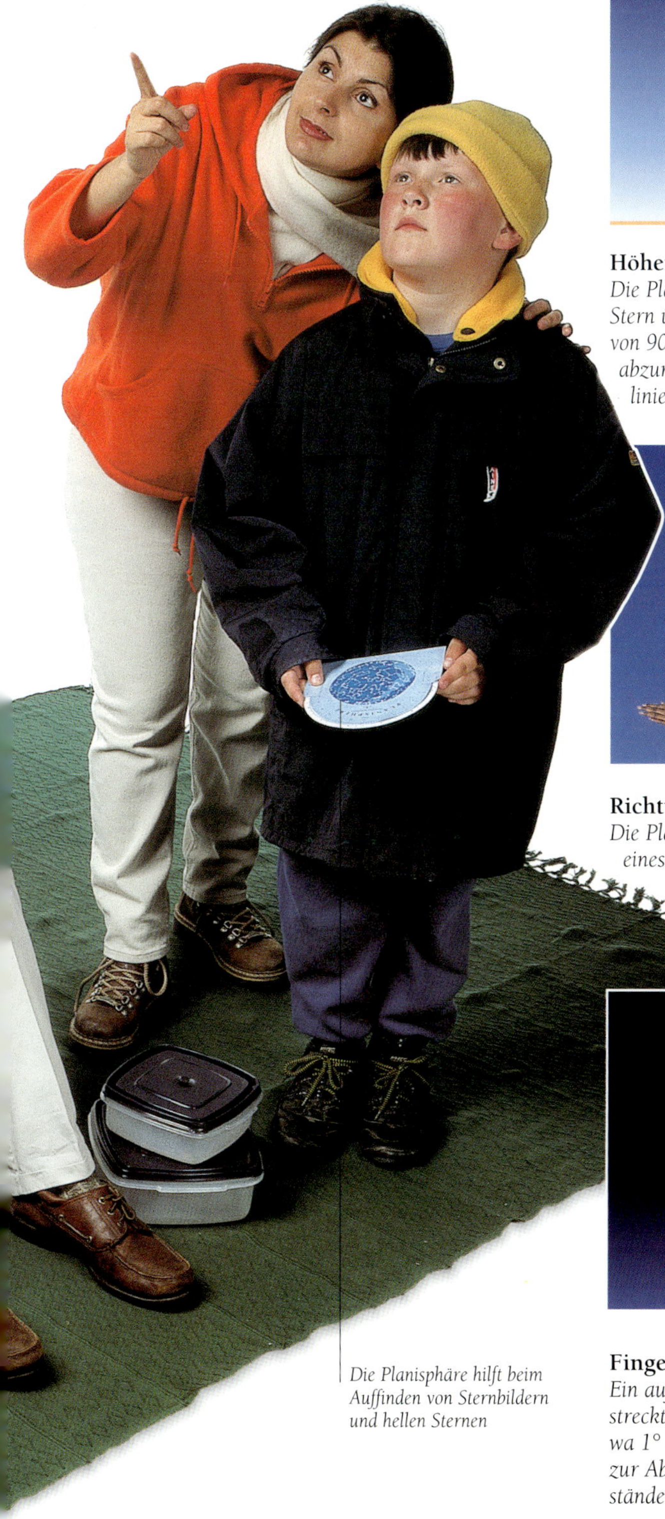

Die Planisphäre hilft beim Auffinden von Sternbildern und hellen Sternen

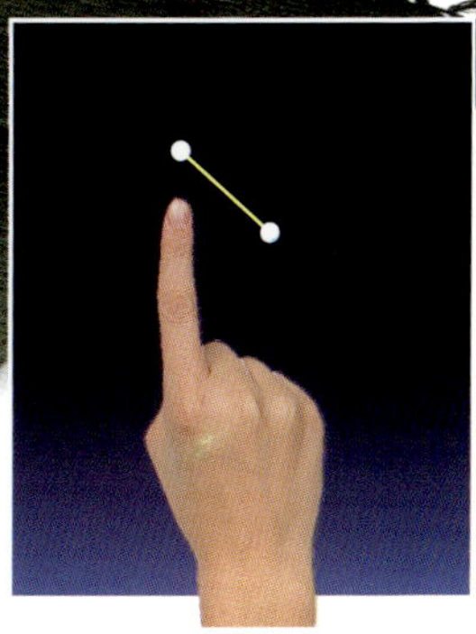

Fingerbreite
Ein auf Armeslänge ausgestreckter Finger überdeckt etwa 1° am Himmel und dient zur Abschätzung geringer Abstände zwischen zwei Sternen.

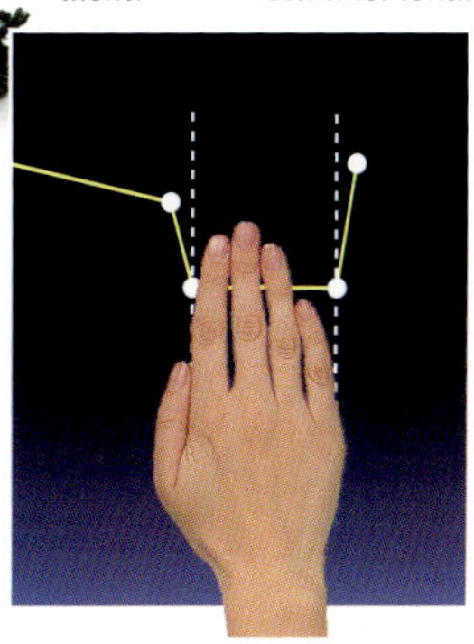

Halbe Handspanne
Die Breite einer ausgestreckten geschlossenen Hand entspricht etwa 10° und überdeckt gerade den Kasten des Großen Wagens (S. 98).

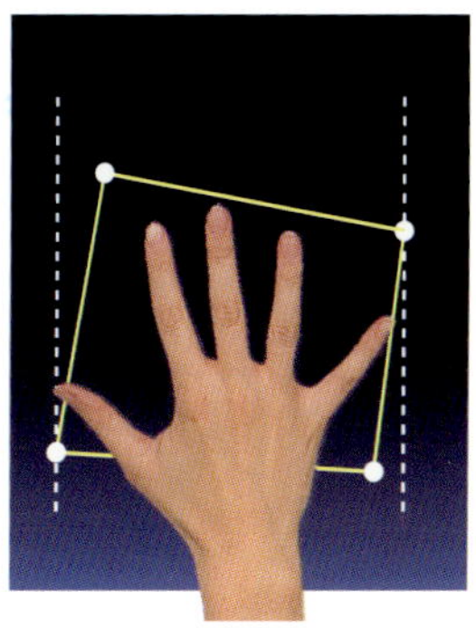

Ganze Handspanne
Eine ausgestreckte Hand mit gespreizten Fingern misst etwa 20° am Himmel, also etwas mehr als das Pegasus-Quadrat (S. 128).

Die Planisphäre

Eine Planisphäre ist eine in einer Hülle drehbare runde Sternkarte, die so eingestellt werden kann, dass sie die an einem bestimmten Ort zu einer bestimmten Zeit sichtbaren Sterne zeigt. Mit einem entsprechend ausgeschnittenen Fenster und der Sternkarte für die richtige Himmelshemisphäre wird die Planisphäre passend auf den eigenen Beobachtungsort eingerichtet. Ist sie dann mittels der am Rand verlaufenden Skalen auf die richtige Beobachtungszeit eingestellt, erscheint im Fenster der gerade sichtbare Himmelsausschnitt.

Die Herstellung Ihrer Planisphäre

Entnehmen Sie einem Atlas, auf welchem geographischen Breitengrad Ihr Beobachtungsstandort liegt. Auf der Innenseite der Planisphärenhülle sind unterschiedliche Breitengrade durch Linien markiert. Wählen Sie die für Sie passende aus. Ein Beobachter in Frankfurt/Main wird z. B. die 50°N-Linie wählen, einer in Sydney, Australien, die für 35°S.

1 Ausschneiden des Breitengrades
Die Hülle flach mit der Innenseite nach oben auf eine feste Unterlage legen. Sorgfältig entlang der gewählten Breitengradlinie ein Fenster ausschneiden.

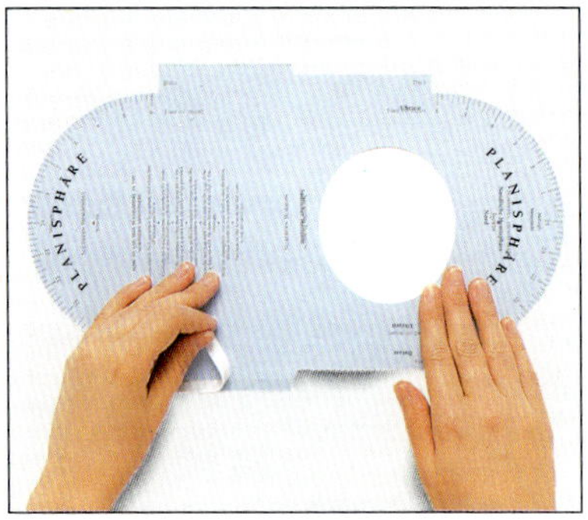

2 Abziehen der Klebestreifen
Die Hülle umdrehen und die beiden Klebestreifen auf den Laschen zu beiden Seiten der Hülle abziehen. Die Hülle wieder umdrehen, so dass die Innenseite oben liegt.

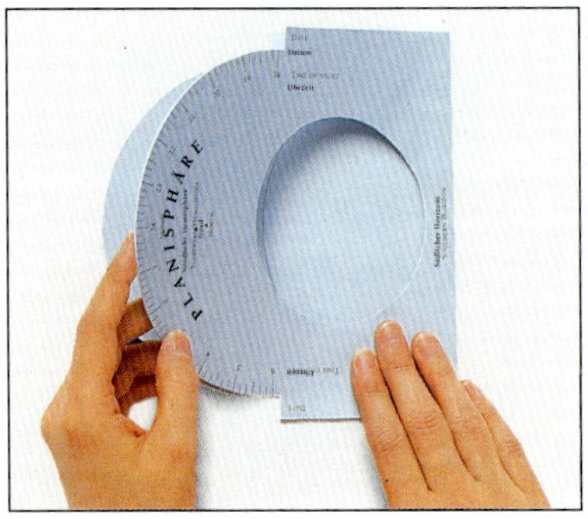

3 Umbiegen und Falten
Die Laschen zur Mitte der Hülle umbiegen und die Hülle entlang der senkrechten Mittellinie falten, so dass sie doppelt liegt. Die Seiten fest andrücken, damit die Laschen zusammenkleben.

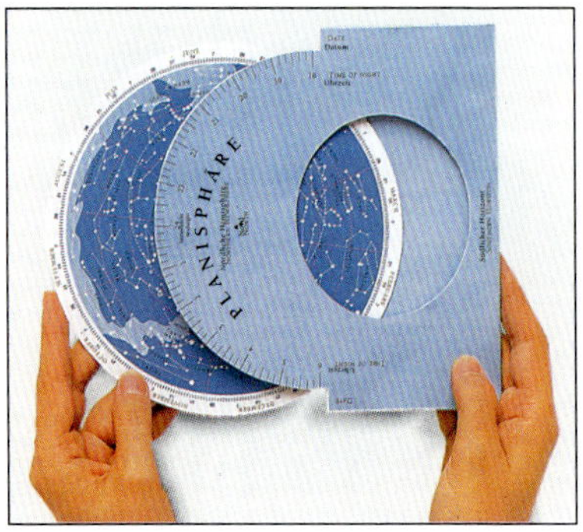

4 Sternkarte einlegen
Zuletzt die Sternkarte so in die Hülle einlegen, dass die für Ihren Beobachtungsstandort richtige Hemisphäre im Fenster sichtbar ist. Jetzt ist die Planisphäre fertig und einsatzbereit.

Die fertige Planisphäre

Alle Teile sind ausgeschnitten und zusammengesetzt, und die Planisphäre ist für die Beobachtungszeit 21 Uhr am 13. September eingestellt.

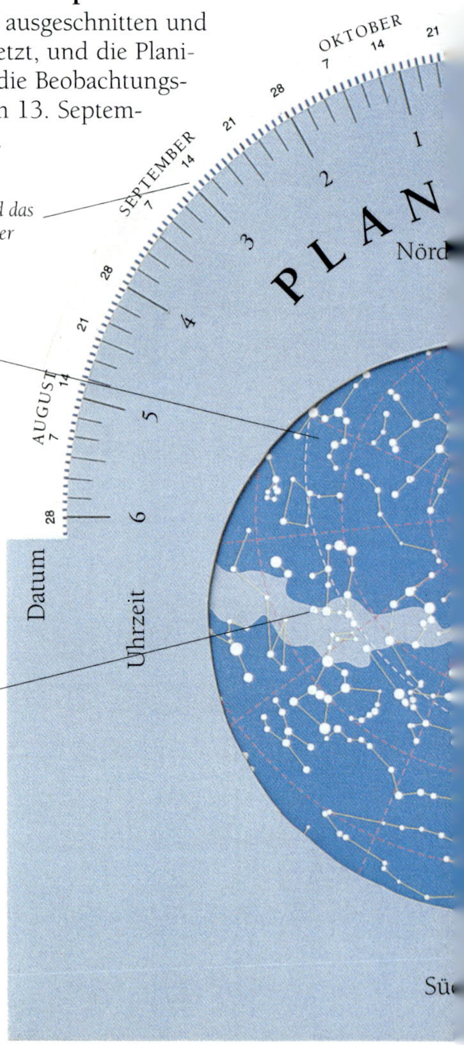

Die Zeit 21 Uhr und das Datum 13. September stehen übereinander

Das Fenster dieser Planisphäre wurde für 50°N ausgeschnitten; eine Planisphäre ist jedoch auch noch bis etwa 5° nördlich und südlich des gewählten Breitengrades verwendbar

Diese Sternkarte ist für die Nordhalbkugel gültig. Achten Sie darauf, die für Ihren Beobachtungsstandort richtige Seite zu benutzen.

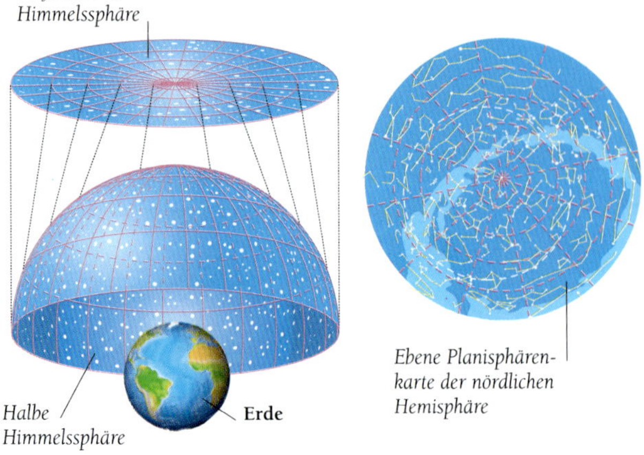

Karte der nördlichen Hemisphäre

Diese Planisphärenkarte ist eine ebene Projektion von mehr als der Hälfte der Himmelssphäre (S. 16–17). Die Karte der nördlichen Hemisphäre reicht von Dek 60°S am Rand bis 90°N in der Mitte.

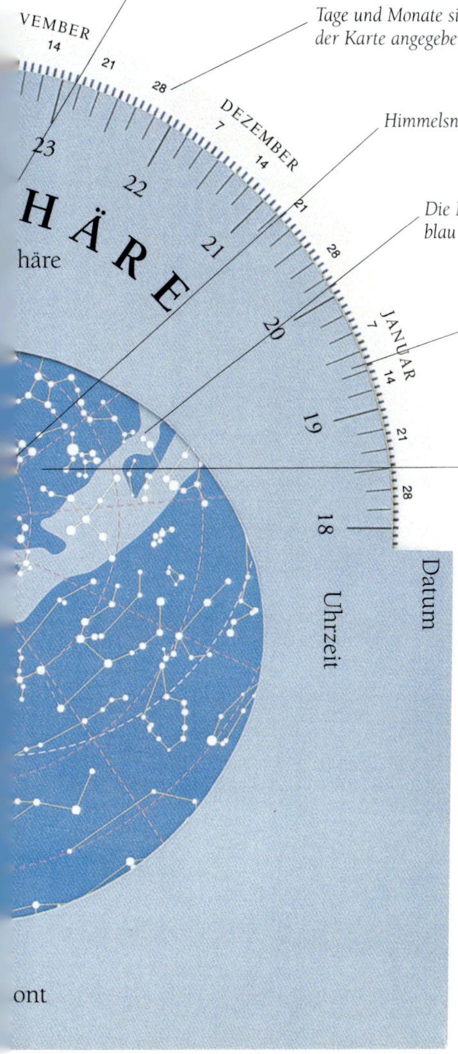

Einstellen der Planisphäre

Suchen Sie auf der Hülle die Uhrzeit und auf der Karte das Datum der Beobachtung. Drehen Sie die Karte so, dass Datum und Uhrzeit übereinander stehen. Die Planisphäre basiert auf Ortszeit (S. 136–137); bei geltender Sommerzeit müssen Sie die eingestellte Uhrzeit entsprechend ändern. Das Fenster zeigt die gerade am Himmel sichtbaren Sterne.

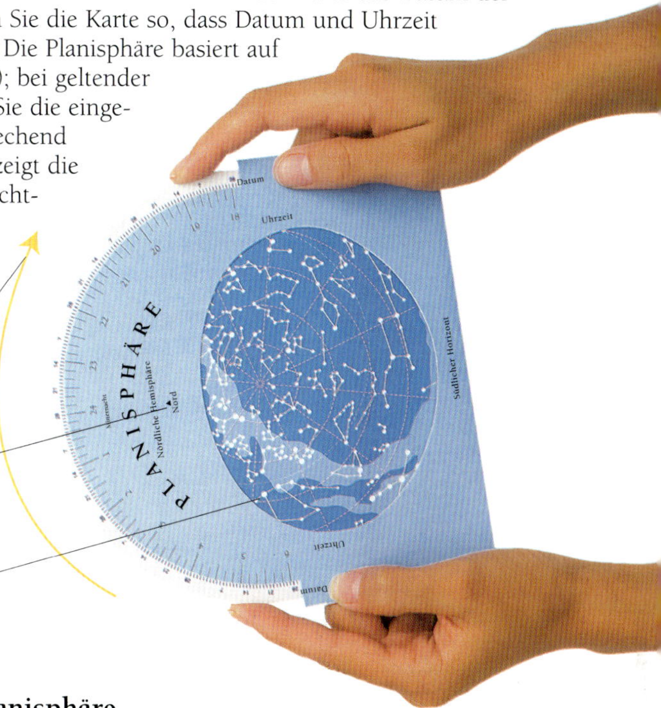

Benutzung der Planisphäre

Die Sternkarte im Planisphärenfenster stellt die Himmelskuppel über Ihrem Kopf dar, die sich vor, hinter und seitlich von Ihnen erstreckt. Zur Orientierung richten Sie als Beobachter auf der Nordhalbkugel den Nordpfeil auf den nördlichen, als Beobachter auf der Südhalbkugel den Südpfeil auf den südlichen Horizont.

Schritt 1
Halten Sie die Planisphäre vor sich, die gewölbte Seite nach unten. Die Sterne am unteren Rand des Fensters sollten entlang des Horizonts sichtbar sein.

Schritt 2
Heben Sie die Planisphäre hoch. Sterne, die hoch am Himmel stehen, befinden sich mehr in der Mitte der Sternkarte.

Schritt 3
Drehen Sie sich um und drehen Sie auch die Planisphäre so, dass die gewölbte Seite nun nach oben zeigt. Die Sterne am unteren Rand des Fensters sind die in der Nähe des Horizonts.

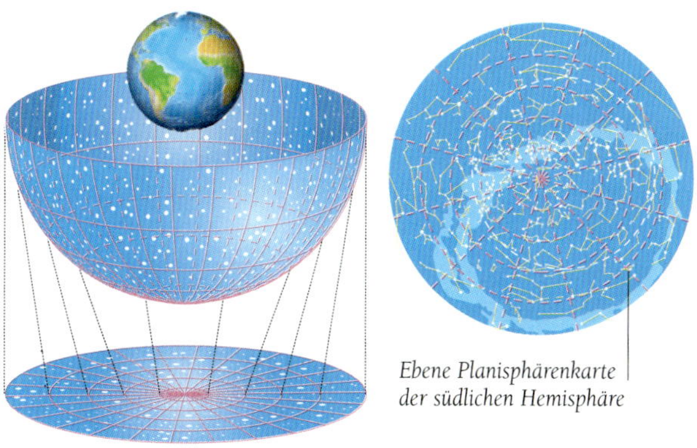

Ebene Planisphärenkarte der südlichen Hemisphäre

Karte der südlichen Hemisphäre

Diese Planisphärenkarte ist eine ebene Projektion von mehr als der Hälfte der Himmelssphäre (S. 16–17). Die Karte der südlichen Hemisphäre reicht von Dek 60°N am Rand bis 90°S in der Mitte.

Ferngläser

Ferngläser bestehen aus zwei schwachen Teleskopen, die zu einem Instrument vereinigt sind. Sie stellen sowohl für Anfänger als auch erfahrene Beobachter höchst nützliche optische Hilfsmittel dar, da sie leicht zu benutzen und transportabel sind sowie ein gutes Preis-Leistungs-Verhältnis bieten. Durch ein Fernglas schaut man mit beiden Augen und sieht ein aufrecht stehendes Bild, während ein Teleskop die Bilder umkehrt und mit nur einem Auge benutzt wird. Ferngläser haben eine geringe Vergrößerung und ein großes Gesichtsfeld und sind daher hervorragend für die genauere Betrachtung der Mondoberfläche, das Durchstreifen der Milchstraße und die Beobachtung von offenen und Kugelsternhaufen geeignet.

Beobachtung mit dem Fernglas
Ferngläser verstärken das Sehvermögen, weil sie mehr Licht sammeln als das menschliche Auge. Benutzt man ein Fernglas, erhöht sich die Zahl der am Nachthimmel sichtbaren Objekte, und sie erscheinen deutlicher. Mit einem Standardinstrument kann man 200-mal mehr Sterne sehen als mit bloßem Auge.

Kompaktferngläser
Diese handlichen Taschenferngläser sind leicht zu transportieren und zu benutzen, für astronomische Zwecke aber nicht geeignet, weil sie relativ kleine Objektive und folglich nur ein begrenztes Lichtsammelvermögen haben. Man kann daher mit ihnen nicht so viel erkennen wie mit einem Standardinstrument.

Der Mond in einem Kompaktfernglas

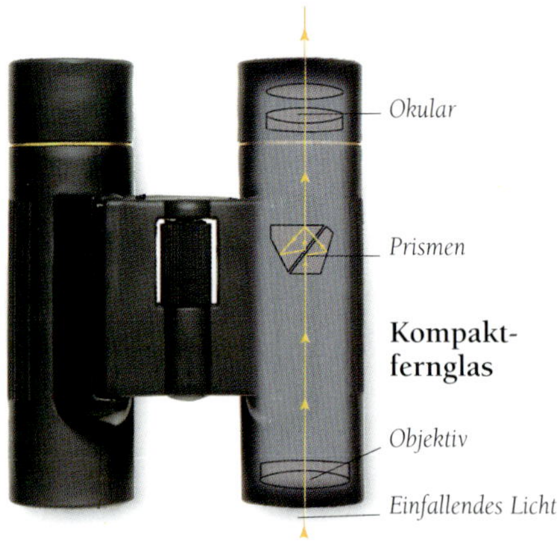

Kompaktfernglas

Jupiter und seine Monde
Planeten wie Jupiter können mit einem Fernglas beobachtet werden und sind dann deutlich als Scheibchen zu sehen. Mit einem Standardinstrument kann man die 4 Galileischen Monde des Jupiter erkennen.

Komet Hale-Bopp
Dieser spektakuläre Komet kam 1997 in die Nähe der Erde und war fast das ganze Jahr über zu beobachten. Mit bloßen Auge sah man ihn als verschwommenen Lichtfleck, im Fernglas waren die helle Koma und der Schweif deutlich sichtbar.

Standardferngläser

Zum »Spazierenschauen« sind Standardferngläser gut geeignet. Mit ihren größeren Objektiven lassen sich auch lichtschwache Objekte beobachten, und sie sind noch leicht genug zum Umhertragen. Standardinstrumente gibt es in verschiedenen Größenkombinationen – ein 50 mm großes Objektiv mit 7-facher Vergrößerung ist für allgemeine astronomische Zwecke ideal. Benutzen Sie stets den Umhängeriemen, damit das Fernglas nicht hinunterfallen kann.

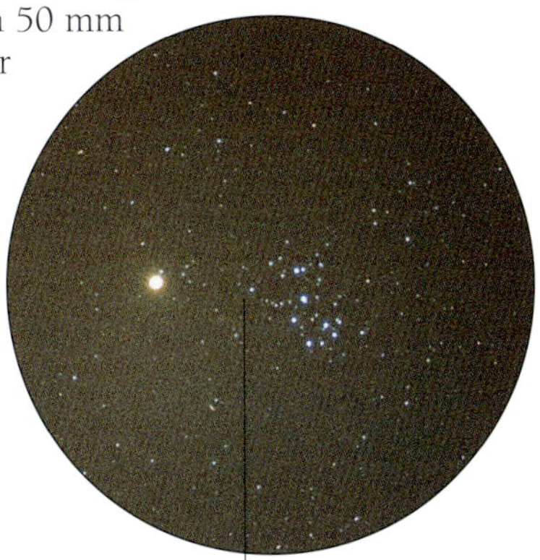

Die Plejaden in einem Standardfernglas

Großferngläser

Ferngläser mit mindestens 70 mm Objektivdurchmesser und 15- bis 20-facher Vergrößerung sind speziell für astronomische Beobachtungen gedacht. Das große Objektiv bedeutet, dass mehr Sterne zu sehen sind. Der Nachteil ist jedoch das höhere Gewicht. Großferngläser können nicht mehr freihändig gehalten werden, sondern müssen auf einem entsprechenden Stativ montiert sein, um gute Sicht zu gewährleisten.

Der Lagunen-Nebel in einem Großfernglas

DIE WAHL DES GEEIGNETEN FERNGLASES

Außer den unten genannten Kriterien sollten zwei Faktoren Ihre Wahl bestimmen: erstens die Vergrößerung und zweitens der Objektivdurchmesser. Beide sind auf dem Fernglas angegeben. Zum Beispiel bedeutet 7 x 50 eine 7-fache Vergrößerung und einen Objektivdurchmesser von 50 mm. Je größer die Objektive, desto mehr Licht sammeln sie und desto mehr Sterne sind sichtbar.

TYP	VORTEILE	NACHTEILE
Kompakt	• Klein • Handlich • Tragbar	• Kleine Objektive • Schlechte astronomische Bilder • Die besten Modelle sind teuer
Standard	• Tragbar • Gutes Preis-Leistungs-Verhältnis • Deutliche, helle Bilder	• Zeigt viele Objekte, aber keine lichtschwächeren als 11 mag
Groß	• Starke Vergrößerung ermöglicht genaue Untersuchungen • Gut für Mond und Planeten	• Groß und schwer • Stativ erforderlich • Nicht für Beobachtungen von Objekten auf der Erde

Wie man ein Fernglas ruhig hält

Unabhängig von der Größe Ihres Fernglases kann es schwierig sein, das Instrument beim Hindurchschauen ruhig zu halten, da der menschliche Körper im Stehen immer etwas schwankt. Setzen Sie sich deshalb am besten auf einen Stuhl mit verstellbarer Rückenlehne oder in einen Liegestuhl, um dies zu vermeiden. Sie können sich auch beispielsweise gegen eine Mauer lehnen und die Ellbogen darauf abstützen. Im Sitzen helfen auf die Knie gestützte Ellbogen, das Gewicht Ihres Fernglases zu tragen. Das Ergebnis wird ein ruhiges Bild sein, das Sie lange Zeit betrachten können.

Teleskope

Teleskope lassen lichtschwache Objekte heller und größer erscheinen als mit bloßem Auge. Das geschieht, indem sie mehr Licht sammeln und das Bild eines Objekts vergrößern, so dass mehr Einzelheiten zu erkennen sind. Es gibt zwei Haupttypen von Teleskopen: Refraktoren (Linsenfernrohre) und Reflektoren (Spiegelteleskope). Beide erzeugen umgekehrte Bilder, was aber bei astronomischen Beobachtungen nicht stört.

Größe und Stabilität

Wenn Sie sich für einen Teleskoptyp entschieden haben, ist die nächste Frage die Größe. Größe bezieht sich stets auf die sogenannte Öffnung, d. h. den Durchmesser der Objektivlinse oder des Spiegels, die das Licht sammeln. Von großer Bedeutung ist auch eine geeignete Montierung.

Refraktoren

Ein Refraktor besteht aus einem Tubus mit einer Licht sammelnden und fokussierenden Haupt- oder Objektivlinse am einen Ende und einem Okular am anderen. Das unten abgebildete Instrument hat ein 90°-Prismenokular, das ein bequemes Beobachten erlaubt.

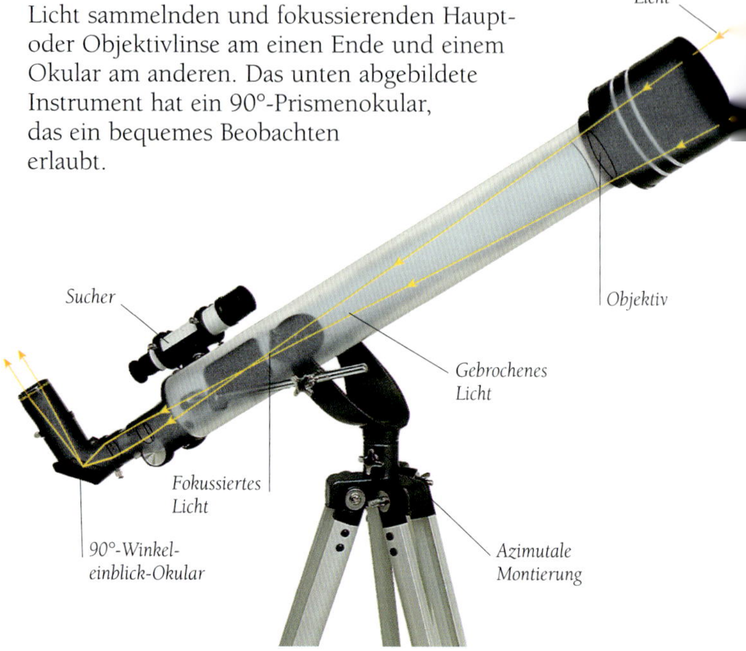

Teleskopmontierungen

Es gibt zwei Arten von Montierungen: die azimutale und die äquatoriale. Bei einer azimutalen Montierung muß das Teleskop ständig von Hand um zwei Achsen nachgeführt werden, um das Objekt im Gesichtsfeld zu halten, während bei der äquatorialen eine motorgetriebene Nachführung möglich ist.

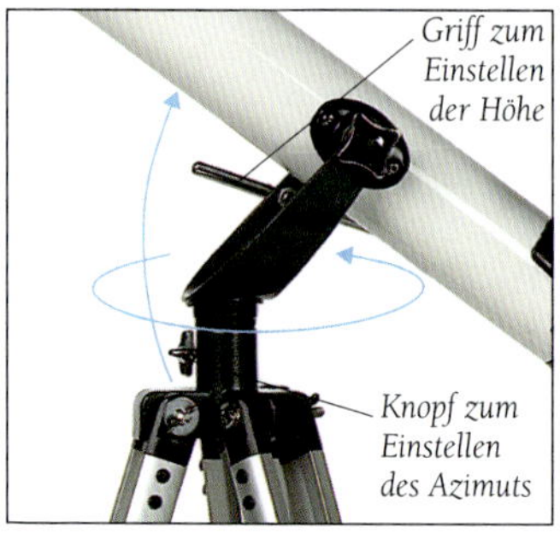

Azimutale Montierung
Diese Montierung bewegt sich parallel (in Azimut) und senkrecht (in Höhe) zum Horizont.

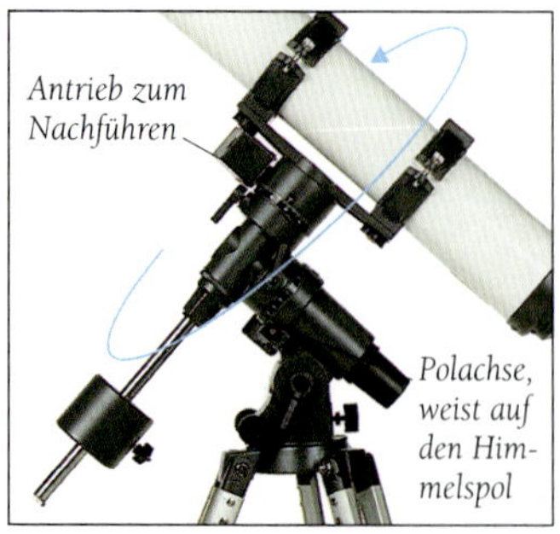

Äquatoriale Montierung
Diese Montierung bewegt sich parallel und senkrecht zum Himmelsäquator.

IN FRAGE KOMMENDE TELESKOPE

- **75-mm-Refraktor** Geeignet für die Beobachtung von Mond, Planeten und Doppelsternen
- **100-mm-Reflektor** Vergleichbar mit dem 75-mm-Refraktor
- **150-mm-Reflektor** Gutes Allzweckinstrument für Sonnensystem und nichtstellare Objekte. Mindestgröße für ernsthafte Beobachtungen
- **200-mm-Schmidt-Cassegrain** Gutes tragbares Allzweckinstrument

Reflektoren

In einem Reflektor sammelt und fokussiert ein konkaver Haupt- oder Primärspiegel am einen Ende des Tubus das Licht und reflektiert es auf einen Sekundärspiegel, der es aus dem Tubus hinaus in das Okular lenkt. Dieses vergrößert das von den Spiegeln erzeugte Bild. Reflektoren bieten für das gleiche Geld größere Öffnungen als Refraktoren.

Schmidt-Cassegrain-Teleskope

Diese Reflektoren besitzen noch eine dünne Korrektionslinse, durch die das Licht auf den Primärspiegel fällt. Dort wird es auf einen Sekundärspiegel reflektiert, der es zum Okular lenkt. (Eine derartige Kombination aus Spiegel- und Linsenoptik wird auch »katadioptrisch« genannt.) Schmidt-Cassegrains sind kompakt und daher leicht zu transportieren.

Okulare und Linsen

Die Objektivlinse (bzw. der Primärspiegel) eines Teleskops sammelt das Licht und fokussiert es zu einem Bild, das von dem Okular, durch das man es betrachtet, vergrößert wird. Beim Kauf eines Teleskops werden gewöhnlich mehrere Okulare mitgeliefert. Die Vergrößerung hängt von der Brennweite des Okulars und des Teleskops ab. Spezialokulare erzeugen die verschiedensten Effekte, von der Umkehrung des Bildes bis zum Weitwinkelgesichtsfeld. Um eine stärkere Vergrößerung zu erzielen, kann man zusätzlich sogenannte Barlowlinsen einfügen.

Okular

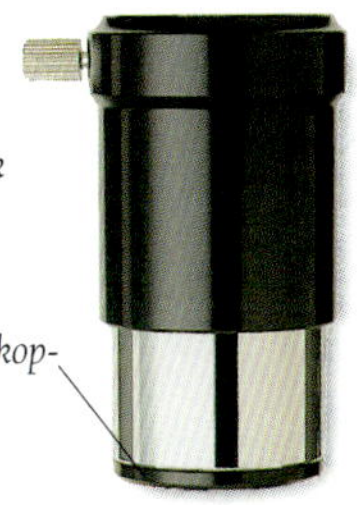

Barlowlinse

Variable Barlowlinse

Okulartypen

Okulare sind hochwertige Vergrößerungsgläser. Eine zwischen Okular und Teleskop eingefügte Barlowlinse verstärkt die Vergrößerung.

Mond mit 45°-Prisma

Normale Teleskopansicht

Mond mit 90°-Prisma

45°-Prisma

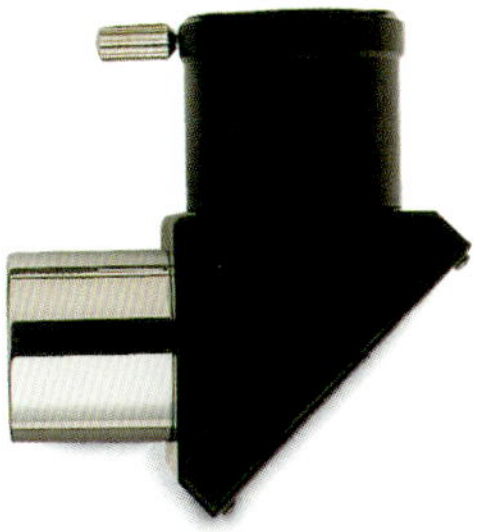

90°-Prisma

Umkehrprismen

Teleskope erzeugen Bilder, die auf dem Kopf stehen. Ein am Okularende angebrachtes 45°-Diagonalprisma kehrt das Bild um. Ein 90°-Prisma kehrt das Bild ebenfalls um, vertauscht aber auch noch rechts und links.

Normales Gesichtsfeld

Weitwinkelgesichtsfeld

Weitwinkel-Okular

Dieses Okular liefert ein größeres Gesichtsfeld als normal und ist daher für die Beobachtung von Sternhaufen gut geeignet.

Die Benutzung eines Teleskops

Ein Teleskop mit azimutaler Montierung (S. 26–27) muss man nur zusammenbauen und kann dann sofort mit dem Beobachten beginnen. Bei einem äquatorial montierten Teleskop mit automatischem Antrieb ist jedoch noch einiges mehr zu tun, um es voll nutzen zu können. Einige Schritte zum Aufstellen eines solchen Teleskops und Auffinden eines Objekts sind hier skizziert. Manche, wie das Einstellen der geographischen Breite und die Polausrichtung, müssen nur einmal durchgeführt werden, es sei denn, das Teleskop wird zu einem anderen Breitengrad transportiert. Andere sind jedesmal nötig, wenn man ein bestimmtes Himmelsobjekt lokalisieren und beobachten will. Für die optimale Nutzung Ihres Instruments befolgen Sie exakt die Anleitung des Herstellers.

1 Einstellen der geographische Breite und Polausrichtung
Auf der Breitengrad-Skala die geographische Breite einstellen, bei der das Teleskop benutzt werden soll. Die Polachse des Teleskops auf den nördlichen oder südlichen Himmelspol ausrichten.

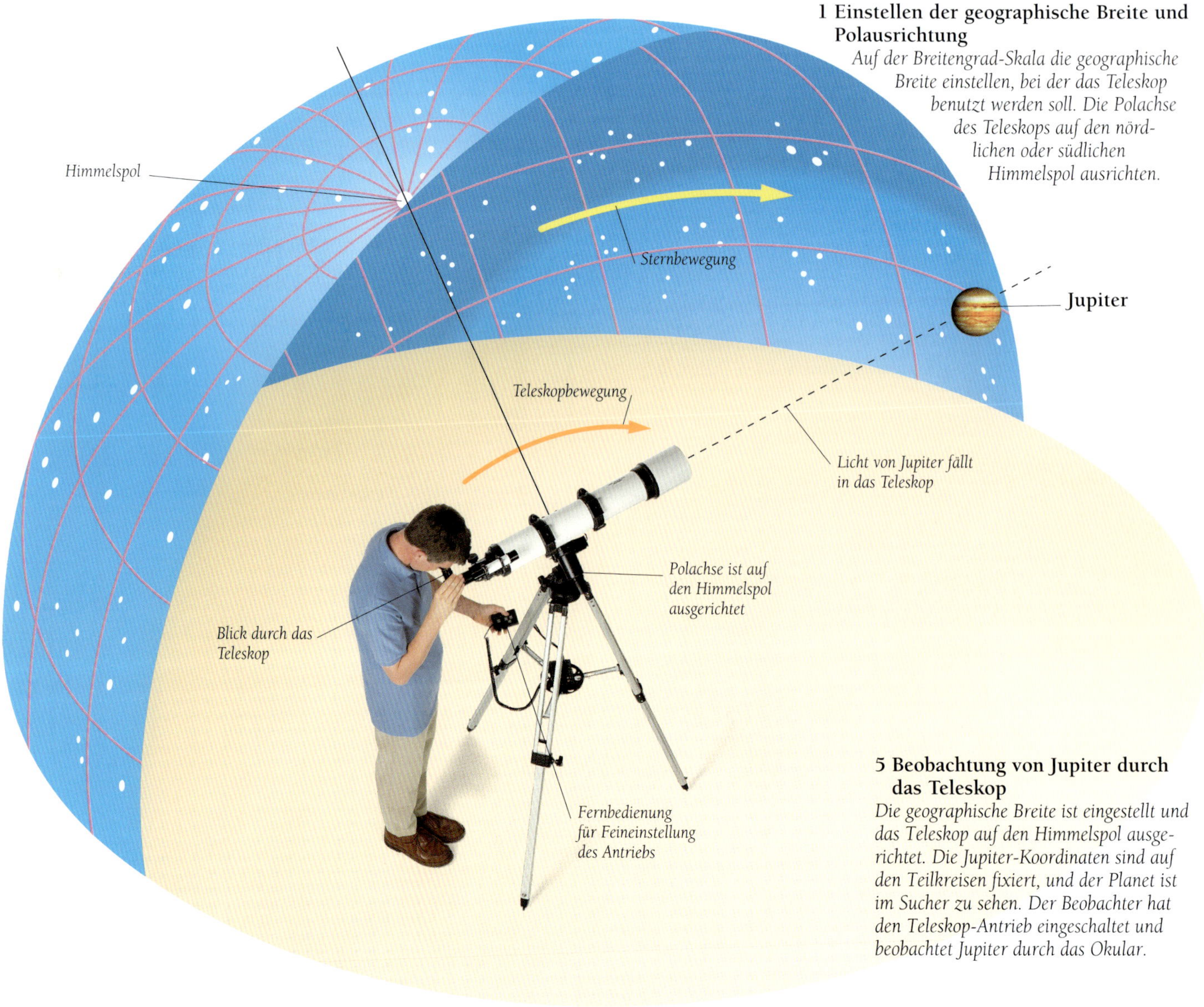

5 Beobachtung von Jupiter durch das Teleskop
Die geographische Breite ist eingestellt und das Teleskop auf den Himmelspol ausgerichtet. Die Jupiter-Koordinaten sind auf den Teilkreisen fixiert, und der Planet ist im Sucher zu sehen. Der Beobachter hat den Teleskop-Antrieb eingeschaltet und beobachtet Jupiter durch das Okular.

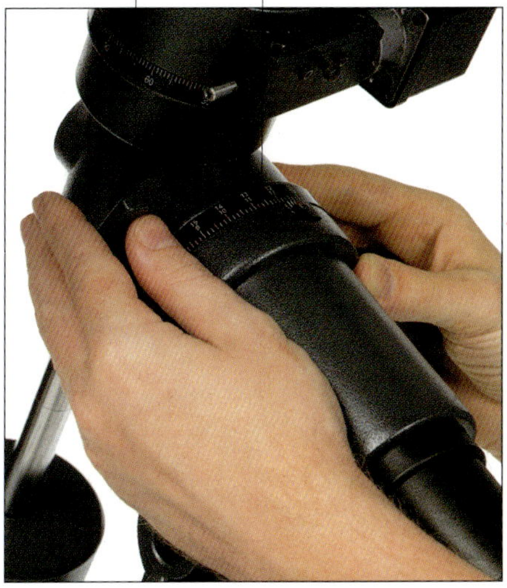

2 Einstellen der Rektaszensions-Skala
In einem Sternkatalog (S. 17) die Rektaszension des Objekts nachschlagen, das beobachtet werden soll. Den Teilkreis mit der Rektaszensions-Skala auf den richtigen Wert drehen und diese Stellung mit Hilfe des Sperrhebels fixieren.

3 Einstellen der Deklinations-Skala
In einem Sternkatalog (S. 17) die Deklination des Objekts nachschlagen, das beobachtet werden soll. Den Teilkreis mit der Deklinations-Skala auf den richtigen Wert drehen und diese Stellung mit Hilfe des Sperrhebels fixieren.

4 Verwendung des Suchers
Das Objekt durch das Sucherfernrohr betrachten. Liegt es nicht im Zentrum des Gesichtsfelds, mit Hilfe der Antriebsteuerung die Einstellung ein wenig ändern. Ist das Objekt zentriert, kann es durch das Hauptrohr beobachtet werden.

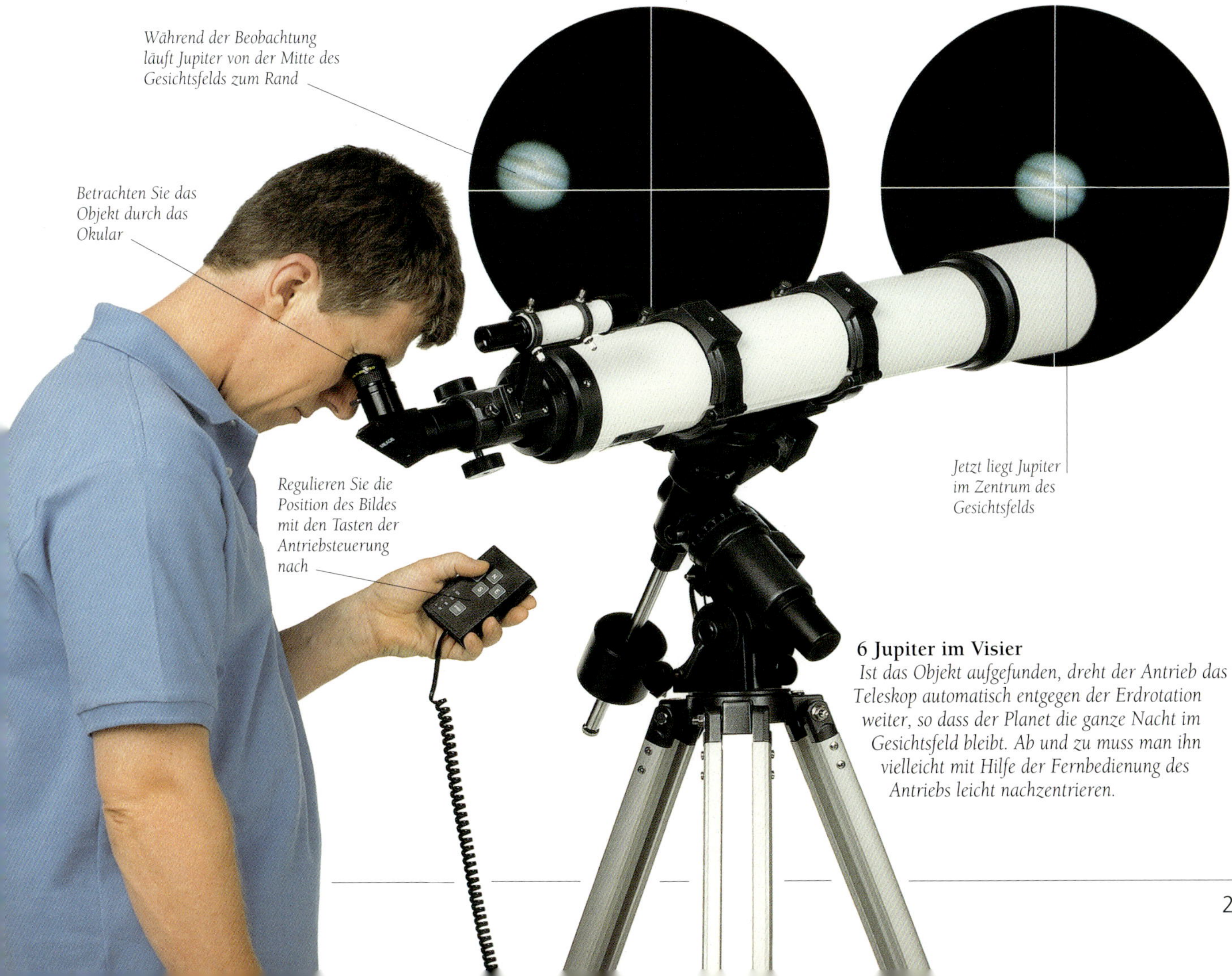

6 Jupiter im Visier
Ist das Objekt aufgefunden, dreht der Antrieb das Teleskop automatisch entgegen der Erdrotation weiter, so dass der Planet die ganze Nacht im Gesichtsfeld bleibt. Ab und zu muss man ihn vielleicht mit Hilfe der Fernbedienung des Antriebs leicht nachzentrieren.

Nachthimmels-Fotografie

Das Fotografieren des Nachthimmels ist nicht nur eine einfache Methode, Beobachtungen aufzuzeichnen, sondern kann auch Dinge sichtbar machen, die dem bloßen menschlichen Auge verborgen bleiben. Fotografische Filme sind sehr lichtempfindlich, so dass Objekte auf einem Foto heller und deutlicher erscheinen als im Fernglas oder Teleskop. Schon mit einer einfachen auf einem Dreibeinstativ montierten 35-mm-Kamera mit normalem Objektiv kann man Aufnahmen von Himmelsobjekten machen. Spektakuläre Bilder erhält man jedoch, wenn man mit einer Kamera durch ein Teleskop fotografiert.

Kamera und Dreibeinstativ

Mit einer 35-mm-Spiegelreflexkamera kann man einfache Sternspuren aufnehmen. Der Effekt entsteht durch die Rotation der Erde, während die Kamera unbewegt bleibt. Eine 4-minütige Belichtung erzeugt Sternspuren von 1° Länge.

Sternspuren
Die auf Unendlich scharfgestellte Kamera ist auf einen der Himmelspole gerichtet. Je länger die Belichtung, desto länger auch die Sternspuren.

Kamera und Huckepack-Montierung

Eine 35-mm-Kamera kann so auf einem Teleskop befestigt werden, dass der Teleskop-Antrieb beide unisono bewegt. Dadurch entstehen scharfe, von der Rotation der Erde nicht beeinträchtigte Bilder. Mehr Details erhält man, wenn eine Kamera mit Teleobjektiv verwendet wird.

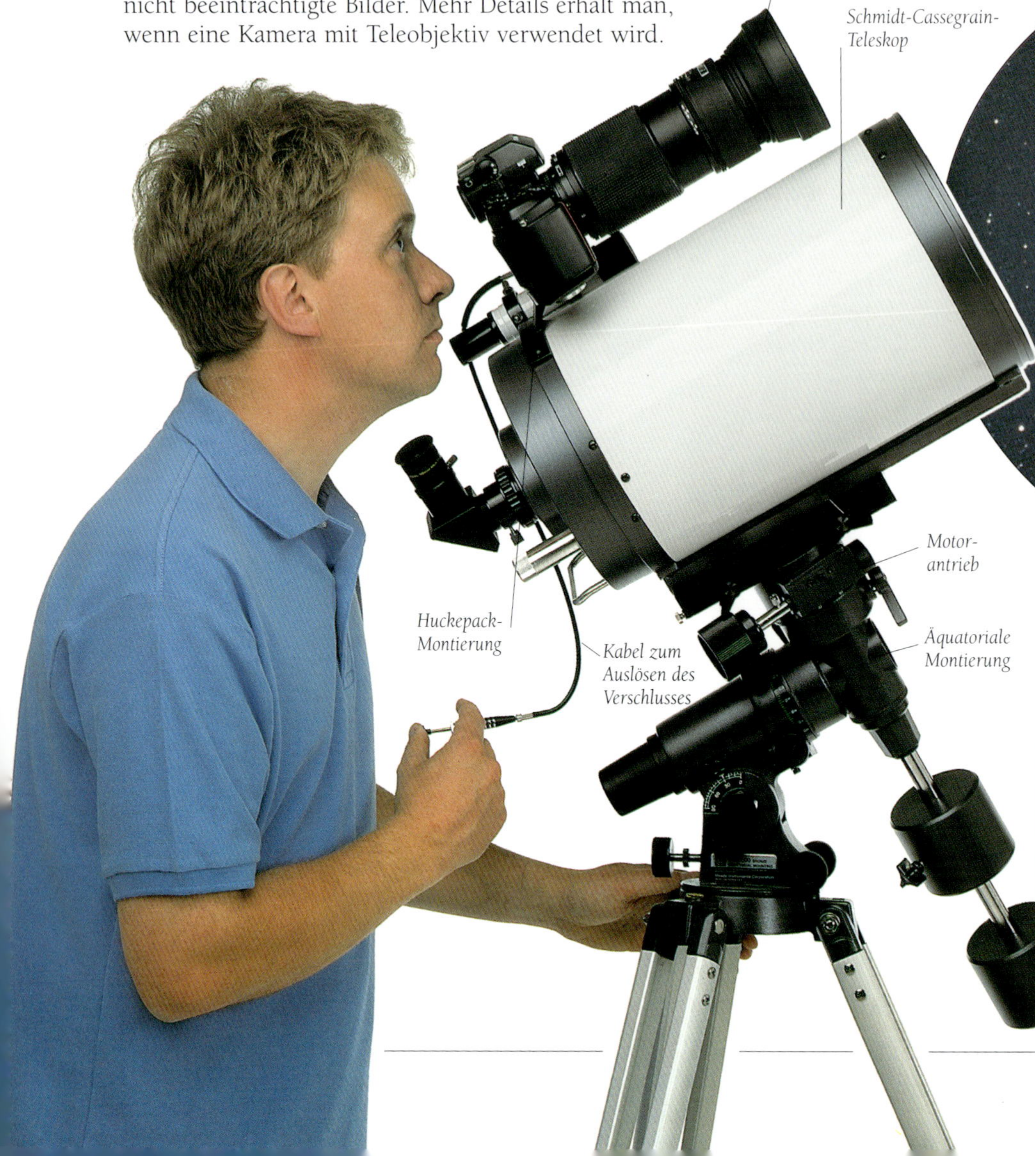

Kalifornien-Nebel
Mit der Huckepack-Methode und einer 30-minütigen Belichtungszeit ist es möglich, ein solch eindrucksvolles Foto von diesem Emissionsnebel aufzunehmen.

Huckepack-Montierung
Die Huckepack-Montierung wird entsprechend der Anleitung am Tubus des Teleskops befestigt. Danach schraubt man die Kamera auf.

Kamera und Teleskop

Am Okularausgang eines Teleskops kann eine einäugige Spiegelreflexkamera angebracht werden. Das Kameraobjektiv wird entfernt und die Kamera mit Hilfe eines Adapters am Teleskop befestigt. Das Licht wird von der Teleskop-Optik gesammelt, die Kamera dient nur als Filmhalter.

Verwendung der Teleskop-Optik
Verbunden mit einer Spiegelreflexkamera wirkt das Teleskop als Super-Teleobjektiv. Diese Anordnung ist ideal für detaillierte Aufnahmen von Planeten und nichtstellaren Objekten.

Der Hantel-Nebel (M27)
Die interessante Struktur und Farbe des Hantel-Nebels ist nur auf langbelichteten Aufnahmen erkennbar. Dieses Foto entstand mit einer Belichtungszeit von 20 Minuten.

Der Virgo-Haufen
Auf einer Fotografie können viele Galaxien des Virgo-Haufens leicht ausgemacht werden. Diese Aufnahme entstand bei einer 45-minütigen Belichtung.

Zubehör

Vielfältiges Zubehör ermöglicht Ihnen, bessere Aufnahmen zu machen. Farbfilter, die am Teleskop-Okular oder am Kamera-Adapter angebracht werden können, sind sowohl beim Fotografieren als auch beim einfachen Beobachten von Planeten und nichtstellaren Objekten nützlich.

Grün

Blau

Lichtverschmutzungs-Filter
Ein solches Filter schirmt das Licht von Natriumdampf-Straßenlaternen ab. Es lässt den Himmel dunkler und aufgrund des höheren Kontrasts Objekte heller erscheinen.

Rot

Gelb

Farbfilter
Es gibt eine Vielzahl von Filtern, die vor dem Teleskop-Okular angebracht werden können. Jedes Filter lässt nur Licht einer bestimmten Farbe oder Lichtwellenlänge durch, so dass z. B. Einzelheiten auf Planeten besonders hervorgehoben werden.

Himmel mit Lichtfilter

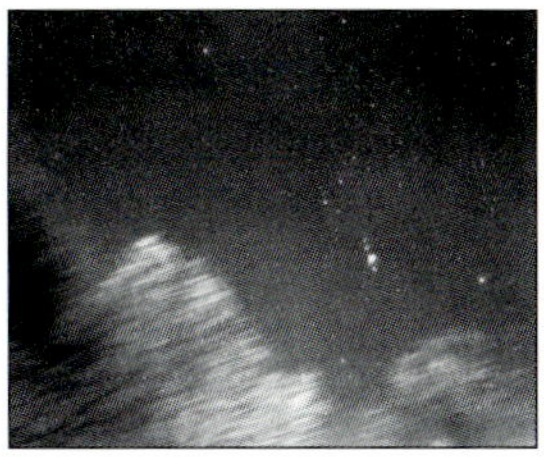

Himmel ohne Lichtfilter

Kamera-Adapter
Mit Hilfe eines speziellen Adapters, der zwischen Teleskop und Kamera passt, und einem justierbaren Okular kann man verschiedene Bild-Vergrößerungen erzielen.

Sonnenfilter
Mit einem Spezialfilter, das die gesamte Eingangsöffnung des Teleskops abdeckt, kann die Sonne gefahrlos fotografiert werden.

Digitale Astronomie

In den letzten Jahren hat die digitale Technologie den Horizont des Amateurastronomen stark erweitert. Viele der neueren, Aufsehen erregenden Bilder von Himmelsobjekten wurden mit einer speziellen Digitalkamera aufgenommen, die mit Hilfe eines CCD (»charge-coupled device«) Licht in digitale Daten umwandelt. Die früher nur von Berufsastronomen verwendete CCD-Kamera steht heute auch Amateuren zur Verfügung. Am Teleskop montiert und mit einem Heim-Computer verbunden, kann sie selbst von lichtschwachen Objekten klare Bilder erzeugen. Mit Hilfe des PCs und eines Internet-Anschlusses kann man auch aktuelle Bilder abrufen, die von den großen Observatorien oder dem Hubble-Weltraumteleskop aufgenommen wurden.

CCD-Bilder

Eine CCD-Kamera dient dazu, Bilder von einzelnen Objekten aufzunehmen und nicht von großen Gesichtsfeldern. Sie ist etwa 100-mal lichtempfindlicher als ein fotografischer Film und vermag Objekte abzubilden, die sonst nicht wahrnehmbar sind. Außerdem kann sie feine Einzelheiten von Objekten auflösen.

Optische Aufnahme von Mars
Dieses Foto wurde mit einer herkömmlichen Kamera durch ein Teleskop aufgenommen. Es zeigt die Scheibenform des Planeten, aber keine seiner hellen oder dunklen Oberflächenmuster.

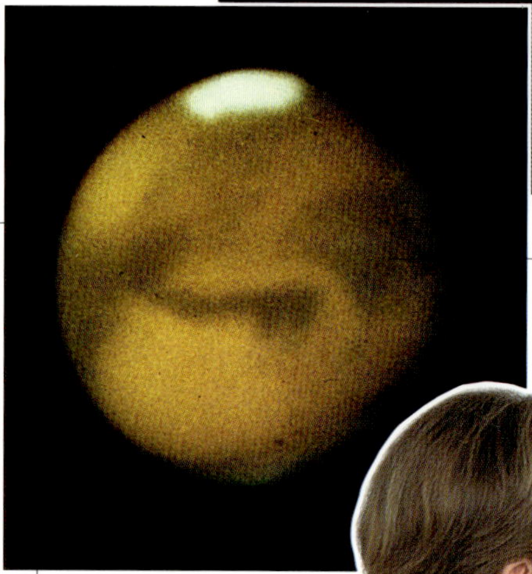

Das CCD ist extrem lichtempfindlich und erlaubt kürzere Belichtungszeiten als Aufnahmen auf fotografischem Film

CCD-Aufnahme von Mars
Diese Aufnahme entstand mittels einer an einem Teleskop befestigten CCD-Kamera. Sie lässt helle und dunkle Regionen auf der Oberfläche sowie die Polkappe erkennen.

Das Internet

Jeder, der Zugang zum Internet hat, kann es zum Erforschen des Weltalls benutzen. Eine wachsende Anzahl astronomischer Arbeitsgruppen hat Web-Seiten eingerichtet. Über das Internet können Sie auf einer Observatorium-Seite zu jeder Tages- und Nachtzeit nachsehen, was ein bestimmtes Teleskop gerade beobachtet. Besondere Ereignisse wie Kometen und Sonnen- oder Mondfinsternisse können auf diese Weise »aus der Nähe« betrachtet werden.

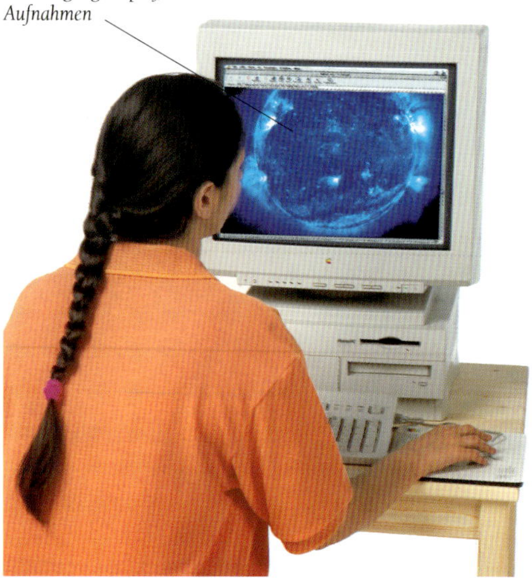

Über das Internet erhält man Zugang zu professionellen Aufnahmen

CCD-Anlage

Eine CCD-Anlage besteht aus 3 Teilen: einem Teleskop mit äquatorialer Montierung und automatischem Antrieb (S. 26–27), einer CCD-Kamera mit Steuerungselektronik sowie einem Computer. Die Software zum Auslesen und Speichern der Daten ist gewöhnlich in der CCD-Ausrüstung enthalten.

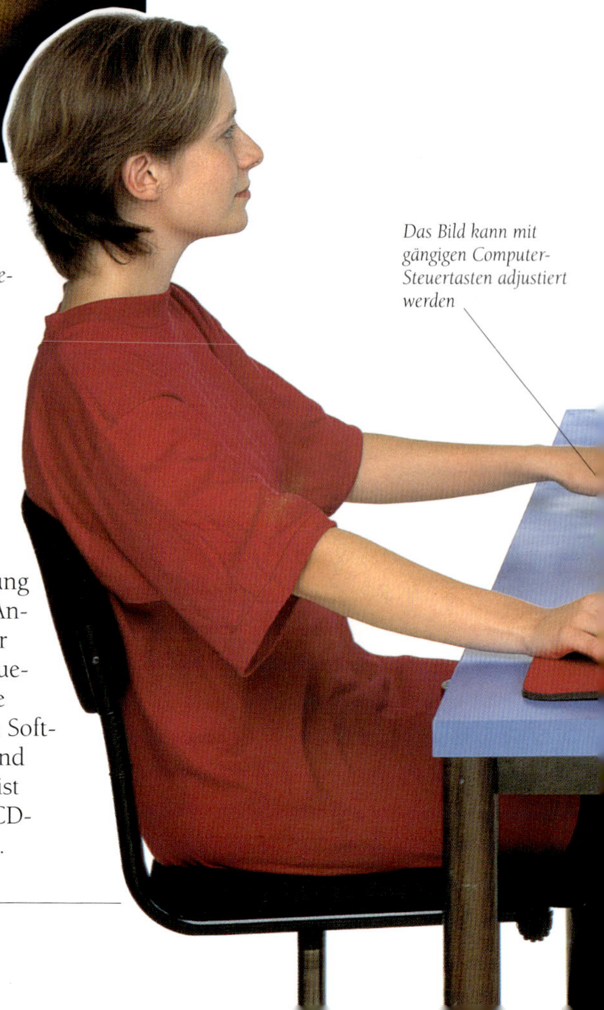

Das Bild kann mit gängigen Computer-Steuertasten adjustiert werden

Bildverstärkung

CCD-Aufnahmen lassen sich mit Hilfe eines Computerprogramms für Bildverarbeitung betrachten und bearbeiten. Das Bild auf dem Bildschirm kann z. B. durch Änderung der Helligkeit, Erhöhung des Kontrasts und Einstellung der Farben manipuliert werden. Es gibt unterschiedliche Bildverarbeitungsprogramme: Mit einigen kann man ein bestimmtes Detail hervorheben, wobei jedoch an anderen Stellen des Bildes Einzelheiten verlorengehen. Andere ermöglichen eine Bearbeitung, bei der das gesamte Bild verstärkt wird.

Die CCD-Kamera nimmt 3 getrennte Bilder auf

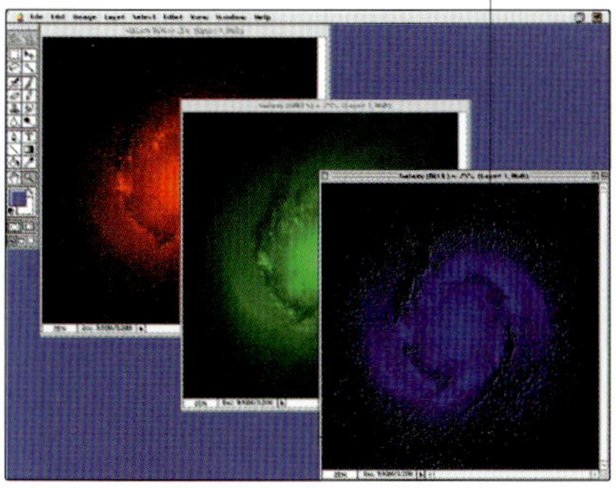

1 Originalbelichtungen

Farbige CCD-Bilder werden in jeder Farbe einzeln erzeugt. Diese wurden nacheinander mit 3 verschiedenen Farbfiltern aufgenommen.

Mit Hilfe der Farbskala werden die Farben eingestellt

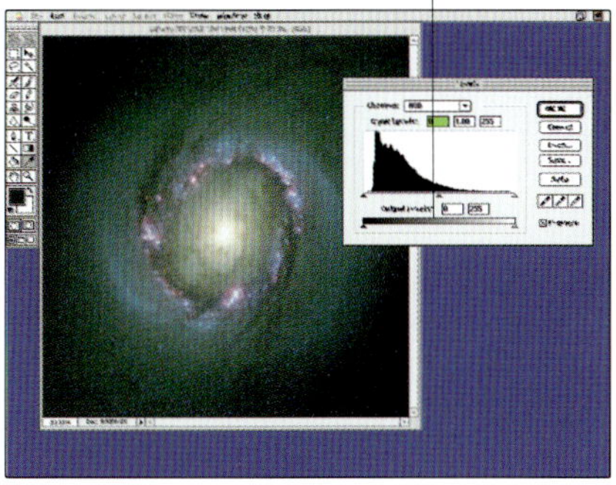

2 Kombinieren der Farbbilder

Die 3 verschiedenen Aufnahmen werden vor dem Kombinieren bearbeitet, und zuletzt wird das Farbbild möglichst klar eingestellt.

Voll adjustiertes Bild der Galaxie M83 in Hydra

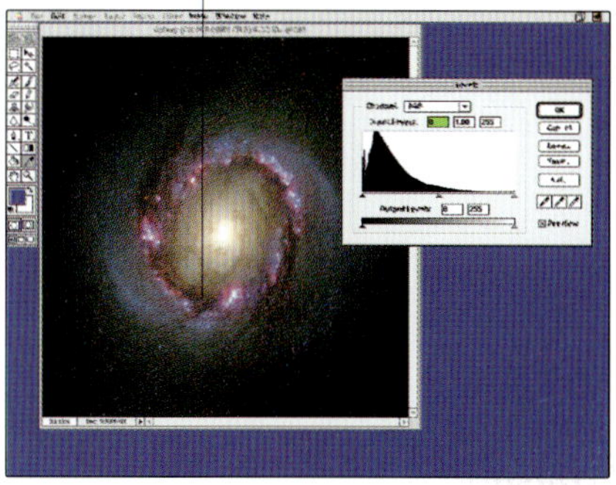

3 Filtern und Verstärken des Bildes

Die endgültige Farbaufnahme von M83 zeigt Details sowohl in hellen als auch in lichtschwachen Bereichen.

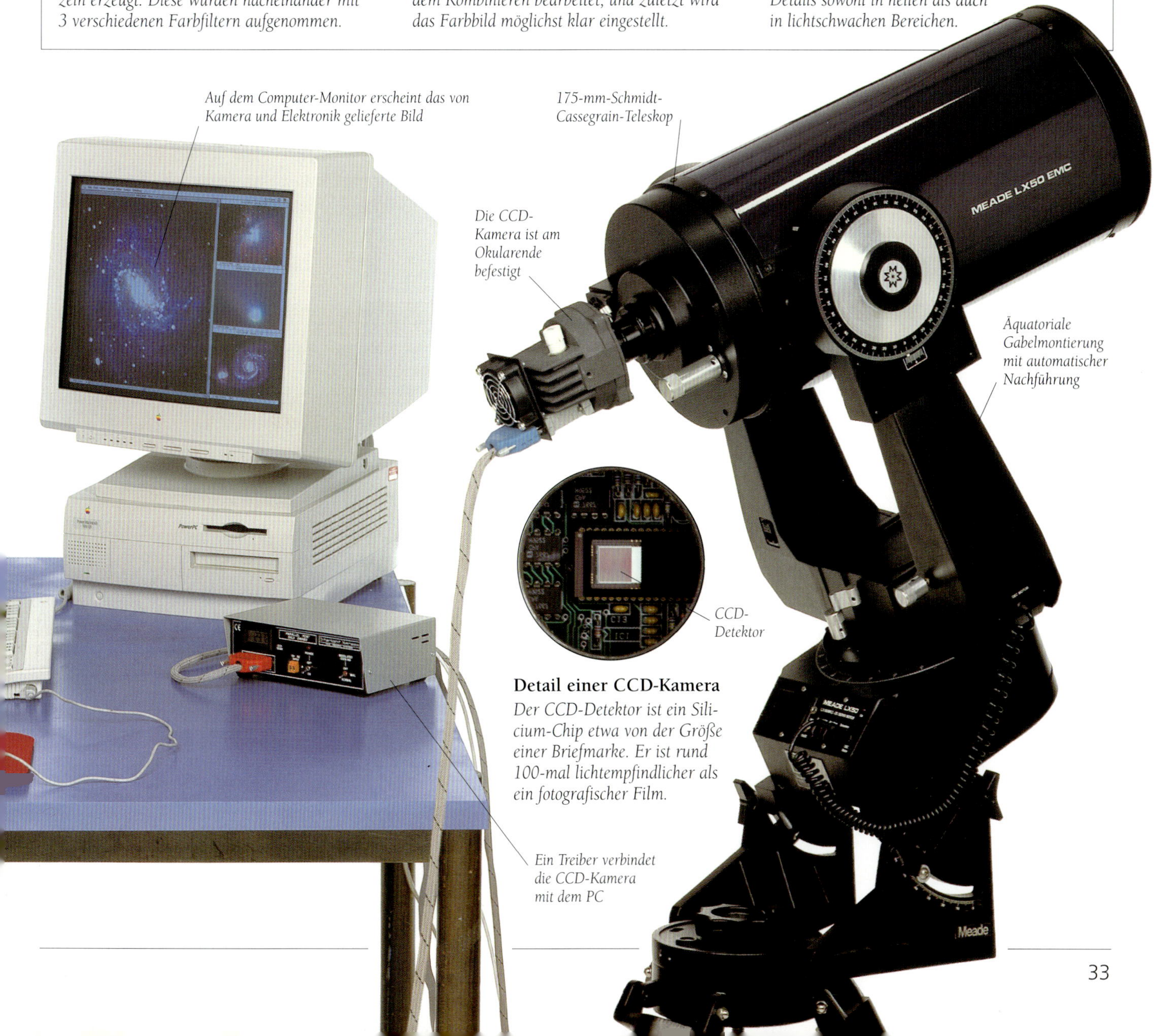

Auf dem Computer-Monitor erscheint das von Kamera und Elektronik gelieferte Bild

175-mm-Schmidt-Cassegrain-Teleskop

Die CCD-Kamera ist am Okularende befestigt

Äquatoriale Gabelmontierung mit automatischer Nachführung

CCD-Detektor

Detail einer CCD-Kamera

Der CCD-Detektor ist ein Silicium-Chip etwa von der Größe einer Briefmarke. Er ist rund 100-mal lichtempfindlicher als ein fotografischer Film.

Ein Treiber verbindet die CCD-Kamera mit dem PC

Die nächsten Nachbarn der Erde sind die Körper des Sonnensystems. Die Sonne, das zentrale Objekt des Systems, beherrscht den Taghimmel und beleuchtet nachts den Mond und die Planeten. Dieses Kapitel beschreibt alle diese Körper und erläutert, wie man sie beobachtet.

Beobachtung des Sonnensystems

Das Sonnensystem

Das Sonnensystem besteht aus 9 Planeten (einschließlich der Erde), ihren mehr als 60 Monden und zahllosen anderen kleineren Himmelskörpern. In seinem Zentrum steht unser Tagesgestirn, die Sonne, die mehr als 99 % aller Materie des Systems enthält und mit ihrer gewaltigen Schwerkraft das Ganze zusammenhält. Jedes Objekt – vom kleinsten Asteroiden bis zum größten Planeten, Jupiter – kreist um die Sonne. Am äußersten Rand des Systems liegt eine riesige Kometenwolke, die bis zur halben Entfernung zum nächsten Stern reicht.

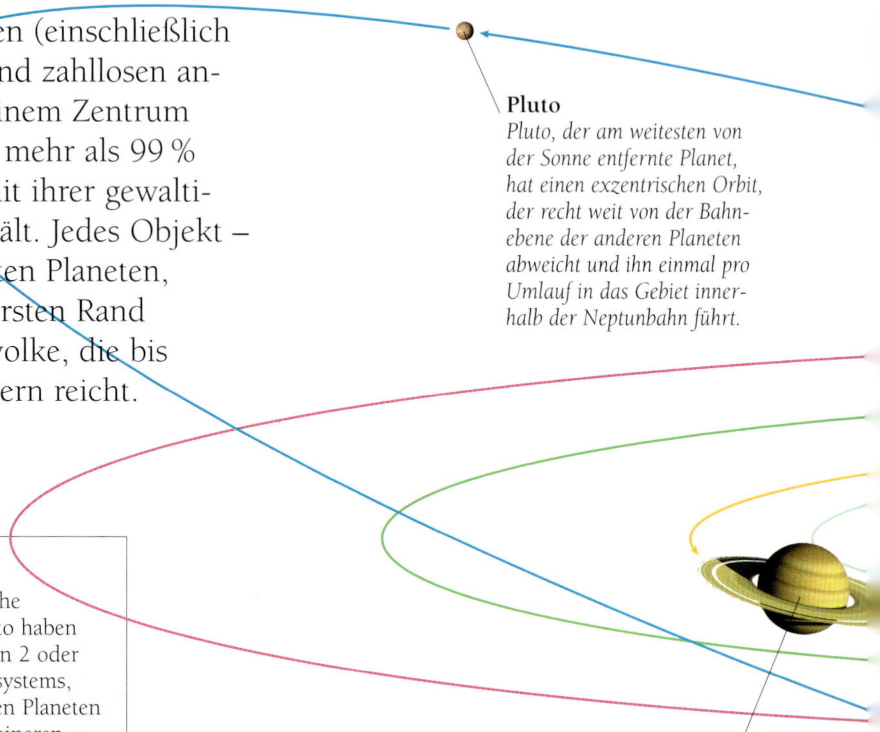

Pluto
Pluto, der am weitesten von der Sonne entfernte Planet, hat einen exzentrischen Orbit, der recht weit von der Bahnebene der anderen Planeten abweicht und ihn einmal pro Umlauf in das Gebiet innerhalb der Neptunbahn führt.

Saturn
Der Planet Saturn besitzt ein ausgedehntes, komplexes Ringsystem und außerdem die größte Mondfamilie aller Planeten im Sonnensystem.

Planetenmonde

Mit Ausnahme von Merkur und Venus besitzen sämtliche Planeten des Sonnensystems Monde. Die Erde und Pluto haben jeweils 1 (den Mond und Charon), die anderen Planeten 2 oder mehr. Monde sind zweitrangige Mitglieder des Sonnensystems, obwohl die größten vom Durchmesser her den kleineren Planeten vergleichbar sind. Die großen Monde sind rund, die kleineren dagegen, wie die Marsmonde Phobos und Deimos, eher kartoffelförmig.

Titania
Der größte Mond des Uranus ist etwa halb so groß wie der Erdmond und von Kratern übersät.

Io
Die Oberfläche des Jupitermonds Io verändert sich aufgrund vulkanischer Aktivität ständig.

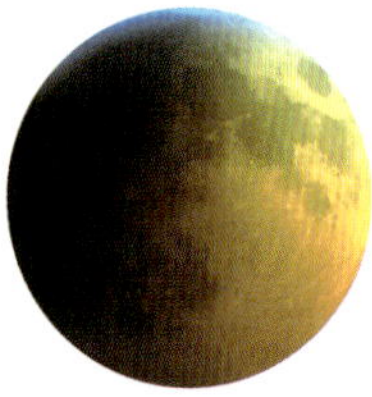

Mond
Der Erdmond ist das uns nächstgelegene Himmelsobjekt und ein vertrauter Anblick am Himmel.

Planetenbahnen

Die Sonne und die Planeten sind oben dargestellt. (Größen und Entfernungen sind nicht maßstabsgerecht.) Die Bahnen sämtlicher Körper im Sonnensystem außer den Kometen liegen etwa in der Äquatorebene der Sonne. All diese Objekte bewegen sich von oberhalb des Sonnennordpols aus betrachtet gegen den Uhrzeigersinn um die Sonne und rotieren normalerweise auch in dieser Richtung um ihre eigene Achse.

Besondere Ereignisse

Gelegentlich sind von der Erde aus spektakuläre Effekte oder Ereignisse zu beobachten. Hin und wieder steht z. B. ein strahlend heller Komet mit langem Schweif am Himmel (S. 76–77), oder es findet eine Sonnenfinsternis statt, ein seltenes und eindrucksvolles Ereignis (S. 70–71). Meteorschauer sind dagegen regelmäßige Erscheinungen, die zu festen Zeiten im Jahr auftreten (S. 74–75).

Komet
Der spektakuläre Anblick eines Kometen mit seinem leuchtenden Kopf und Schweif ist unvergesslich. Die hellsten sind mit bloßem Auge sichtbar.

Sonnenfinsternis
Liegen Erde, Mond und Sonne in einer Linie, verdeckt der Mond die Sonnenscheibe, und die Korona wird sichtbar.

Die Sonne
Die Sonne, unser Heimatstern, beherrscht das Sonnensystem und hält es mit ihrer Schwerkraft zusammen. Licht und Wärme auf der Erde stammen von der Sonne.

Mars
Mars, der nächste Planet jenseits der Erdbahn, hat eine ähnliche Rotationsperiode wie die Erde, braucht für einen Umlauf um die Sonne jedoch etwa doppelt so lang wie sie – 687 Erdtage.

Jupiter
Jupiter ist gewaltig: Er enthält 2,5-mal so viel Masse wie alle anderen Planeten zusammengenommen. Mit einer Rotationsperiode von nur 10 Stunden rotiert er auch schneller als alle übrigen.

Uranus
Dieser Planet ist doppelt so weit von der Sonne entfernt wie Saturn. Uranus umkreist die Sonne auf der Seite liegend.

Neptun
Je weiter ein Planet von der Sonne entfernt ist, desto länger ist seine Umlaufperiode. Die des Neptun beträgt fast 165 Erdjahre.

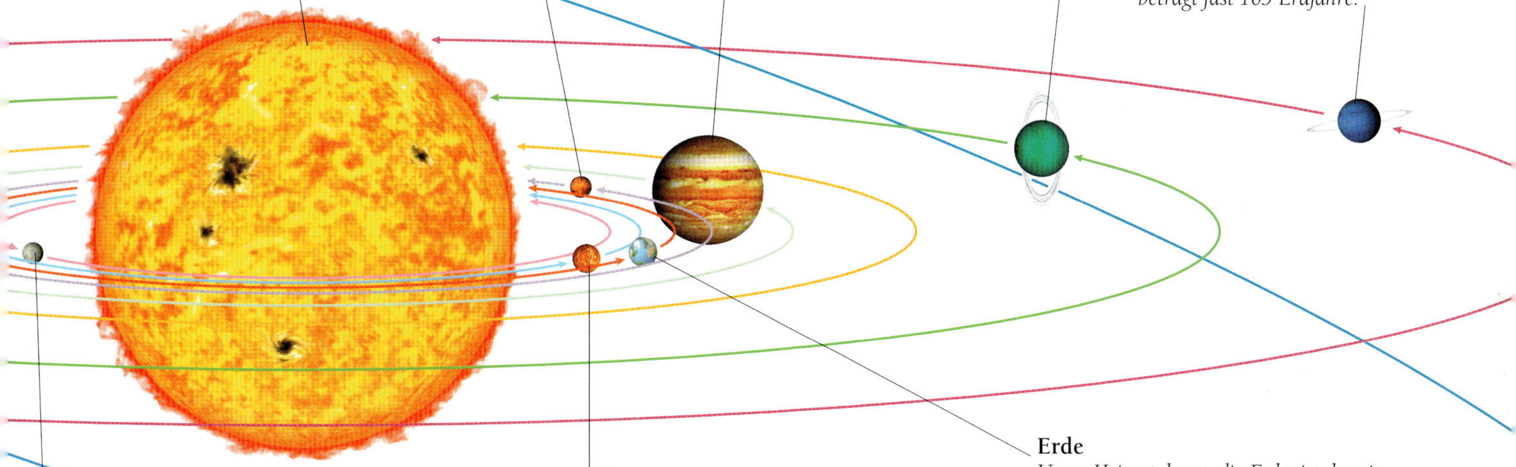

Venus
Venus, der zweite Planet von der Sonne aus, ist etwa so groß wie die Erde. Entgegengesetzt zu anderen Planeten rotiert er im Uhrzeigersinn.

Erde
Unser Heimatplanet, die Erde, ist der einzige, auf dem es Wasser und Leben gibt. Die Erde rotiert in 24 Stunden einmal um ihre Achse und benötigt für einen Umlauf um die Sonne ein Jahr (365 Tage).

Merkur
Als der der Sonne am nächsten gelegene Planet bewegt sich Merkur auch schneller als alle anderen. Er wurde nach dem römischen Götterboten benannt.

Größenvergleich der Planeten

Jupiter, der größte Planet im Sonnensystem, ist nur 10-mal kleiner als die Sonne. Auch Saturn, Uranus und Neptun sind Riesen. Die übrigen Planeten sind sehr viel kleiner: Die Erde würde 11-mal nebeneinander auf die Jupiterscheibe passen; Venus ist nicht ganz so groß wie die Erde; dann folgen Mars, Merkur und Pluto, der kleinste Planet.

Meteor
Ein Meteor ist eine helle Leuchtspur am Himmel, verursacht durch ein Trümmerstück von einem Kometen, das in der Erdatmosphäre verglüht.

Beobachtung des Sonnensystems

Von der Erde aus können wir mit bloßem Auge mindestens ein Exemplar jeder im Sonnensystem vorkommenden Objektart sehen. Selbst die von Raumsonden oder dem Hubble-Weltraumteleskop übermittelten fantastischen Bilder sind nicht so aufregend wie die Beobachtung eines Planeten oder Kometen mit eigenen Augen. Viele Objekte sind bereits mit bloßem Auge sichtbar, ein Fernglas oder Teleskop zeigt jedoch sehr viel mehr Details. Ein einmal ausgemachtes Objekt kann bei seiner Wanderung durch das Sonnensystem über mehrere Nächte oder gar Monate hinweg verfolgt werden.

Blick auf die Planeten
Alle Planeten außer Neptun und Pluto sind unter günstigen Bedingungen mit bloßem Auge sichtbar, können jedoch leicht für Sterne gehalten werden.

Das Sonnensystem und die Erde
Die Erde und die anderen Planeten umkreisen die Sonne nahezu in derselben Ebene (S. 36). Deshalb scheinen die Planeten von uns aus gesehen stets in der Nähe einer um die Erde laufenden imaginären Linie zu liegen, die Ekliptik genannt wird. In Wahrheit beschreiben natürlich alle Planeten (auch die Erde) eine Bahn um die Sonne.

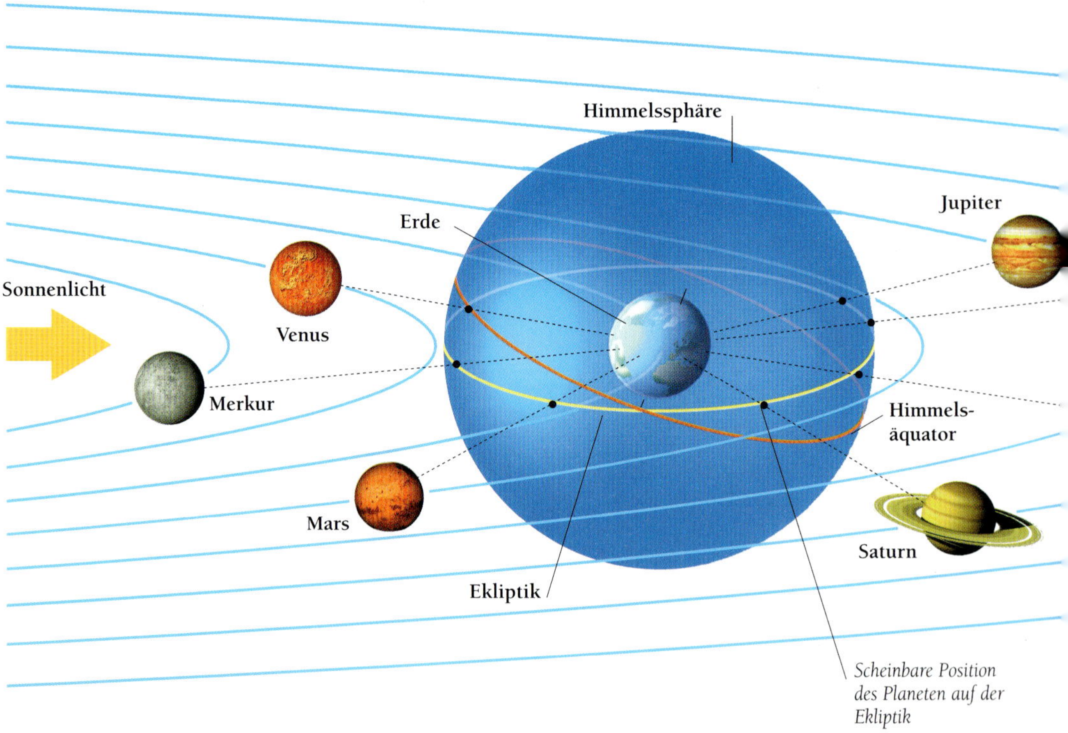

Die Ekliptik von der Erde aus
Sämtliche Planeten folgen Bahnen, die nur wenige Grad nördlich oder südlich von der Ekliptik abweichen. Die Lage der Ekliptik am Himmel hängt vom Standort des Beobachters ab.

Die Ekliptik auf Himmelskarten

Die Ekliptik kreuzt an der Himmelssphäre (S. 16) zweimal den Himmelsäquator: einmal, wenn sich die Sonne von der nördlichen in die südliche Himmelshemisphäre bewegt, und einmal, wenn sie wieder von der südlichen in die nördliche wandert. Das Himmelsband, das durch den nördlichsten und den südlichsten Punkt der Ekliptik markiert ist, ist Grundlage der Positionskarten der Planeten auf den Seiten 40–61.

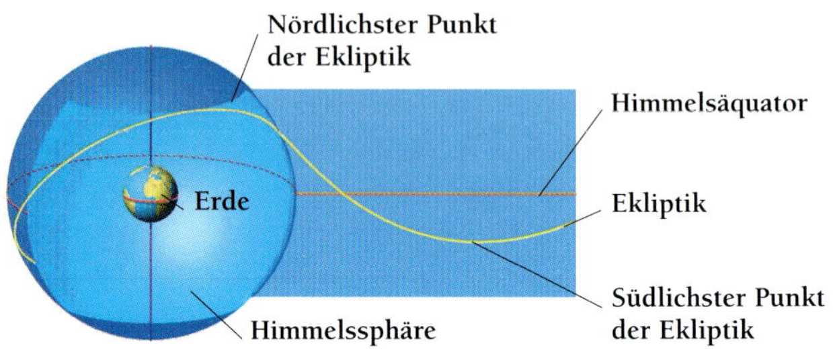

Rückläufige Bewegung

Die Planeten bewegen sich vor dem Sternhintergrund von West nach Ost über den Himmel. Manchmal läuft jedoch ein Planet scheinbar in die entgegengesetzte Richtung. Diese Rückwärtsbewegung ist eine Täuschung, die auf den relativen Positionen von Erde und Planet auf ihren Bahnen beruht. Alle Planeten laufen stets vorwärts um die Sonne, doch wenn ein oberer Planet – einer, der weiter von der Sonne entfernt ist als die Erde – von der schnelleren Erde überholt wird, scheint er sich vorübergehend rückwärts zu bewegen, d. h. er wird rückläufig (retrograd).

Rückläufiger Mars
Die rückläufige Bewegung ist am leichtesten beim Planeten Mars zu beobachten. Auf dieser mehrfach belichteten Aufnahme beschreibt Mars eine Schleife am Himmel, während er sich von rechts nach links auf seiner Bahn bewegt.

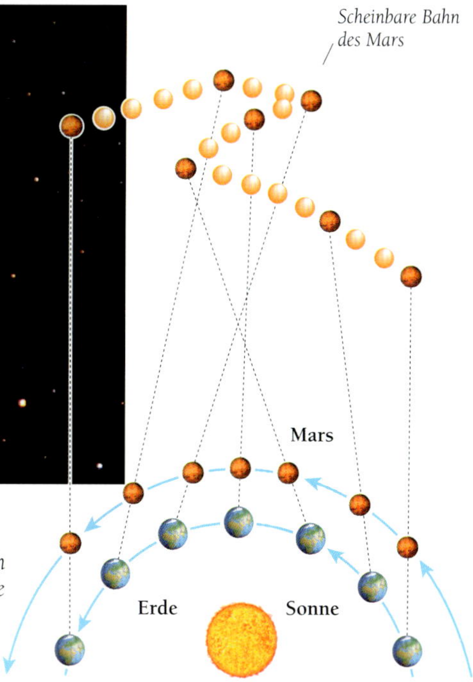

Ursache der rückläufigen Bewegung
Die auf der inneren Bahn laufende Erde überholt Mars beim Umlauf beider Planeten um die Sonne. Am Erdhimmel scheint sich Mars dann rückwärts zu bewegen.

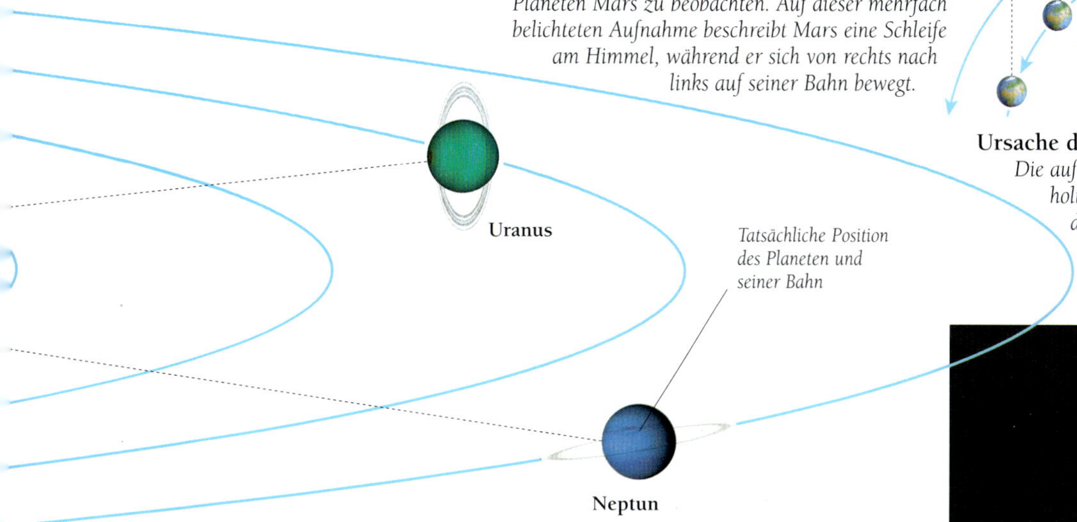

Planeten und der Mond
Da sich die Planeten und der Mond in der Nähe der Ekliptik über den Himmel bewegen, können zwei Planeten oder ein Planet und der Mond zuweilen sehr dicht beieinander stehen. Liegen sie in derselben Richtung zur Ekliptik, nennt man diese Stellung ebenfalls Konjunktion.

Beste Beobachtungszeiten für Planeten

Die Planeten Merkur und Venus kreisen innerhalb der Erdbahn um die Sonne und werden daher untere Planeten genannt. Wenn wir sie beobachten, schauen wir stets in Richtung Sonne. Die unteren Planeten sind am besten um die Zeit ihrer größten Elongation (S. 47) zu beobachten. Planeten jenseits der Erdbahn heißen obere Planeten. Im Gegensatz zu den unteren können sie abseits der Sonne beobachtet werden, am besten, wenn sie in Opposition, d. h. der Sonne am Himmel direkt gegenüber stehen.

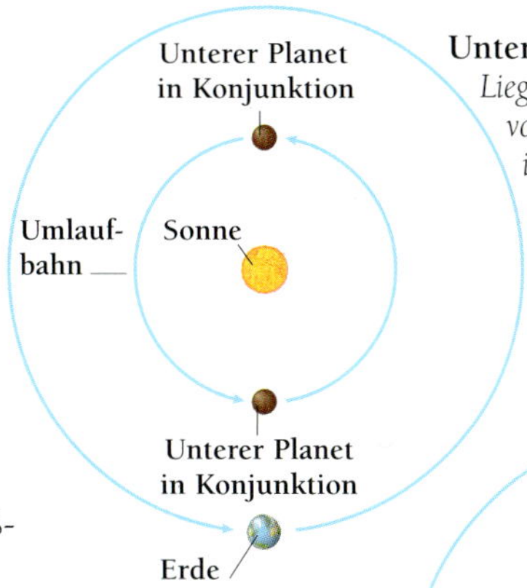

Untere Planeten
Liegen Merkur oder Venus von der Erde aus gesehen in derselben Richtung wie die Sonne, stehen sie in Konjunktion und werden vom hellen Glanz der Sonne überstrahlt.

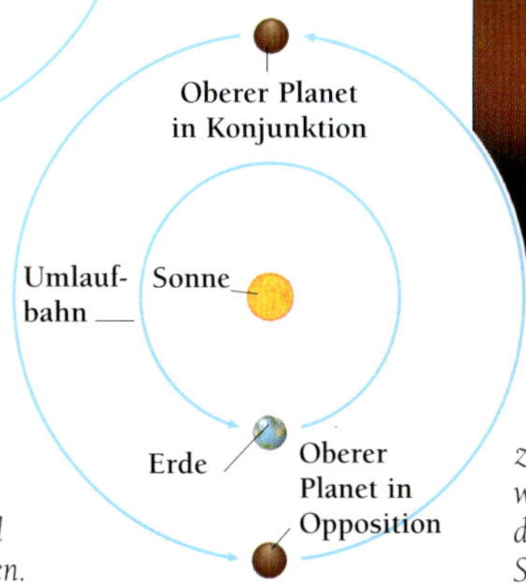

Obere Planeten
Die oberen Planeten – von Mars an auswärts – sind am besten in Opposition zu beobachten, wo sie der Erde am nächsten und der Sonne gegenüber stehen.

Merkur

Merkur ist eine dunkle, graue Welt. Obwohl er der Sonne am nächsten steht, reflektiert er nur 6 % des einfallenden Sonnenlichts. Der Planet bewegt sich schnell und braucht für einen Umlauf um die Sonne nur knapp 88 Erdtage. Da er stets dicht bei der Sonne bleibt, ist Merkur nie an einem völlig dunklen Himmel zu sehen, und seine Oberfläche kann von der Erde aus nicht beobachtet werden.

PLANETENDATEN

Durchmesser am Äquator
4878 km

Mittlere Entfernung zur Sonne
57 910 000 km

Oberflächentemperatur
–180 °C bis +430 °C

Monde
keine

Rotationsperiode
58,7 Erdtage

Umlaufperiode
87,97 Erdtage

Schwerkraft (Erde = 1)
0,38

Masse (Erde = 1)
0,055

Positionen des Merkur 1999–2010

Um Merkur aufzufinden, stellen Sie mit Hilfe der Positionskarte (unten) fest, in welchem Tierkreis-Sternbild sich der Planet befindet, und bestimmen Sie dann mit Hilfe der Planisphäre die exakte Lage dieses Sternbilds. Sämtliche auf der Karte markierten Positionen gelten jeweils für den Zeitpunkt der größten Elongation (S. 47), d. h. wenn Merkur von der Erde aus gesehen den größten Winkelabstand zur Sonne hat und am besten zu beobachten ist.

LEGENDE FÜR POSITIONSKARTE

1999	2003	2007
2000	2004	2008
2001	2005	2009
2002	2006	2010

Jedes Jahr von 1999 bis 2010 wird durch ein farbiges Oval repräsentiert. In jedem Oval ist das Datum angegeben, an dem Merkur am besten sichtbar ist (siehe Beispiel unten links). Diese Daten bezeichnen jeweils den Zeitpunkt der größten Elongation.

Beispiel

17/10 Merkurs Position am 17. Oktober 2006

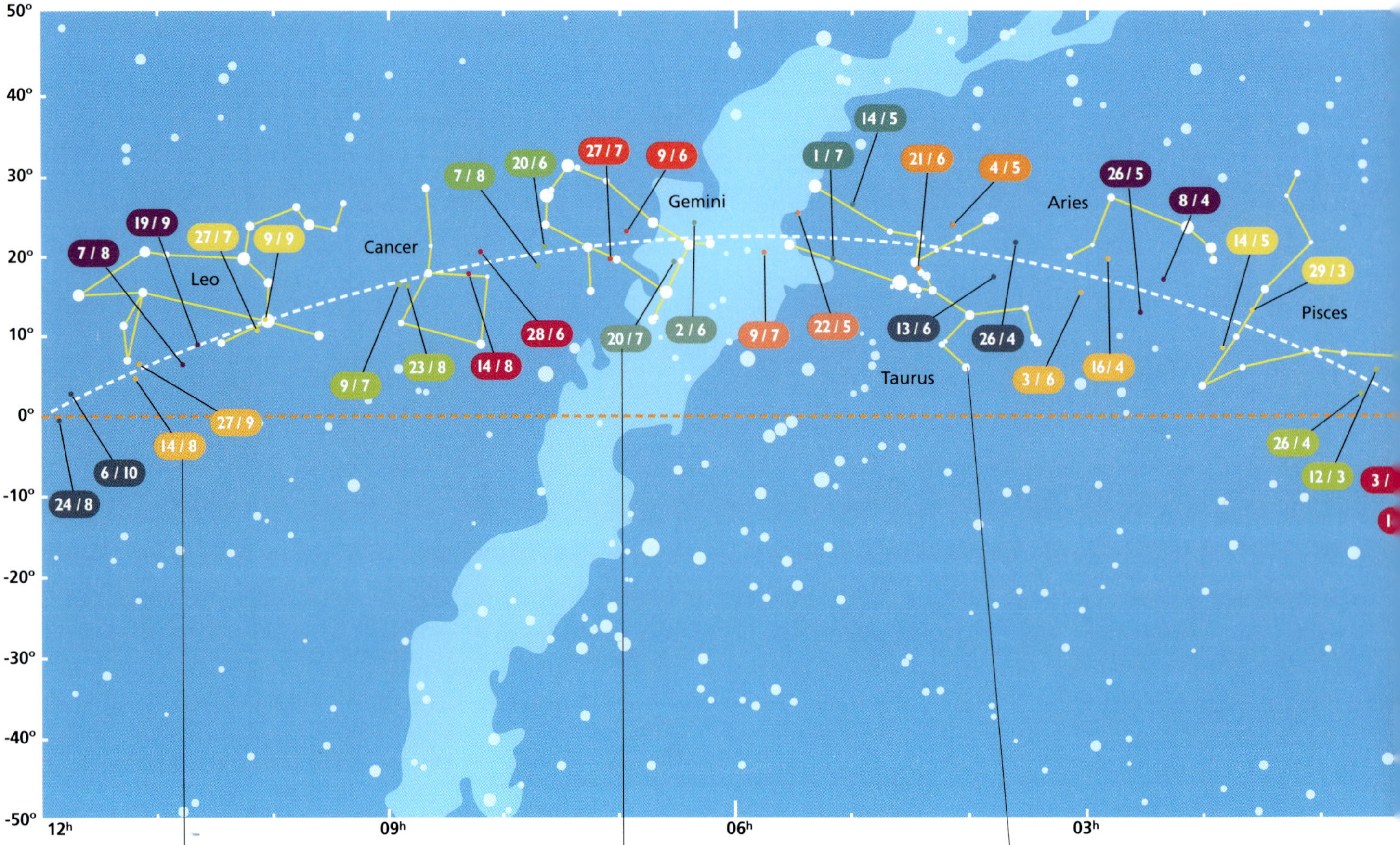

6- oder 7-mal pro Jahr steht Merkur in größter Elongation (S. 47). Zu diesen Zeiten – wo er nicht im Glanz der Sonne verschwindet – ist er am besten zu beobachten.

Merkurs winzige Scheibe ist schwierig zu beobachten, da der Planet stets nur in der Nähe des Horizonts sichtbar ist, wo die Erdatmosphäre die größten Turbulenzen aufweist.

Merkur wird oft fälschlich für einen Stern gehalten. Machen Sie sich mit den – 0,5 bis 0,5 mag hellen Sternen des Sternbildes vertraut, in dem Merkur gerade steht.

Die Oberfläche des Merkur

In den 70er Jahren flog Mariner 10 an Merkur vorbei und übermittelte Bilder eines steinigen Planeten, der wie der Mond von Tausenden von Kratern übersät ist. Zudem besitzt Merkur lange gewundene Steilhänge. Die Krater rühren von einem Bombardement durch Gesteinsbrocken aus dem Weltraum her, während die Steilhänge »Runzeln« in der Oberfläche darstellen, die beim Abkühlen und Schrumpfen des Planeten entstanden. Die Oberfläche blieb Milliarden Jahre nahezu unverändert, da Merkur keine Atmosphäre besitzt, die Oberflächenstrukturen umwandeln könnte.

Strahlenkrater, ähnlich denen auf dem Mond

Die Krater sind gewöhnlich kreisförmig mit Randablagerungen; die größeren besitzen innere Wälle und Zentralberge

Die Steilhänge sind bis 3 km hoch und 500 km lang

Das Caloris-Becken ist das größte Gebilde auf Merkur. Es entstand durch den Einschlag eines großen Gesteinsbrockens

Größenvergleich
Mit einem Durchmesser von 4878 km ist Merkur noch nicht einmal halb so groß wie die Erde.

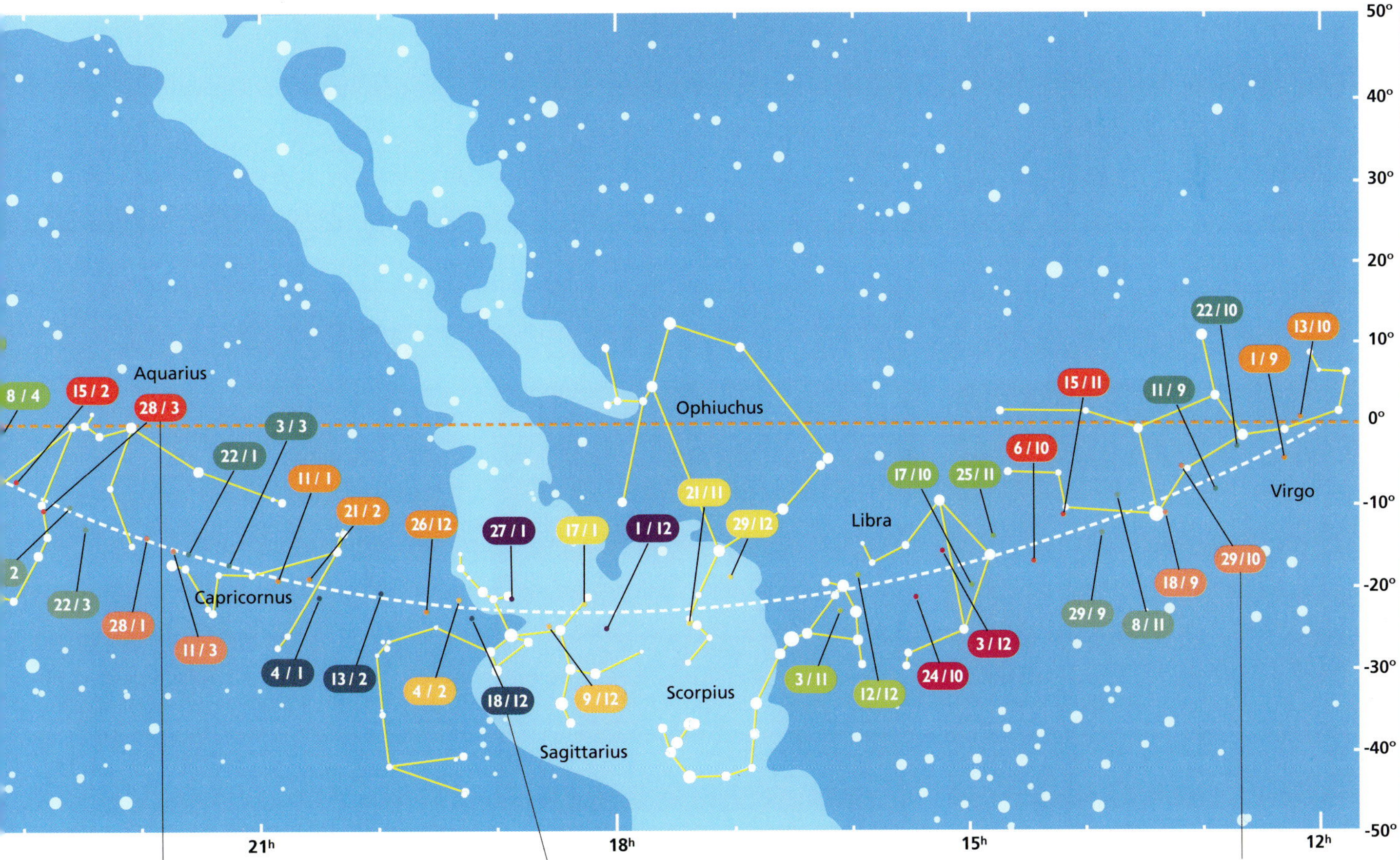

Obwohl Merkur mehrmals im Jahr in größter Elongation steht, ist er an folgenden Daten besonders gut zu beobachten: 28. März 2000, 8. April 2006 und 22. März 2007.

Merkur ist etwa eine Woche vor und nach den hier genannten Daten beobachtbar. Er ist nur in der Morgen- oder Abenddämmerung sichtbar und erscheint als Scheibchen.

Am Morgenhimmel (größte westliche Elongationen) sieht man Merkur am besten von August bis Oktober, am Abendhimmel (größte östliche Elongationen) zwischen Februar und April.

Beobachtung des Merkur

Sechsmal pro Jahr ist Merkur besonders gut zu sehen: dreimal östlich der Sonne und dreimal westlich. Dann steht Merkur während der Dämmerung – morgens oder abends – tief am Horizont. Befindet er sich westlich der Sonne, erscheint er kurz vor Sonnenaufgang; steht er östlich von ihr, wird er etwa 1 Stunde nach Sonnenuntergang sichtbar. Merkur kann dann ungefähr 2 Wochen lang beobachtet werden, bis er wieder im Glanz der Sonne verschwindet. Alle paar Jahre bietet ein Merkurdurchgang Gelegenheit für eine ungewöhnliche Beobachtung.

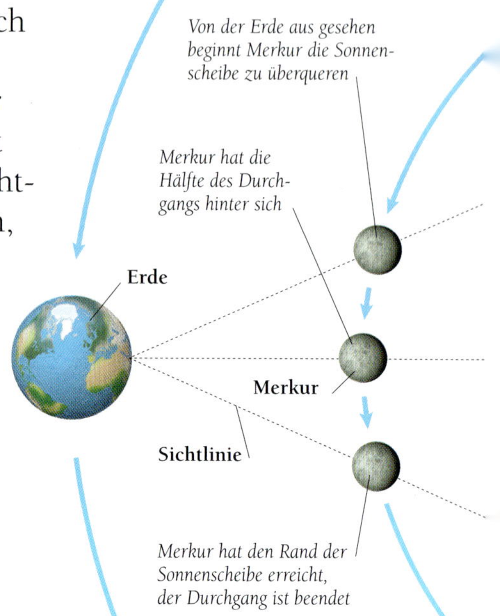

Blick auf Merkur

Anblick mit bloßem Auge
Merkur steht immer nahe am Horizont und erscheint wegen der starken Turbulenzen in der Erdatmosphäre als flackerndes Lichtpünktchen. Erschwerend kommt hinzu, dass der Planet nur in der Dämmerung sichtbar ist.

Anblick im Fernglas
Ein Fernglas bietet keinen Vorteil bei der Beobachtung des Merkur, aber es kann beim Auffinden hilfreich sein. Vergewissern Sie sich, dass die Sonne unter dem Horizont steht, und schwenken Sie das Glas hin und her.

Anblick im Teleskop
Sogar in einem kleinen Teleskop wirkt Merkur noch wie ein funkelndes sternähnliches Objekt. Größere Instrumente zeigen jedoch seine Gestalt; auch seine Phase sollte erkennbar sein.

CCD-Aufnahme
Die Phasen sind deutlich zu sehen, wenn auch keine Oberflächenstrukturen erkennbar sind. Die volle Phase kann nie beobachtet werden, weil Merkur zu diesem Zeitpunkt hinter der Sonne steht.

Merkurdurchgang

Die Umlaufbahn des Merkur führt ihn von der Erde aus gesehen gewöhnlich über oder unter der Sonnenscheibe entlang. Stehen Sonne, Merkur und Erde jedoch in einer Linie, scheint Merkur quer über die Sonnenscheibe zu wandern. Ein solches Ereignis heißt Merkurdurchgang.

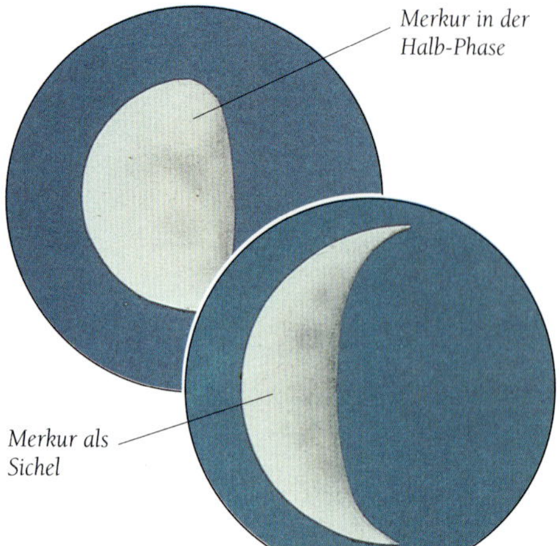

Die Merkur-Phasen
Wie Venus durchläuft Merkur Phasen und ist am besten um den Zeitpunkt der größten Elongation zu beobachten (S. 47), wo er sich in der Halb-Phase befindet. Astronomen mit starken Teleskopen haben auf Merkur helle und dunkle Gebiete ausgemacht, die allerdings in keinem erkennbaren Zusammenhang mit identifizierten Oberflächenmerkmalen stehen.

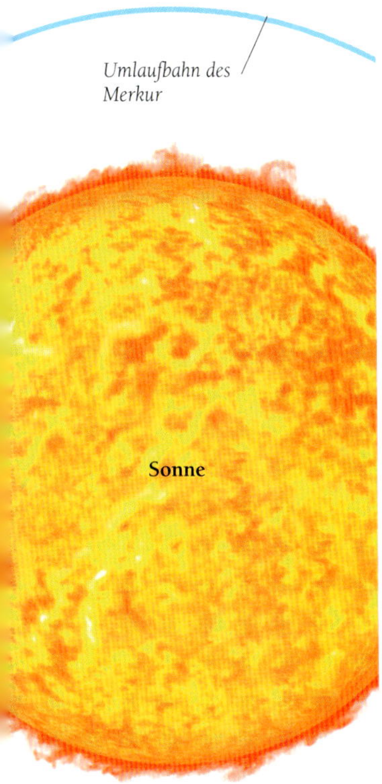

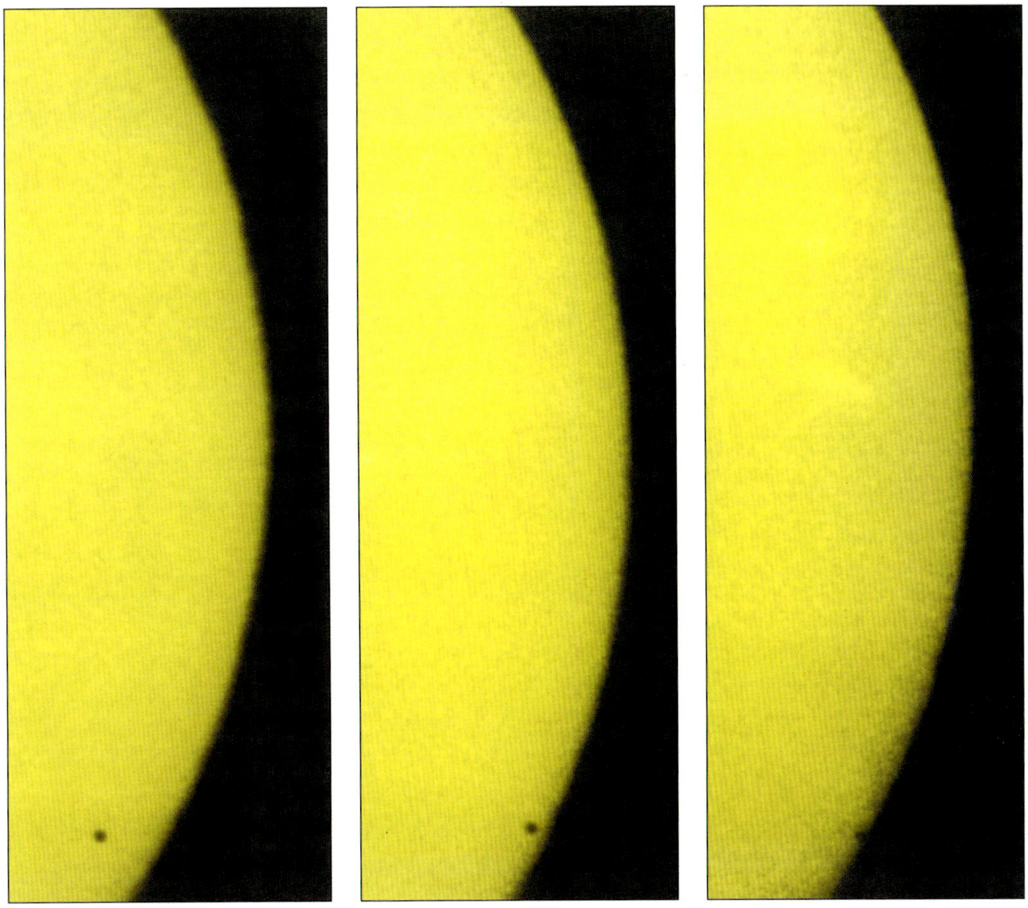

Merkurdurchgang 1973

Die 3 Fotos zeigen die Endphasen des Merkurdurchgangs im Jahr 1973. Der Planet erscheint als winziger schwarzer Punkt vor der riesigen Sonnenscheibe. Es dauert mehrere Stunden, bis er vor ihr vorübergezogen ist und jenseits des rechten Sonnenrandes verschwindet. Die genaue Dauer eines Durchgangs hängt davon ab, wo Merkur die Sonne überquert: Entlang des Sonnenäquators dauert er naturgemäß am längsten.

ACHTUNG!

Nie direkt in die Sonne schauen: Das kann zum Erblinden führen. Um einen Merkurdurchgang zu verfolgen, nach der auf S. 68 beschriebenen Methode zur gefahrlosen Sonnenbeobachtung vorgehen.

Merkur in der Abenddämmerung

Merkur ist der weiße Punkt in der Bildmitte. Die Sonne ist gerade untergegangen, und auch Merkur wird bald hinter dem Horizont verschwinden. Die Nähe des Planeten zum Horizont erschwert die Beobachtung, da es wegen der dort heftigen Luftturbulenzen extrem schwierig ist, ein ruhiges Bild zu erhalten.

DIE BESTEN BEOBACHTUNGSZEITEN

Am besten ist Merkur zum Zeitpunkt der größten Elongation (S. 47) zu beobachten. In größter östlicher Elongation (östlich der Sonne) findet man ihn nach Sonnenuntergang am Westhimmel, in größter westlicher Elongation (westlich der Sonne) kurz vor Sonnenaufgang im Osten. Die Positionskarte auf S. 40–41 gibt die Elongationen von 1999 bis 2010 an.

DATEN DER DURCHGÄNGE

Die Dauer eines Durchgangs hängt von der Position des Planeten und seiner Bahn vor der Sonnenscheibe ab. (Zeitangaben in UT)

Datum	Beginn	Dauer
15. Nov. 1999	21.43 h	52 Min.
7. Mai 2008	7.53 h	5 Std. 18 Min.
8. Nov. 2006	21.42 h	4 Std. 58 Min.
9. Mai 2016	15.00 h	7 Std. 30 Min.

Venus

Venus, der zweite Planet von der Sonne aus, kommt auf ihrer Bahn bis auf 42 Millionen km an die Erde heran, näher als jeder andere Planet. Nach dem Mond ist Venus das hellste Objekt am Nachthimmel. Die helle Oberfläche, die wir beobachten, ist in Wirklichkeit die oberste Schicht einer dichten Kohlendioxid-Atmosphäre. Darunter, unseren Blicken verborgen, liegt eine heiße, unwirtliche vulkanische Welt.

PLANETENDATEN

Durchmesser am Äquator
12 104 km
Mittlere Entfernung zur Sonne
108 200 000 km
Mittlere Oberflächentemperatur
465 °C
Monde
keine

Rotationsperiode
243 Erdtage (von Ost nach West)
Umlaufperiode
224,7 Erdtage
Schwerkraft (Erde = 1)
0,9
Masse (Erde = 1)
0,81

Positionen der Venus 1999–2010

Um Venus aufzufinden, stellen Sie mit Hilfe der Positionskarte (unten) fest, in welchem Tierkreis-Sternbild sich der Planet befindet, und bestimmen Sie dann mit Hilfe der Planisphäre die exakte Lage dieses Sternbilds. Venus müßte am frühen Morgen oder frühen Abend bereits mit bloßem Auge sichtbar sein. Der Planet bleibt nahe der Ekliptik und wird etwa alle 19 Monate rückläufig (retrograd).

LEGENDE FÜR POSITIONSKARTE

1999, 2000, 2001, 2002, 2003, 2004, 2005, 2006, 2007, 2008, 2009, 2010

Jedes Jahr hat eine andere Farbe. Die weißen Zahlen bezeichnen Monate (und zwar den Monatsanfang).

Beispiele

7 Position der Venus am 1. Juli 2001

▸11 Position der Venus am 1. November 2010. Der Pfeil zeigt an, dass der Planet rückläufig ist (S. 39).

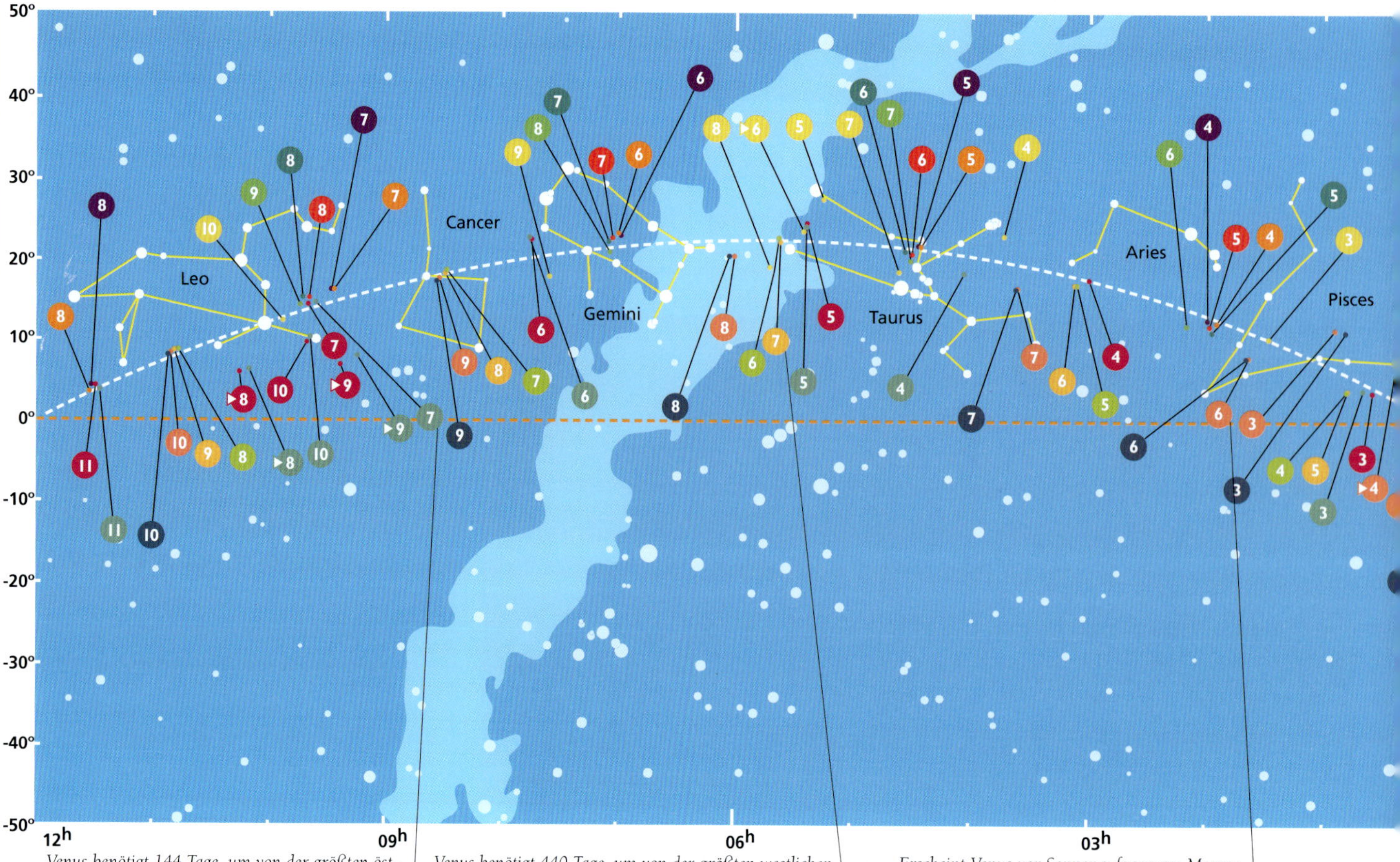

Venus benötigt 144 Tage, um von der größten östlichen zur größten westlichen Elongation (S. 47) zu gelangen. In dieser Zeit läuft sie zwischen Erde und Sonne hindurch.

Venus benötigt 440 Tage, um von der größten westlichen zur größten östlichen Elongation zu gelangen. In dieser Zeit läuft sie hinter der Sonne entlang und ist einen Teil der Zeit nicht zu sehen.

Erscheint Venus vor Sonnenaufgang am Morgenhimmel (wie zu dem hier angegebenen Datum), wird sie Morgenstern genannt und befindet sich in der zunehmenden Phase.

Die Oberfläche der Venus

Magellan, eine der erfolgreichsten Venus-Sonden, kartierte zwischen 1989 und 1992 fast den gesamten Planeten mit Hilfe von Radar. Wie sich zeigte, ist Venus eine Welt aus Hochlandregionen, Senken und hügeligen Ebenen, die von Lavaflüssen, Einschlagkratern und Cañons bedeckt sind. Mehr als Dreiviertel der Oberfläche des Planeten sind durch Vulkanismus geprägt, und möglicherweise sind noch immer viele Vulkane aktiv. Dieses Bild zeigt, wie Venus unter den Wolken aussieht.

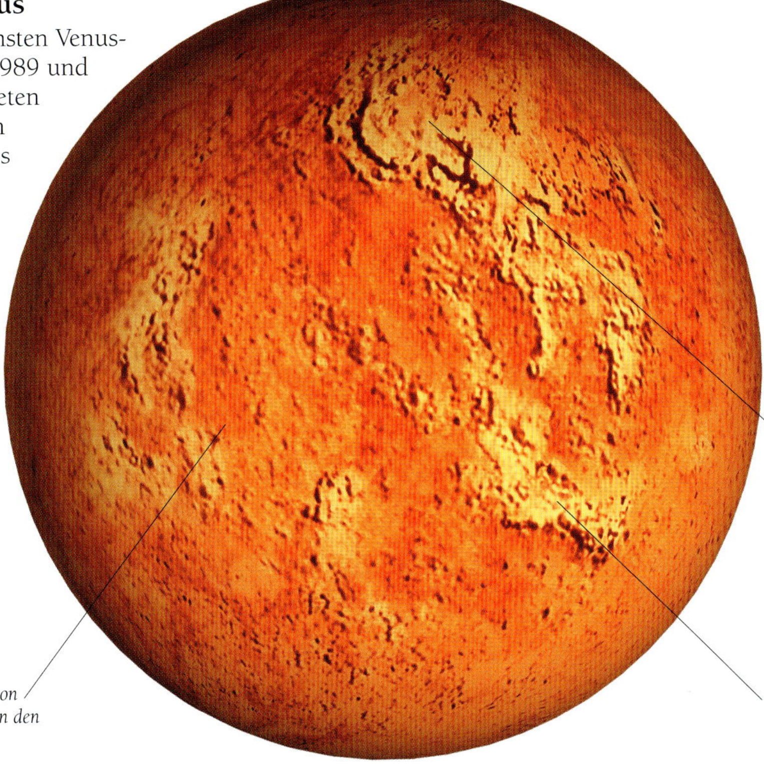

Ishtar Terra ist eine der beiden größten Hochlandregionen der Venus. Zu ihr gehören die Maxwell Montes, das höchste Gebirge

Hügelige Ebenen, gebildet von vulkanischer Lava, bedecken den gesamten Planeten

Aphrodite Terra liegt in der Nähe des Äquators und ist die größte Hochlandregion der Venus

Größenvergleich

Mit einem Durchmesser von etwa 12 100 km ist Venus ein wenig kleiner als die Erde.

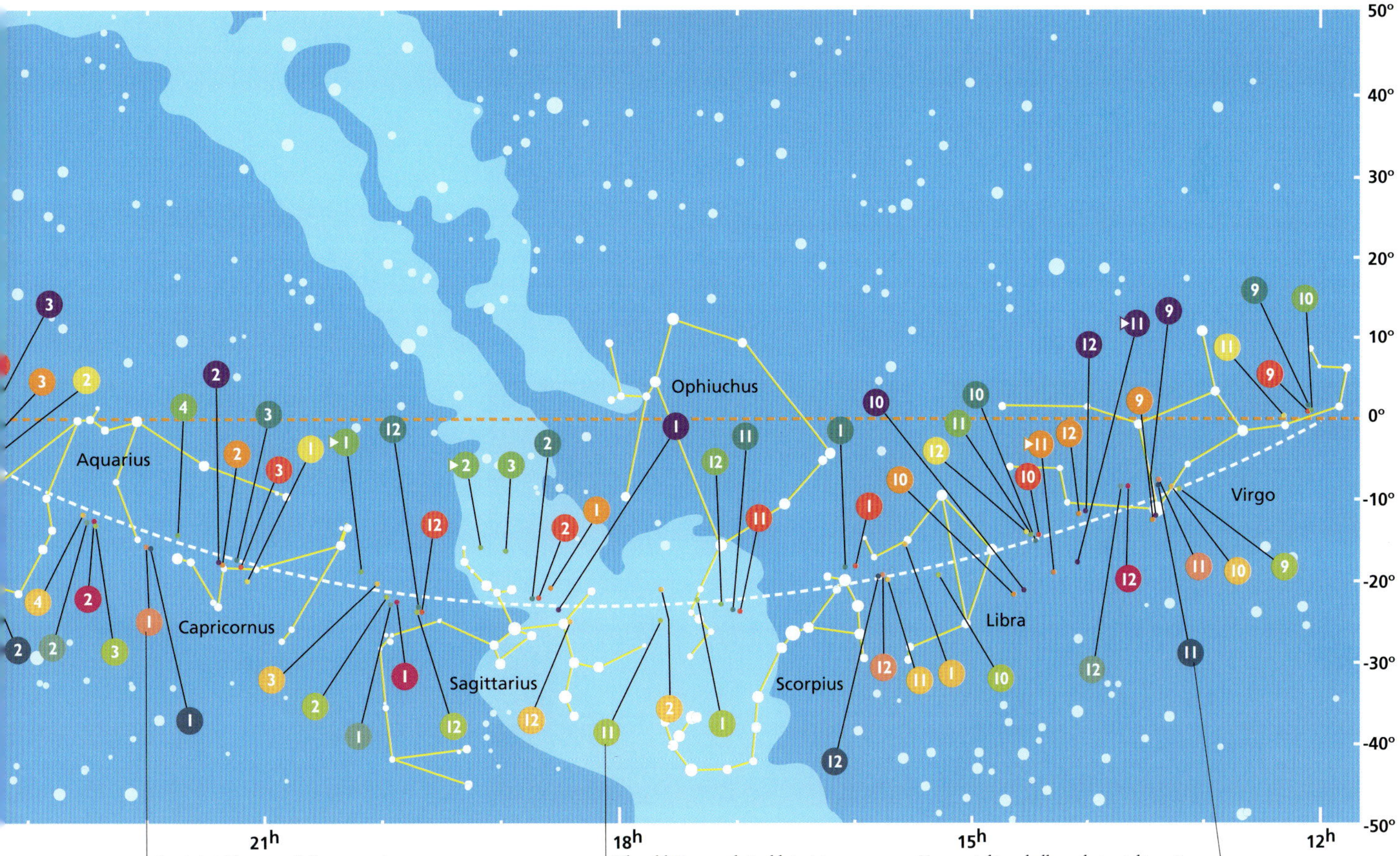

Erscheint Venus nach Sonnenuntergang am Abendhimmel (wie zu dem hier angegebenen Datum), wird sie Abendstern genannt und befindet sich in der abnehmenden Phase.

Obwohl Venus relativ klein ist, erscheint sie dem bloßen Auge am Himmel sehr viel größer als jeder andere Planet.

Venus wirkt so hell, weil sie nicht weit von der Erde entfernt ist und ihre Wolkendecke einen Großteil (etwa 75 %) des einfallenden Sonnenlichtes reflektiert.

Beobachtung der Venus

Wie Merkur steht Venus stets in der Nähe der Sonne, doch im Gegensatz zu ihm ist Venus auch bei dunklem Himmel zu sehen, da sie weiter von der Sonne entfernt ist. Sie leuchtet strahlend hell am Morgen- oder Abendhimmel. Ihre größte Helligkeit beträgt –4,7 mag, doch die Helligkeit schwankt, wie auch die scheinbare Größe der Venus am Himmel. Wenn sie sich der Erde nähert, scheint ihre Scheibe größer zu werden. Da Venus jedoch auch einen Phasenzyklus durchläuft, sehen wir in Wirklichkeit weniger von ihr, wenn sie auf uns zu kommt, als wenn sie sich wieder entfernt.

Die Venus-Phasen

Venus durchläuft einen ähnlichen Phasenzyklus wie der Mond (S. 62–63), da nur eine Seite von der Sonne beleuchtet wird. Wir sehen jeweils unterschiedlich große Anteile der sonnenbeschienenen Seite. Die Bildfolge unten deckt etwa ein Drittel des Zyklus ab und zeigt den Planeten von Dreiviertelvoll (links) bis zu einer schmalen, aber großen Sichel, wenn Venus zwischen Sonne und Erde liegt (ganz rechts).

Blick auf Venus

Anblick mit bloßem Auge
Venus gleicht einem sehr hellen Stern. Sie ist leicht mit bloßem Auge zu sehen, doch ihr Licht kann zuweilen so blenden, dass sie nicht klar zu erkennen ist.

Anblick im Fernglas
Im Fernglas werden die Phasen erkennbar. Man kann den Zyklus verfolgen und beobachten, wie der beleuchtete Teil der Scheibe zu- und abnimmt und sich die Größe des Planeten ändert.

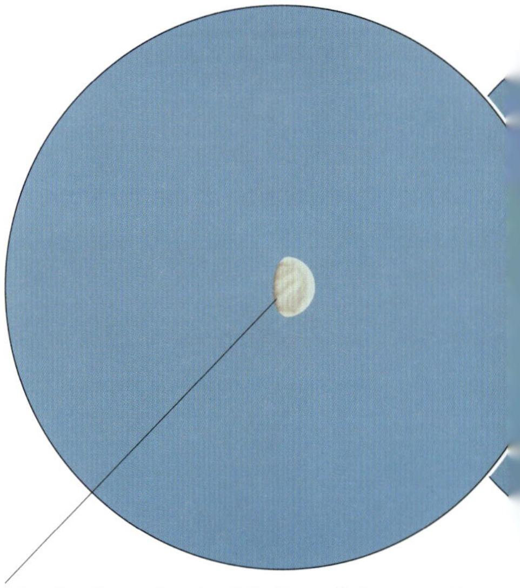

Wir sehen den größten Anteil der Venusscheibe, wenn sich der Planet am entferntesten von der Erde aus noch sichtbaren Punkt seiner Bahn befindet. Aufgrund der Entfernung erscheint Venus in dieser Position jedoch recht klein

Anblick im Teleskop
Im Teleskop erscheint die Venusscheibe größer, so dass die Phasen etwas leichter zu erkennen sind. Ansonsten bietet der Anblick im Teleskop nicht viel mehr als der im Fernglas.

CCD-Aufnahme
Auf einer CCD-Aufnahme sind die Venus-Phasen deutlich sichtbar. Der Planet erscheint als gelblich-weiße Scheibe. In der obersten Wolkenschicht sind auch schwache Muster zu erkennen.

DIE BESTEN BEOBACHTUNGSZEITEN

Am besten ist Venus zu beobachten, wenn sie sich in größter Elongation östlich oder westlich der Sonne befindet (siehe unten). In größter östlicher Elongation steht sie am Abendhimmel, in größter westlicher Elongation erscheint sie vor Sonnenaufgang am Morgenhimmel.

DATEN DER GRÖSSTEN ELONGATIONEN

11. Juni 1999, ö.	3. Nov. 2005, ö.
31. Okt. 1999, w.	25. März 2006, w.
17. Jan. 2001, ö.	9. Juni 2007, ö.
8. Juni 2001, w.	28. Okt. 2007, w.
22. Aug. 2002, ö.	14. Jan. 2009, ö.
11. Jan. 2003, w.	5. Juni 2009, w.
29. März 2004, ö.	20. Aug. 2010, ö.
17. Aug. 2004, w.	

Venus und Mond am Abendhimmel
Sobald die Sonne untergegangen ist, kann man Venus wie einen hellen Stern am Abendhimmel leuchten sehen; sie wird in ihrer Helligkeit nur noch vom Mond übertroffen. Doch bald schon verschwindet sie ebenfalls hinter dem Horizont. Steht der Planet am Abendhimmel, wird die östliche Seite seiner Scheibe beleuchtet. Geht er vor der Sonne am Morgenhimmel auf, ist es seine Westseite, die von der Sonne beschienen wird.

Venus ist groß, hell und leicht zu beobachten. In ihrer obersten Wolkenschicht sind helle und dunkle Gebiete erkennbar

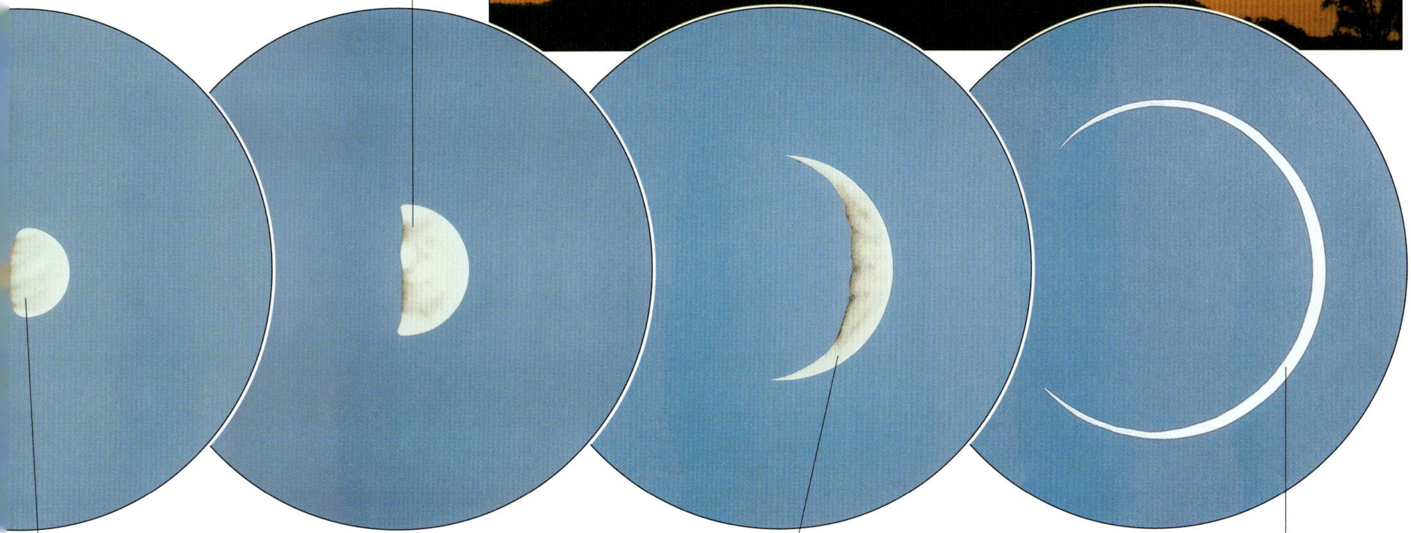

Bei Annäherung an die Erde scheint Venus größer zu werden; ihre Phase nimmt jedoch ab

Venus befindet sich in der Sichelphase. Die Spitzen sind deutlich heller als die restliche Sichel

Venus steht fast direkt zwischen Sonne und Erde; die extrem schmale Sichel reicht beinahe um den gesamten Planeten herum

Venusdurchgang 1882

Wie Merkur kann auch Venus vor der Sonnenscheibe vorüberziehen (S. 42–43). Venusdurchgänge sind jedoch selten und treten immer an zwei nahe beieinander liegenden Daten auf. Die beiden letzten waren 1874 und 1882, die beiden nächsten werden 2004 und 2012 stattfinden.

Elongation der unteren Planeten

Venus und Merkur sind untere Planeten (innerhalb der Erdbahn). Wie gut wir sie beobachten können, hängt von ihrer Position relativ zur Erde und Sonne ab. Befindet sich ein unterer Planet zwischen Erde und Sonne, wird er vom Glanz unseres Tagesgestirns überstrahlt. Steht er hinter der Sonne, ist er nicht zu sehen. Am besten ist er zu beobachten, wenn er sich östlich oder westlich der Sonne befindet. Der entsprechende Winkel zwischen Sonne und Planet heißt Elongation.

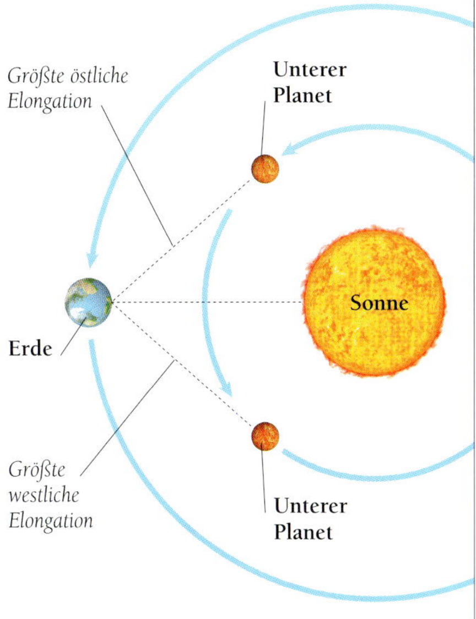

Mars

Mars ist ein auffälliges rotes Objekt am Nachthimmel. Er ist nur halb so groß wie die Erde und rund 78 Millionen km von ihr entfernt, doch fast das ganze Jahr über gut sichtbar. Mars ist der einzige Planet, dessen Oberflächenmerkmale von der Erde aus erkennbar sind, und mit seinen polaren Eiskappen, Jahreszeiten und einer Oberfläche, auf der einst Wasser floß, auch der erdähnlichste.

PLANETENDATEN

Durchmesser am Äquator
6790 km

Mittlere Entfernung zur Sonne
227 940 000 km

Oberflächentemperatur
–120 °C bis +25 °C

Monde
2 (Phobos, Deimos)

Rotationsperiode
24 Std. 37 Min.

Umlaufperiode
686,9 Erdtage

Schwerkraft (Erde = 1)
0,38

Masse (Erde = 1)
0,11

Positionen des Mars 1999–2010

Um Mars aufzufinden, stellen Sie anhand der Positionskarte (unten) fest, in welchem Tierkreis-Sternbild sich der Planet befindet, und bestimmen Sie dann mit Hilfe der Planisphäre die exakte Lage dieses Sternbilds. Unter guten Beobachtungsbedingungen sollten Sie Mars mit bloßem Auge erkennen können. Er bleibt stets nahe der Ekliptik und wandert am Himmel von West nach Ost (auf der Karte von rechts nach links), wird jedoch in regelmäßigen Abständen rückläufig (retrograd).

LEGENDE FÜR POSITIONSKARTE

1999 · 2000 · 2001 · 2002 · 2003 · 2004 · 2005 · 2006 · 2007 · 2008 · 2009 · 2010

Jedes Jahr hat eine andere Farbe. Die weißen Zahlen bezeichnen Monate (und zwar den Monatsanfang).

Beispiele

9 – Position des Mars am 1. September 2000

▶2 – Position des Mars am 1. Februar 2010. Der Pfeil zeigt an, dass der Planet rückläufig ist (S. 39).

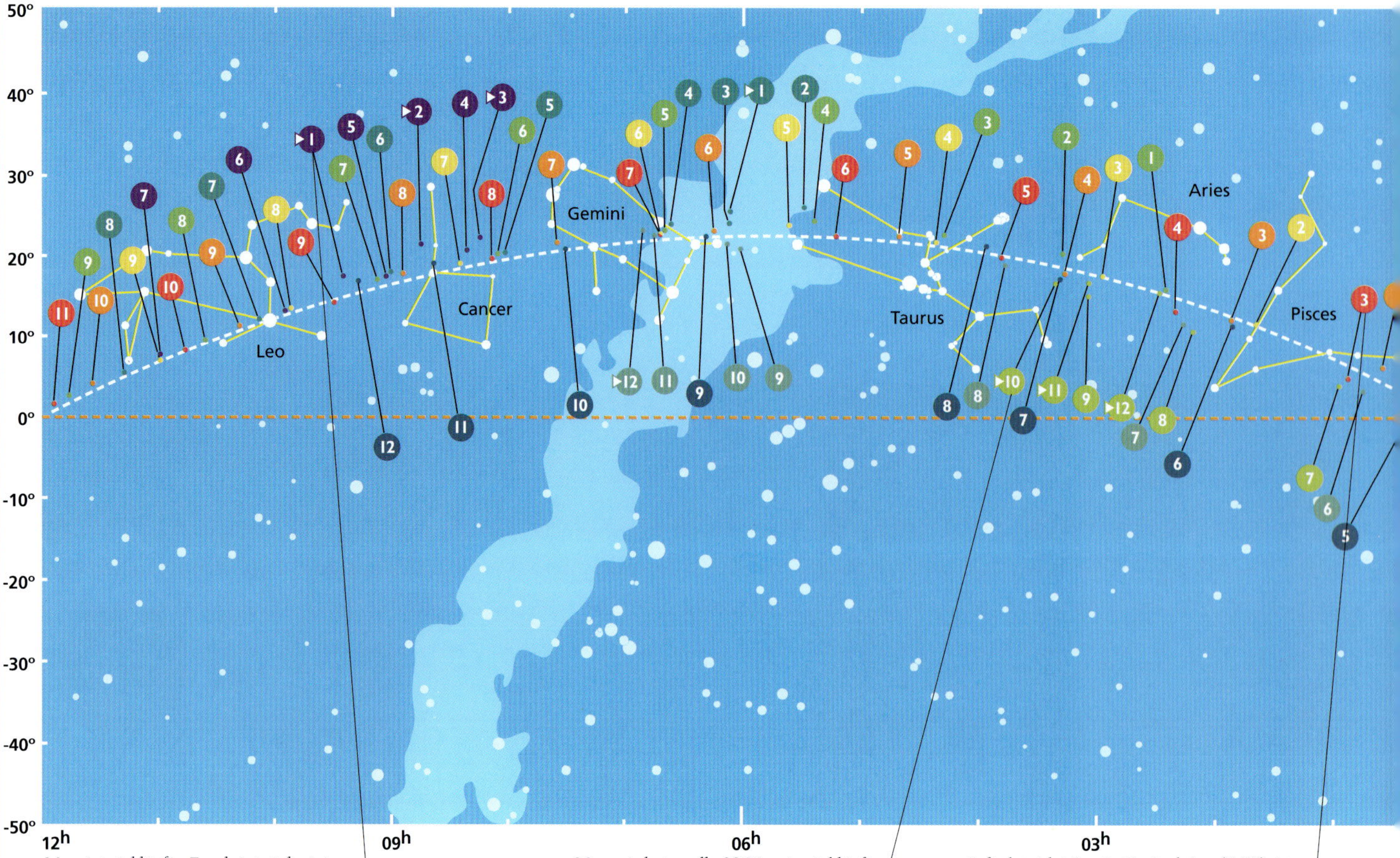

Mars ist rückläufig. Er scheint rückwärts zu laufen (von Ost nach West), da ihn die Erde, die sich schneller bewegt als er, auf ihrer Bahn um die Sonne »überholt«.

Mars wird etwa alle 22 Monate rückläufig. Etwa 5 Wochen vor Opposition (S. 39) scheint er stehenzubleiben und sich dann rückwärts zu bewegen.

Befindet sich Mars in Konjunktion (S. 39), ist er nicht beobachtbar. Dann steht er von der Erde aus gesehen hinter der Sonne (am Taghimmel) und wird von ihr überstrahlt.

Die Oberfläche des Mars

Mars ist ein kleiner, steiniger Planet mit deutlicher Rotfärbung. Die Farbe rührt von dem roten eisenoxidhaltigen Gestein und Staub her, die den Großteil der Oberfläche bedecken. Heftige Stürme blasen den Staub umher, was sich von der Erde aus als helle und dunkle Flecken bemerkbar macht. Gewaltige erloschene Vulkane erheben sich über den Ebenen, und ein riesiges Cañon-System durchschneidet den Planeten. Die Oberfläche ist kreuz und quer von schmalen Rinnen durchzogen, die vor langer Zeit von fließendem Wasser gebildet wurden.

Olympus Mons ist mit 26 km Höhe der größte Vulkan im Sonnensystem

Trockentäler, in der Vergangenheit von fließendem Wasser geformt, schlängeln sich Hunderte von Kilometern über die Oberfläche

Valles Marineris ist ein über 4000 km langes Cañon-System, das durch Verwerfungen und Einbrechen der Marsoberfläche entstand

Größenvergleich
Mit einem Durchmesser von 6790 km ist Mars etwas mehr als halb so groß wie die Erde.

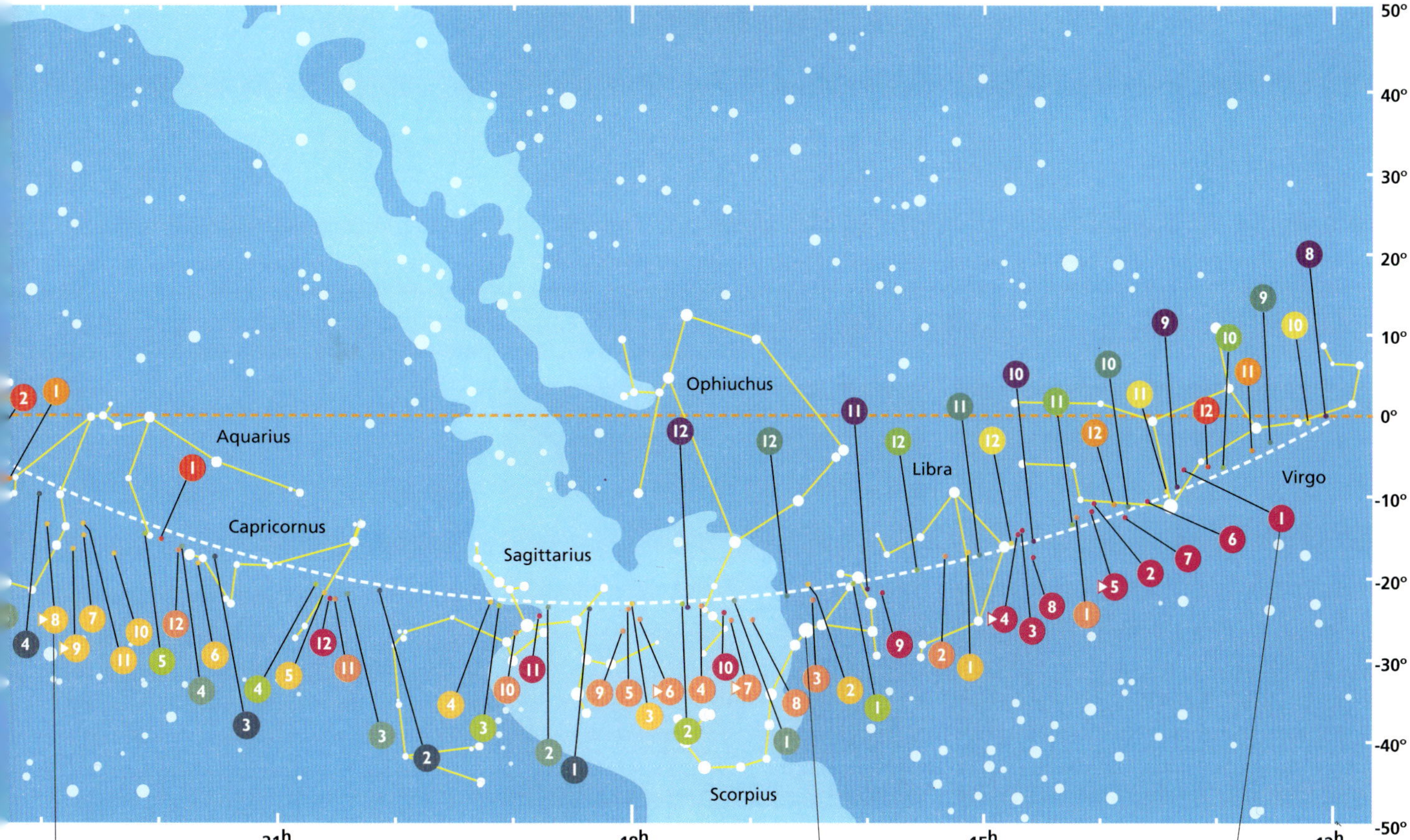

Am besten ist Mars zum Zeitpunkt der Opposition (S. 39) zu beobachten. Dann erscheint er uns am größten und hellsten und bleibt auch die ganze Nacht über sichtbar.

Wegen seiner roten Farbe könnte der Stern Antares in Scorpius mit Mars verwechselt werden. Der Name Antares kommt aus dem Griechischen und bedeutet »Gegen-Mars«.

Mars umkreist die Sonne mit einer Geschwindigkeit von etwa 24 km/s. Von der Erde aus sehen wir, wie sich der Planet rasch vor den Hintergrundsternen bewegt.

Beobachtung des Mars

Wie alle Planeten sendet Mars kein eigenes Licht aus, sondern leuchtet durch reflektiertes Sonnenlicht. Mars ist leichter zu beobachten als die unteren Planeten Merkur und Venus, da er jenseits der Erdbahn liegt und wir nicht in Richtung Sonne schauen, wenn wir ihn betrachten. Am besten ist Mars zu sehen, wenn er in Opposition (S. 39) und dabei gleichzeitig besonders nahe bei der Erde steht. Wegen der Exzentrizität (Abweichung von der Kreisform) der Marsbahn kommt dies nur etwa alle 2 Jahre vor. Der Planet nähert sich der Erde dann bis auf 59 Millionen km.

Blick auf Mars

Anblick mit bloßem Auge
Bei normalem Sehvermögen ist Mars mit bloßem Auge sichtbar. Er wird in seiner Helligkeit nur von Venus und Jupiter übertroffen. Auf dem Bild steht Mars (links) in Konjunktion mit Jupiter (rechts).

Anblick im Fernglas
Im Fernglas wird deutlich, dass Mars ein Planet ist, da man ihn als Scheibe sieht. Ist das Fernglas stark genug, sind die Polkappen gerade eben erkennbar.

Anblick im Teleskop (Bild steht auf dem Kopf)
Im Teleskop erscheint Mars deutlich rot gefärbt, und seine Oberflächenmerkmale werden sichtbar. Man kann die Polkappen und auch die dunklen Äquatorzonen erkennen.

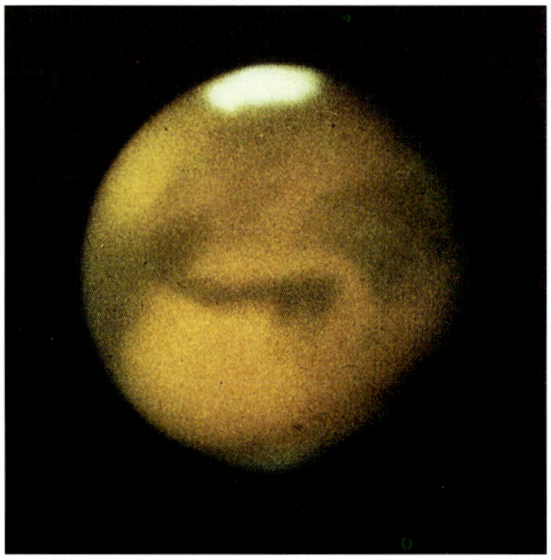

CCD-Aufnahme (Bild steht auf dem Kopf)
Der Südpol (oben) ist Richtung Erde geneigt und als weißer Fleck erkennbar. Dunkle Muster sind nun deutlich zu sehen. Der dunkle Fleck links ist Syrtis Major.

21.29 Uhr. *Auf der Marsoberfläche sind Landschaftsformationen erkennbar*

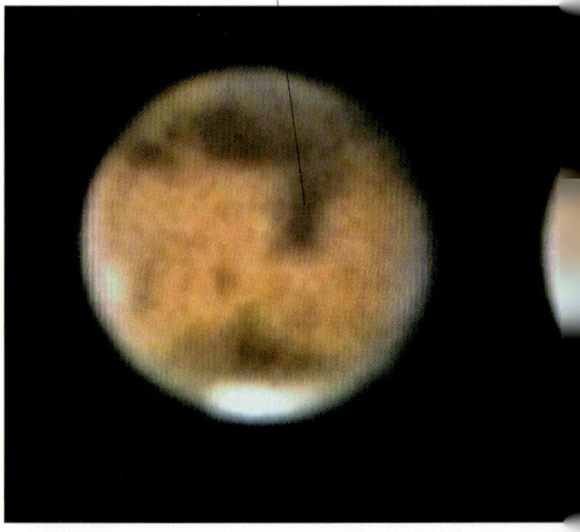

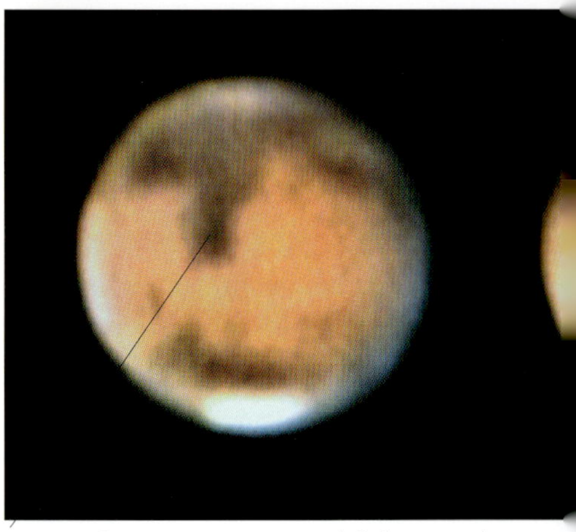

23.23 Uhr. *Syrtis Major ist nach links gewandert*

Die Rotation des Mars

Mars dreht sich in 24 Stunden 37 Minuten einmal um seine Achse. Im Laufe eines Abends kann die Rotation ein Stück weit verfolgt werden. Die Teleskopbilder oben stehen auf dem Kopf.

DIE BESTEN BEOBACHTUNGSZEITEN

Am besten ist Mars zu beobachten, wenn er in Opposition (S. 39) steht. Dann befindet sich nämlich die Erde direkt zwischen Sonne und Mars, und der Planet bleibt die ganze Nacht über dem Horizont. Die Opposition im August 2003 wird besonders günstig sein.

DATEN DER OPPOSITIONEN

13. Juni 2001	24. Dez. 2007
28. Aug. 2003	29. Jan. 2010
7. Nov. 2005	

22.05 Uhr. *Syrtis Major ist näher zur Mitte der Marsscheibe gerückt*

22.50 Uhr. *Oberflächenmuster erreichen in der folgenden Nacht ca. 37 Min. später die gleiche Position*

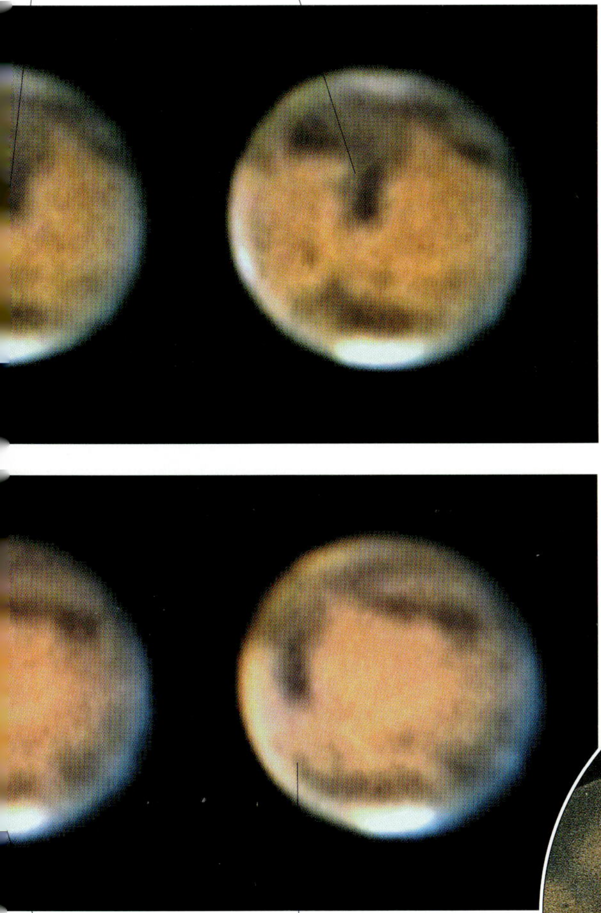

0.50 Uhr. *Die nördliche Polkappe ist in Richtung Erde geneigt*

1.30 Uhr. *Mars hat etwa 1/6 seiner täglichen Rotation vollendet*

Die Monde des Mars

Die beiden Marsmonde Phobos und Deimos sind zwar von der Erde aus beobachtbar, doch schwer auszumachen, da sie leicht von Mars überstrahlt werden. Hat man Glück und findet sie, sieht man nur winzige Lichtpünktchen. Wie die Monde wirklich aussehen, wissen wir nur von Raumsonden.

Deimos

Mit nur 16 km Länge ist Deimos der kleinere der beiden Marsmonde. Er ist etwa 13 mag hell und umkreist den Mars in 30 Stunden.

Phobos

Phobos ist etwa 28 km lang und umkreist den Mars in weniger als 8 Stunden. Beide Monde sind vermutlich Asteroiden, die von der Schwerkraft des Planeten eingefangen wurden.

Die polaren Eiskappen verändern ihre Größe und sind im Mars-Winter am größten

Im Mars-Sommer haben die Polkappen ihre kleinste Ausdehnung

Olympus Mons

Dank Aufnahmen von Raumsonden haben wir heute genaue Kenntnisse über das Aussehen der Marsoberfläche. Landefahrzeuge übermittelten scharfe farbige Bilder der roten, steinigen Wüstenlandschaft des Mars, die von der Erde aus selbst mit den stärksten Teleskopen nicht zu sehen ist. Sonden in der Umlaufbahn um den Planeten funkten Fotografien von klaffenden Cañons und riesigen Vulkanen zur Erde, darunter der mächtige Olympus Mons (links), der von der Erde aus lediglich als heller Fleck erkennbar ist.

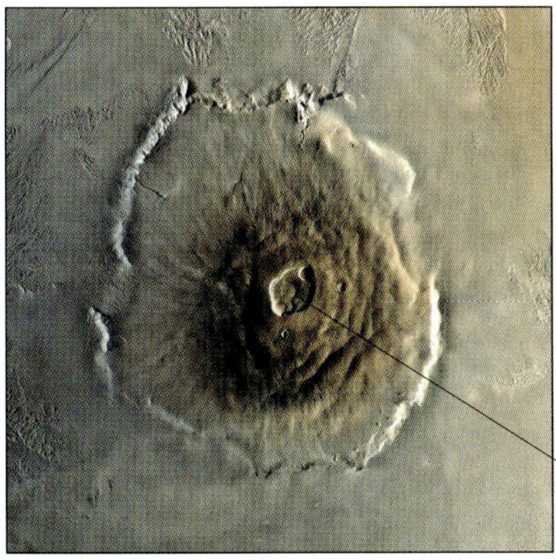

Der Krater des Olympus Mons hat einen Durchmesser von 85 km

Polare Eiskappen

Die am leichtesten erkennbaren Oberflächenmerkmale des Mars sind die polaren Eiskappen, die der Arktis und Antarktis auf der Erde entsprechen. Schon ein Teleskop mit 6 cm Öffnung zeigt diese Polkappen wie auch dunkle Muster in der Äquatorzone. Für genauere Beobachtungen ist ein größeres Instrument nötig.

Jupiter

Der Riesenplanet Jupiter liegt weit jenseits des Asteroidengürtels (S. 78–79). Er besteht aus Gas und Flüssigkeit um einen festen Kern und ist größer als alle anderen Planeten zusammengenommen. Trotz der großen Entfernung ist Jupiter etwa 10 Monate im Jahr von der Erde aus sichtbar, weil seine dichte Atmosphäre Sonnenlicht gut reflektiert. Seine bunten, rasch rotierenden Wolkenbänder bieten im Teleskop einen faszinierenden Anblick.

PLANETENDATEN

Durchmesser am Äquator
142 984 km
Mittlere Entfernung zur Sonne
778 330 000 km
Mittlere Temp. der obersten Wolkenschicht
–150 °C
Monde
16

Rotationsperiode
9 Stunden 55 Minuten
Umlaufperiode
11,8 Erdjahre
Schwerkraft (Erde = 1)
2,64
Masse (Erde = 1)
318

Positionen des Jupiter 1999–2010

Um Jupiter aufzufinden, stellen Sie mit Hilfe der Positionskarte (unten) fest, in welchem Tierkreis-Sternbild sich der Planet befindet, und bestimmen dann mit Hilfe der Planisphäre die exakte Lage dieses Sternbilds. Jupiter bleibt stets in der Nähe der Ekliptik. Er ist mit bloßem Auge leicht auszumachen (nur der Mond und Venus strahlen heller) und wird regelmäßig rückläufig.

LEGENDE FÜR POSITIONSKARTE

1999 · 2000 · 2001 · 2002 · 2003 · 2004 · 2005 · 2006 · 2007 · 2008 · 2009 · 2010

Jedes Jahr hat eine andere Farbe. Die weißen Zahlen bezeichnen Monate (und zwar den Monatsanfang).

Beispiele

7 Position des Jupiter am 1. Juli 2001

▶9 Position des Jupiter am 1. September 1999. Der Pfeil zeigt an, dass der Planet rückläufig ist (S. 39)

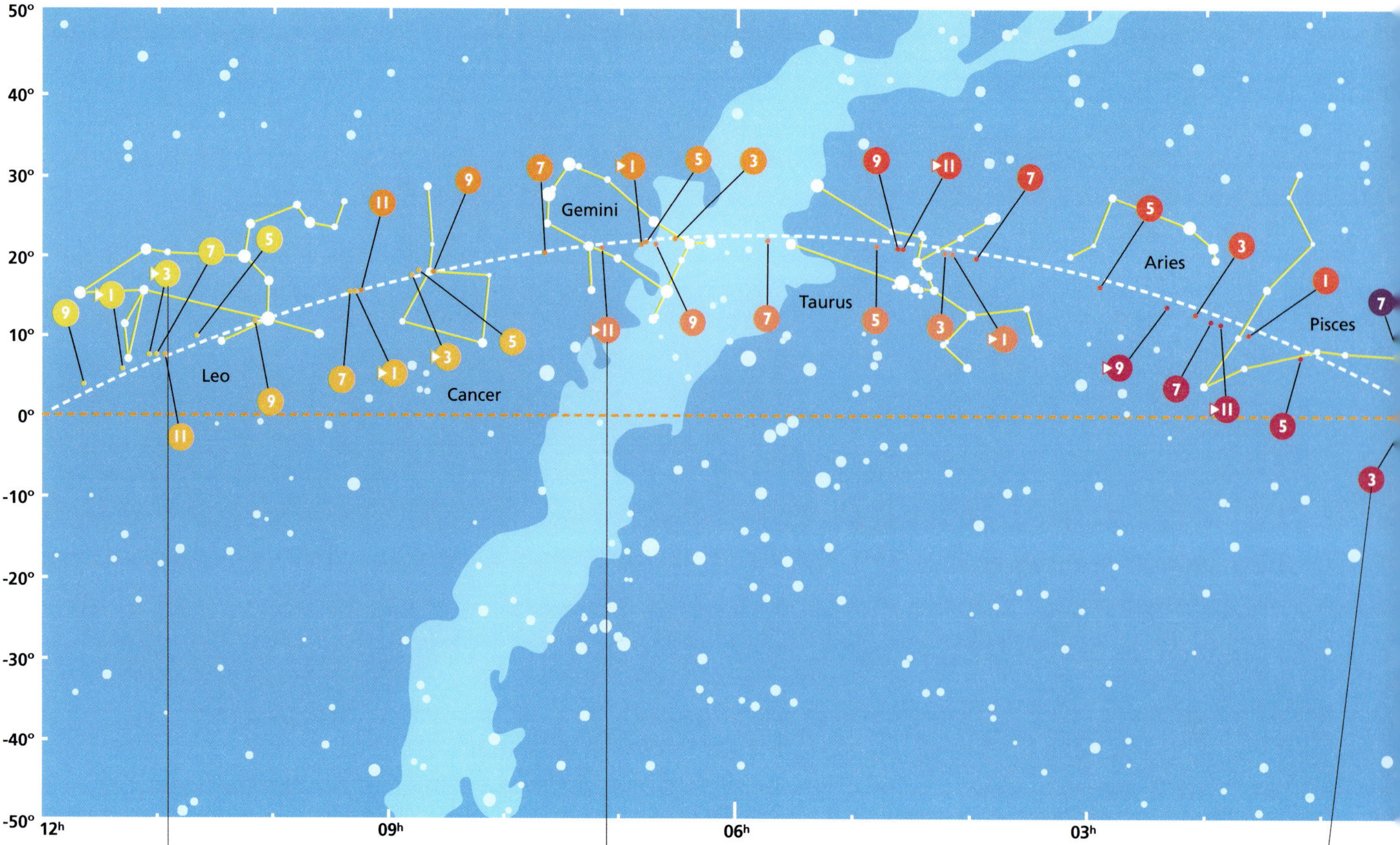

Jupiter steht alle 13 Monate in Opposition (S. 39). Zu dieser Zeit liegt er der Sonne am Himmel direkt gegenüber und ist mit –2 mag am hellsten.

Am 8. Nov. 2001, 22. Mai 2008 und 3. Sept. 2009 wird keiner der Galileischen Monde des Jupiter sichtbar sein, weil sie sich hinter dem Planeten befinden.

Jupiter benötigt für einen Umlauf um die Sonne knapp 12 Jahre, so dass er jedes Jahr gerade ein Tierkreis-Sternbild durchquert.

Die Oberfläche des Jupiter

Die Oberfläche, die wir von der Erde aus sehen, besteht aus Gaswolken: hauptsächlich Wasserstoff, etwas Helium und Spuren von Methan und Ammoniak. Aufgrund der raschen Rotation des Planeten bilden die Wolken helle und dunkle Bänder, die Zonen bzw. Gürtel genannt werden.

1979 entdeckte die Raumsonde Voyager 1 ein Ringsystem um den Planeten

Der Große Rote Fleck, ein riesiger Wirbelsturm veränderlicher Größe und Farbe, ist das größte Oberflächengebilde

In benachbarten Gürteln und Zonen bläst der Wind in entgegengesetzte Richtungen, so dass Wirbel und Stürme entstehen

Die hellen und dunklen Farben könnten eine Folge von Temperatur- und Druckänderungen sein. Die Farben wechseln von Blau über Braun nach Weiß und schließlich Rot, je höher und kühler die Wolken sind

Größenvergleich
Jupiter ist riesig: 11 Erden hätten nebeneinander auf seiner Scheibe Platz.

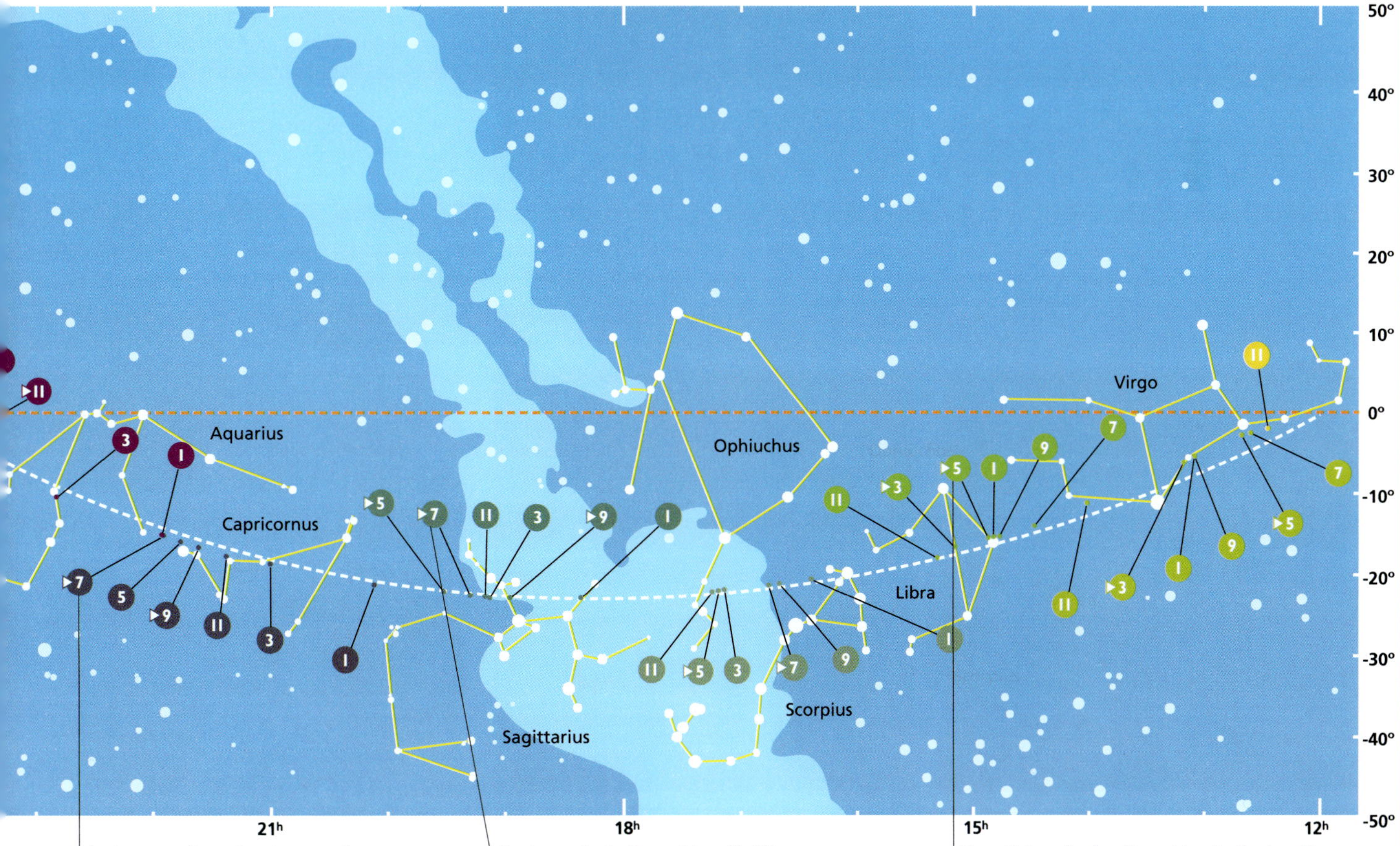

Jupiter ist sehr viel weiter von der Erde entfernt als Mars und daher beträchtlich länger rückläufig als dieser.

Jupiter steht in Opposition (S. 39), während er rückläufig ist. In dieser Stellung erscheint der Planet am größten und hellsten.

Zum Zeitpunkt der Opposition ist Jupiter die ganze Nacht sichtbar. Er geht bei Sonnenuntergang auf, steht um Mitternacht am höchsten und geht bei Sonnenaufgang unter.

SONNE MOND PLUTO NEPTUN URANUS SATURN JUPITER MARS VENUS MERKUR

Beobachtung des Jupiter

Jupiter ist ein für alle Beobachter interessanter Planet. Wegen seines strahlend silbrigen Lichts ist er leicht mit bloßem Auge auszumachen. Er eignet sich auch gut fürs Fernglas, und im Teleskop gibt es immer etwas Neues zu sehen, weil der Planet aufgrund seiner raschen Rotation ständig sein Aussehen ändert. Jupiter hat zahlreiche Monde, doch die vier nach dem italienischen Astronomen Galileo Galilei benannten leuchten so hell wie Sterne und können mit dem Fernglas beim Umkreisen des Planeten beobachtet werden.

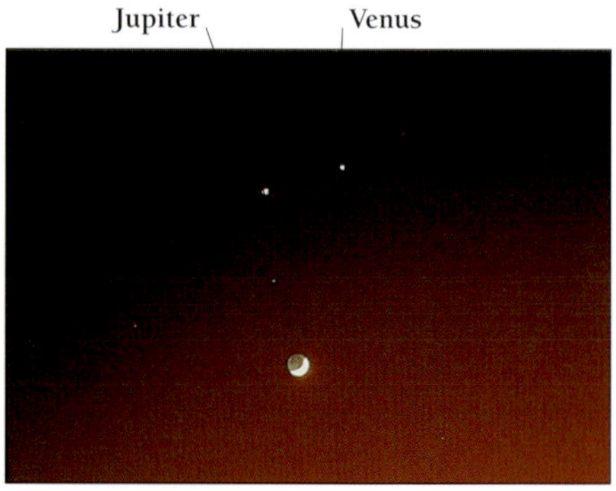

Jupiter und Venus am Nachthimmel
Hier sind die beiden hellsten Planeten, Jupiter und Venus, zusammen mit dem Erdmond zu sehen.

Blick auf Jupiter

Anblick mit bloßem Auge
Der strahlend helle Jupiter ist am nächtlichen Himmel leicht mit bloßem Auge auszumachen. Er wird in seiner Helligkeit nur von Mond und Venus übertroffen.

Anblick im Fernglas
Im Fernglas sind die Galileischen Monde als winzige Lichtpünktchen erkennbar. Sie liegen auf der verlängerten Linie des Jupiteräquators und ändern im Laufe der Zeit ihre Positionen.

Anblick im Teleskop
Die Gürtel und Zonen auf der Jupiteroberfläche werden sichtbar, und es zeigt sich die bekannte Rot-Braun- und Gelb-Ocker-Färbung. Änderungen auf der Oberfläche können beobachtet werden.

CCD-Aufnahme
Einzelne Sturmsysteme und insbesondere der Große Rote Fleck sind erkennbar. Der Äquatorwulst, der dem Planeten eine leicht ovale Gestalt verleiht, ist deutlich zu sehen.

Die Monde des Jupiter

Die 4 größten Trabanten des Jupiter, die Galileischen Monde, umkreisen den Planeten mit unterschiedlichen Geschwindigkeiten. Ihre Positionen ändern sich regelmäßig im Laufe von 4 Beobachtungsnächten, wie hier gezeigt. Zuweilen verschwinden sie gänzlich, weil sie hinter den Planeten gewandert sind.

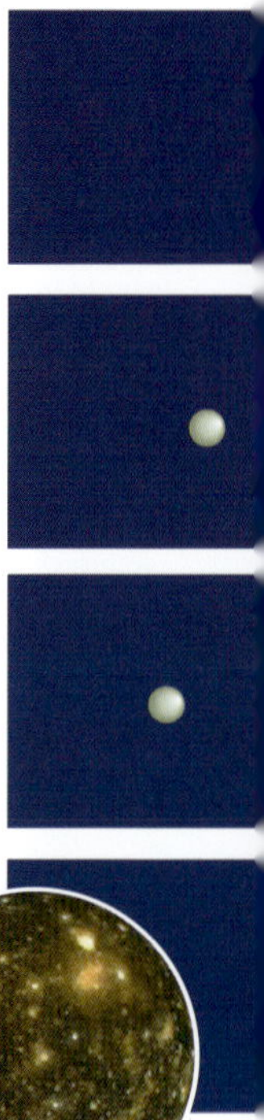

Io
Io ist der Jupiter am nächsten stehende Galileische Mond und umkreist den Planeten in weniger als 2 Tagen.

Kallisto
Als der entfernteste der Galileischen Monde umkreist Kallisto Jupiter in knapp 17 Tagen.

Ganymed
Größer als Merkur, ist Ganymed der größte Mond im Sonnensystem. Seine Oberfläche ist sehr komplex.

Europa
Dieser Mond ist kleiner als der Erdmond und hat eine relativ glatte Eisoberfläche.

Der Große Rote Fleck

Dieses bekannteste Gebilde auf Jupiter wurde vor 300 Jahren erstmals beobachtet. Es handelt sich um einen gewaltigen Wirbelsturm, der seine Größe und Farbe im Laufe von Jahrzehnten ändert. Der Große Rote Fleck ist größer als die Erde: in seiner maximalen Ausdehnung etwa 3-mal so groß. Die Farben reichen von Graurosa bis Dunkelrot und rühren vermutlich von Phosphor her, der aus der unteren Atmosphäre noch oben transportiert wurde.

Raumsondenaufnahme vom Großen Roten Fleck

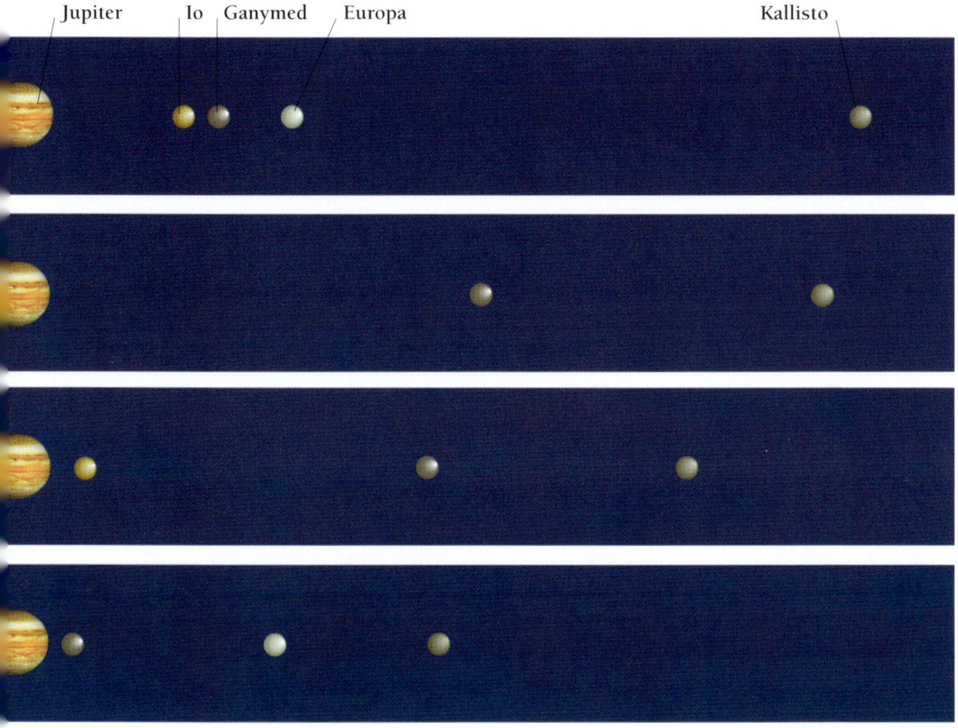

Die Rotation des Jupiter

Jupiter rotiert schneller als jeder andere Planet. Für eine Umdrehung benötigt er nur knapp 10 Stunden. Er dreht sich jedoch nicht wie ein fester Körper: Seine Äquatorregion bewegt sich am schnellsten (in 9 Stunden 50 Minuten), während die nördlichen und südlichen Gebiete, einschließlich des Großen Roten Flecks, 5 Minuten länger brauchen.

Der Große Rote Fleck benötigt etwa 2,5 Stunden, um sich vom Rand zur Mitte der Scheibe zu bewegen

Jupiter rotiert von links nach rechts, doch in einem umkehrenden Teleskop scheint er sich von rechts nach links zu drehen (wie auf diesen Bildern)

Die schwarzen Punkte sind die Schatten der Galileischen Monde

Der Große Rote Fleck liegt nun in der Mitte der Scheibe

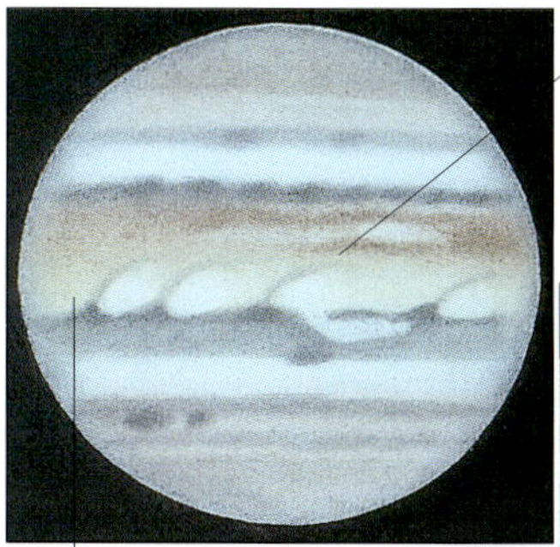

Breite und Farbe der Bänder können aufgezeichnet werden

Beginnen Sie mit dem Zeichnen am Westrand, wo die Muster als erstes aus dem Blickfeld verschwinden

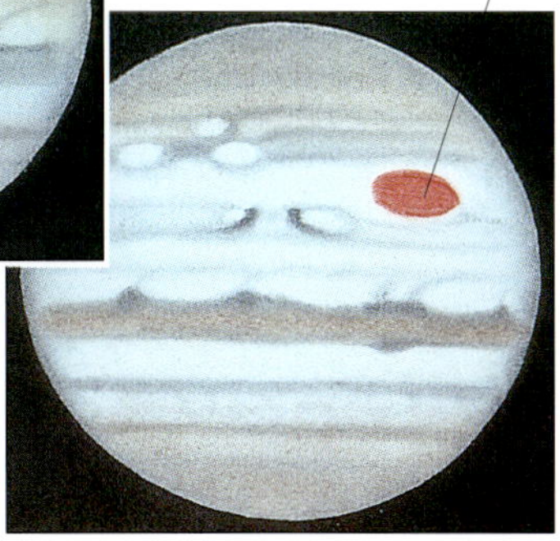

Der Große Rote Fleck liegt oben, weil der Planet durch ein umkehrendes Teleskop beobachtet wird

Aufzeichnungen machen

Mit Hilfe von Zeichnungen können Sie Ihre Beobachtungen festhalten und Ihre Kenntnisse über den Planeten erweitern. Beobachten Sie Jupiter am besten etwa 15 Minuten lang, ehe Sie zu zeichnen beginnen. Nach 15 Minuten Zeichnen werden sich die Oberflächenmuster wegen der raschen Rotation des Jupiter bereits wieder verändert haben.

DIE BESTEN BEOBACHTUNGSZEITEN

Am besten ist Jupiter zu beobachten, wenn er in Opposition (S. 39) steht. Zu diesem Zeitpunkt wird er voll von der Sonne beschienen und ist am hellsten. Die Daten der nächsten Oppositionen sind unten angegeben.

JUPITER IN OPPOSITION

23. Okt. 1999	4. Mai 2006
28. Nov. 2000	5. Juni 2007
1. Jan. 2002	9. Juli 2008
2. Feb. 2003	14. Aug. 2009
4. März 2004	21. Sept. 2010
3. Apr. 2005	

Saturn

Saturn, der sechste Planet von der Sonne aus, ist wie Jupiter ein Gasriese. Obwohl fast doppelt so weit von der Erde entfernt wie Jupiter, ist er wegen seiner enormen Größe etwa 10 Monate im Jahr mit bloßem Auge sichtbar. Saturn besitzt ein eindrucksvolles Ringsystem und mit mindestens 18 Monden auch die größte Mondfamilie aller Planeten im Sonnensystem.

PLANETENDATEN

Durchmesser am Äquator
120 536 km
Mittlere Entfernung zur Sonne
1 426 980 000 km
Mittlere Temperatur der obersten Wolkenschicht
–180 °C
Monde
mindestens 18

Rotationsperiode
10 Stunden 40 Minuten
Umlaufperiode
29,46 Erdjahre
Schwerkraft (Erde = 1)
0,93
Masse (Erde = 1)
95,17

Positionen des Saturn (1999–2010)

Um Saturn aufzufinden, stellen Sie mit Hilfe der Positionskarte (unten) fest, in welchem Tierkreis-Sternbild sich der Planet befindet, und bestimmen dann mit Hilfe der Planisphäre die exakte Lage dieses Sternbilds. Saturn sieht mit bloßem Auge wie ein Stern aus. Da er so weit entfernt ist, bewegt er sich nur sehr langsam über den Himmel; er wandert von West nach Ost (auf der Karte von links nach rechts) und wird regelmäßig rückläufig.

LEGENDE FÜR POSITIONSKARTE

1999, 2000, 2001, 2002, 2003, 2004, 2005, 2006, 2007, 2008, 2009, 2010

Jedes Jahr hat eine andere Farbe. Die weißen Zahlen bezeichnen Monate (und zwar den Monatsanfang).

Beispiele

11: Position des Saturn am 1. November 2006

▶3: Position des Saturn am 1. Mai 2008. Der Pfeil zeigt an, dass der Planet rückläufig ist (S. 39).

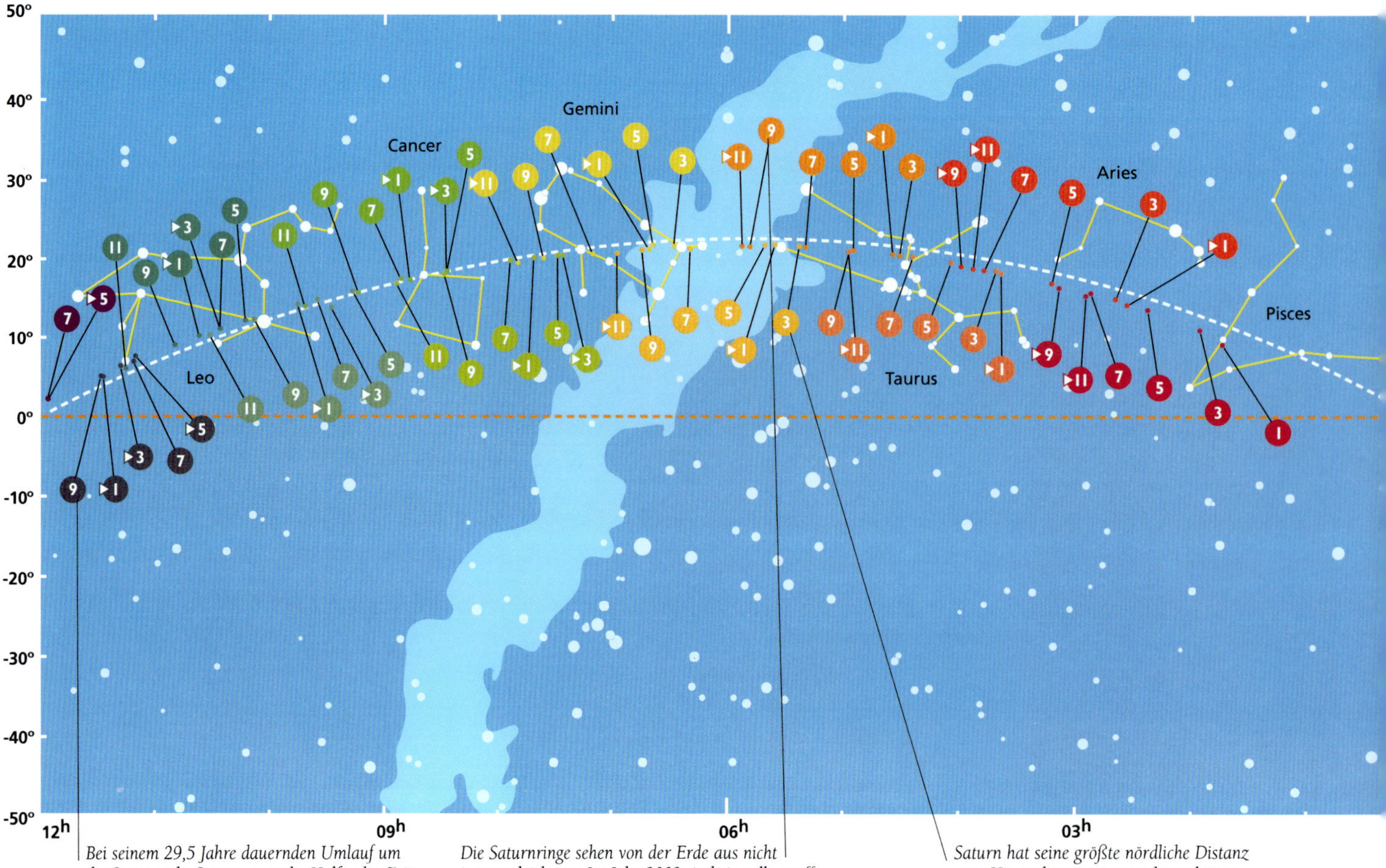

Bei seinem 29,5 Jahre dauernden Umlauf um die Sonne steht Saturn etwa die Hälfte der Zeit nördlich und die andere Hälfte südlich des Himmelsäquators.

Die Saturnringe sehen von der Erde aus nicht immer gleich aus. Im Jahr 2002 sind sie voll »geöffnet«; 2009 stehen sie dann in Kantenstellung und sind praktisch nicht mehr sichtbar.

Saturn hat seine größte nördliche Distanz zum Himmelsäquator erreicht und ist in dieser Position am besten von der Nordhalbkugel aus zu beobachten.

Größenvergleich
Saturn ist etwa 9,5-mal so groß wie die Erde.

Die Oberfläche des Saturn

Saturn ist wie Jupiter ein rasch rotierender Gasriese mit einem Äquatorwulst und abgeplatteten Polen. In seiner hauptsächlich aus Wasserstoff bestehenden oberen Atmosphäre bilden sich ebenfalls dunkle Gürtel und helle Zonen, die aber weniger ausgeprägt und blasser sind als bei Jupiter. Das breite, helle Ringsystem, das Saturn umgibt, ist von der Erde aus sichtbar.

Saturn benötigt 29,5 Jahre für einen Umlauf um die Sonne. Von der Erde aus gesehen braucht der Planet etwa 2,5 Jahre, um ein Tierkreis-Sternbild zu durchlaufen.

Steht Saturn südlich des Himmelsäquators, ist er auf der Südhalbkugel der Erde aus besser zu beobachten als von der nördlichen Hemisphäre.

Saturn wird alle 12 Monate retrograd (S. 39) und scheint sich dann am Himmel rückwärts zu bewegen. 4 Monate später läuft er wieder vorwärts.

Beobachtung des Saturn

Trotz seiner gewaltigen Größe erscheint uns Saturn wegen der Entfernung recht klein. Er ist jedoch mit bloßem Auge sichtbar, wenn auch zum Erkennen von Oberflächendetails ein Teleskop nötig ist. Anders als Jupiter besitzt Saturn keine rasch veränderlichen globalen Gebilde, doch lassen sich langfristig Änderungen in der Sichtbarkeit und Helligkeit seiner Gürtel und Zonen beobachten. Gelegentlich ist in seiner oberen Atmosphäre eine starke Wetterstörung erkennbar. Die Sichtbarkeit der Ringe hängt von der Position der Erde relativ zur Saturnbahn ab.

Blick auf Saturn

Anblick mit bloßem Auge
Saturn sieht wie ein Stern aus. Seine Helligkeit schwankt zwischen 0,8 und -0,3 mag, was auf die Ringe zurückzuführen ist: Kehren Sie der Erde ihre Breitseite zu, reflektieren sie mehr Licht.

Anblick im Fernglas
Im Fernglas ist Saturn als Scheibchen zu sehen. Mit einem starken Instrument sind die Ringe bei voller Öffnung als Ausbuchtungen auf beiden Seiten des Planeten erkennbar.

Anblick im Teleskop
In einem kleinen Teleskop erscheint Saturn als deutliche Scheibe, und das Ringsystem ist klar erkennbar. Einzelheiten sind jedoch nur in einem größeren Teleskop auszumachen.

CCD-Aufnahme
Eine CCD-Kamera zeigt das Bändermuster des Planeten und lässt die Beschaffenheit und die Orientierung der Ringe als vom Planeten getrenntes System erkennen.

Unsere wechselnde Perspektive

Während Saturn und Erde die Sonne umkreisen, ändert sich unsere Sicht auf den Planeten und seine Ringe. Wir können das System von oben, von der Kante her oder von unten sehen. Der vollständige Zyklus dauert 29,5 Jahre.

1999 *Die Ringe beginnen sich zu öffnen, wenn sich der Südpol zur Sonne hin neigt.*

2002 *Die Ringe sind voll geöffnet. Die Lücke zwischen ihnen (Cassini-Teilung) ist sichtbar.*

2006 *Der Saturn-Südpol neigt sich von der Sonne weg, und die Ringe scheinen sich zu schließen.*

DIE BESTEN BEOBACHTUNGSZEITEN

Am besten ist Saturn zu beobachten, wenn er in Opposition (S. 39) steht. Dies geschieht jedes Jahr etwa 2 Wochen später als im Vorjahr. Die günstigsten Oppositionen finden 2001 und 2006 statt.

SATURN IN OPPOSITION

6. Nov. 1999	27. Jan. 2006
19. Nov. 2000	10. Feb. 2007
3. Dez. 2001	24. Feb. 2008
17. Dez. 2002	8. März 2009
31. Dez. 2003	22. März 2010
13. Jan. 2005	

2025 *Die Ringe stehen wieder in Kantenstellung. Dies ist etwa alle 14,5 Jahre der Fall.*

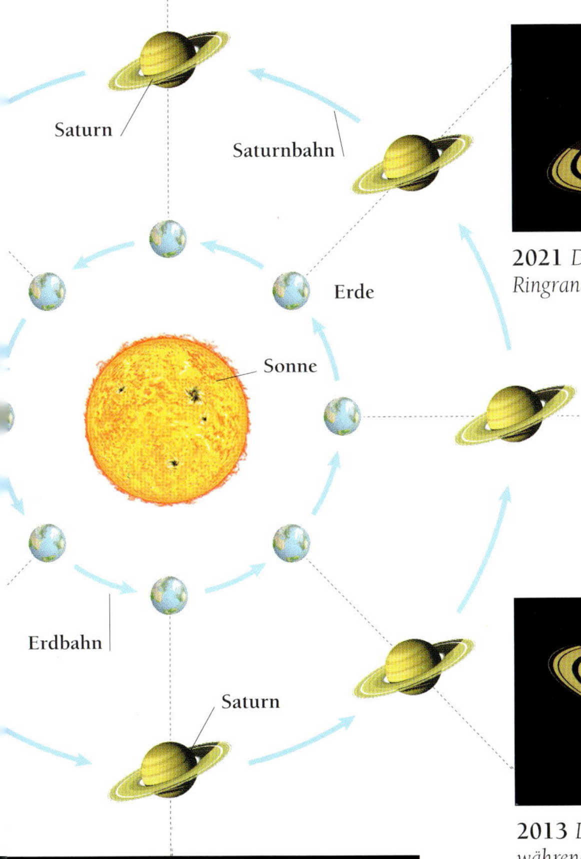

Saturn am Nachthimmel
Mit bloßem Auge ist Saturn (Mitte) nicht von einem hellen Stern zu unterscheiden. Um sicherzugehen, dass Sie wirklich Saturn beobachten, machen Sie sich mit den Sternen des Sternbilds vertraut, in dem sich der Planet gerade befindet.

2021 *Die Lücke zwischen Planet und innerem Ringrand verschwindet langsam.*

2017 *Die Ringe sind voll geöffnet. Der Nordpol ist zur Sonne geneigt.*

2013 *Die Ringe beginnen sich wieder zu öffnen, während sich der Nordpol der Sonne zuneigt.*

2009 *Das Ringsystem präsentiert sich der Erde in Kantenstellung und ist fast nicht zu sehen.*

Farbverstärkte Aufnahme der Ringe

Die Saturnringe

Raumsonden haben gezeigt, dass Saturn von einem komplexen System aus breiten und schmalen Ringen umgeben ist, in dessen Außenbereich winzige Monde kreisen. Die 3 Hauptringe sind von der Erde aus im Teleskop erkennbar, ebenso die etwa 4800 km breite Lücke, die Cassini-Teilung genannt wird – nach Giovanni Cassini, der sie 1675 entdeckte. Die 3 Ringe mögen von der Erde aus klein erscheinen, doch in Wirklichkeit sind sie riesig: Sie würden etwa 2/3 des Abstands zwischen Erde und Mond überdecken. Allerdings sind sie hauchdünn: Ihre Dicke beträgt weniger als 2 km.

Titan
Saturns Mond Titan besitzt eine Stickstoffatmosphäre. Er ist der zweitgrößte Mond im Sonnensystem.

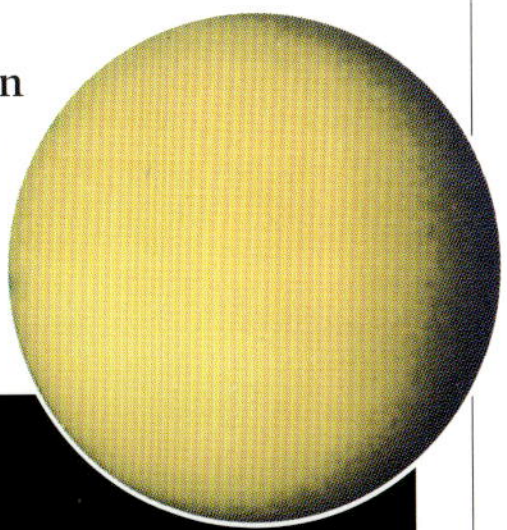

Die Saturnmonde

Saturn besitzt mindestens 18 Monde. Doch selbst mit einem großen Teleskop sind weniger als 10 sichtbar. Sie erscheinen als winzige Lichtpünktchen, die den Planeten umkreisen. Der größte, Titan, ist am leichtesten zu erkennen.

Uranus, Neptun und Pluto

Die äußersten Planeten Uranus, Neptun und Pluto sind weit entfernt, lichtschwach und schwer aufzufinden. Um sicher zu sein, dass man sie beobachtet, verfolge man ihre Bewegung vor den Sternen im Hintergrund. Uranus, der am nächsten gelegene der drei, kann mit bloßem Auge ausgemacht werden. Neptun, lichtschwächer und weiter entfernt, ist nur im Fernglas oder Teleskop zu sehen, und Pluto ist so winzig, dass er nur mit einem großen Teleskop beobachtet werden kann.

PLANETENDATEN

URANUS	NEPTUN	PLUTO
Durchmesser am Äquator 51 118 km	**Durchmesser am Äquator** 49 528 km	**Durchmesser am Äquator** 2324 km
Mittlere Entfernung zur Sonne 2 871 000 000 km	**Mittlere Entfernung zur Sonne** 4 497 000 000 km	**Mittlere Entfernung zur Sonne** 5 913 500 000 km
Umlaufperiode 84,01 Erdjahre	**Umlaufperiode** 164,8 Erdjahre	**Umlaufperiode** 248,5 Erdjahre

Die Positionen von Uranus, Neptun und Pluto 1999–2010

Während Uranus und Neptun in der Nähe der Ekliptik bleiben, entfernt sich Pluto relativ weit von ihr. Mit 5,5 mag ist Uranus leicht auszumachen. Stellen Sie anhand der Karten unten fest, in welchem Sternbild sich die Planeten befinden, und bestimmen Sie dann mit Hilfe der Planisphäre die exakte Lage dieses Sternbilds. Mit 7,8 bzw. 14,5 mag sind Neptun und Pluto lichtschwächer als die Sterne auf diesen Karten.

LEGENDE FÜR POSITIONSKARTE

1999, 2000, 2001, 2002, 2003, 2004, 2005, 2006, 2007, 2008, 2009, 2010

Jedes Jahr hat eine andere Farbe. Die weißen Zahlen bezeichnen die Monate Januar, April, Juli und Oktober.

Beispiele

4 Position des Uranus am 1. April 2001

▸10 Position des Uranus am 1. Oktober 1999. Der Pfeil zeigt an, dass der Planet rückläufig ist (S. 39).

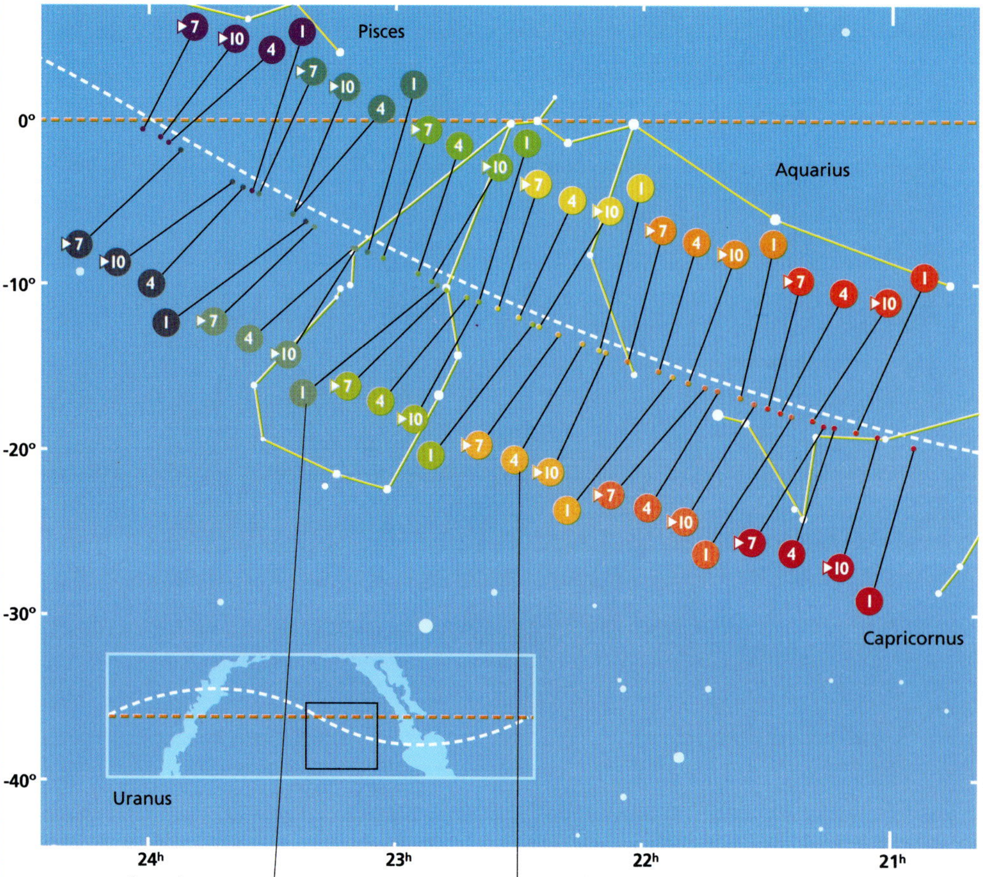

Uranus umkreist die Sonne in 84 Jahren, wobei er der Reihe nach sämliche Tierkreis-Sternbilder durchläuft.

Bei 12-facher Vergrößerung sieht man Uranus als einen Stern, bei 50-facher als Scheibchen. In einem kleinen Teleskop ist die Grünfärbung des Planeten erkennbar.

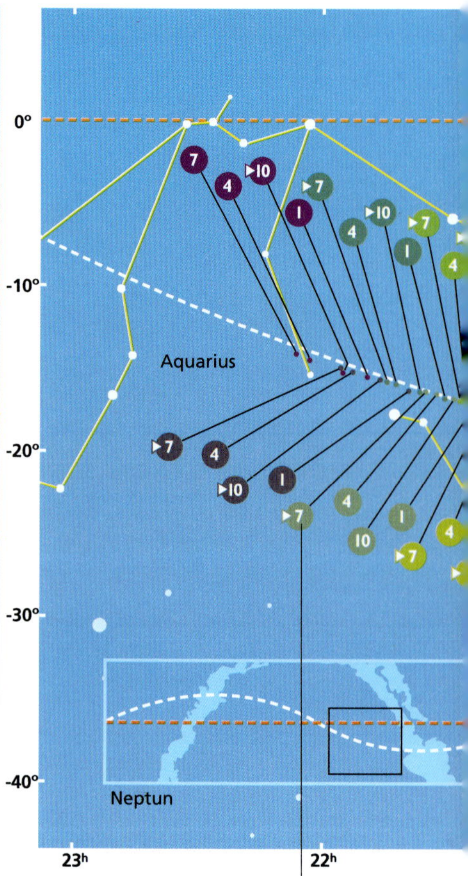

Neptun benötigt für einen Umlauf um die Sonne 165 Erdjahre, so dass er sich extrem langsam durch die Tierkreis-Sternbilder bewegt.

Uranus

Uranus ist ein großer Gasplanet, dessen Färbung von Wasserstoff-, Helium- und Methanwolken herrührt. Er ist stark zur Seite geneigt und besitzt ein Ringsystem sowie eine Familie aus Monden, von denen die 5 größten in einem großen Teleskop sichtbar sind.

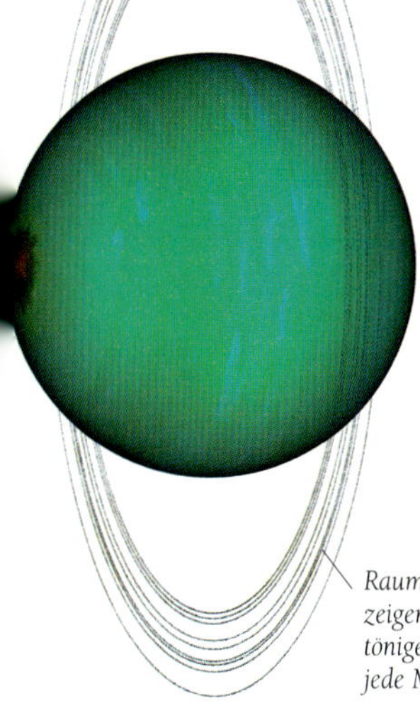

Raumsondenaufnahmen zeigen Uranus als eintönige Kugel fast ohne jede Merkmale

Pluto

Pluto ist so weit entfernt und so klein, dass seine Oberfläche nie von der Erde aus beobachtet wurde. Er wurde auch noch nie von einer Raumsonde besucht. Vermutlich ist er eine gefrorene Welt aus Gestein und Eis. Pluto hat einen Mond namens Charon.

Neptun

Neptun, ebenfalls ein Gasriese, wurde erstmals 1989 von Voyager 2 aus der Nähe beobachtet. Er sieht Uranus recht ähnlich, ist aber blauer und kleiner. Einer seiner zahlreichen Monde – Triton – ist etwa so groß wie der Erdmond und hat eine rückläufige Bahn.

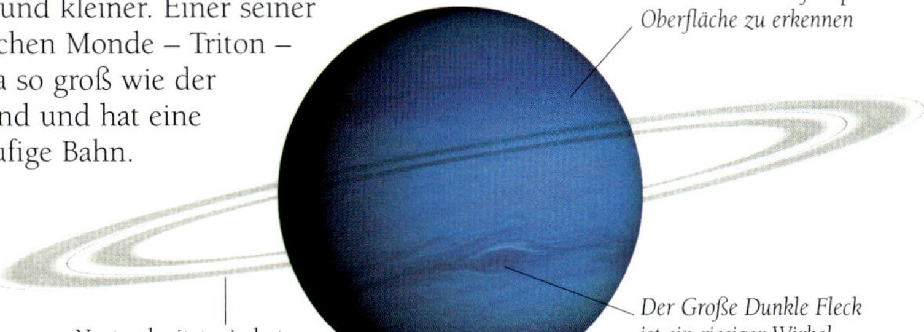

Helle Federwolken aus Methaneis sind auf Neptuns Oberfläche zu erkennen

Neptun besitzt mindestens 4 lichtschwache Ringe

Der Große Dunkle Fleck ist ein riesiger Wirbelsturm in der Atmosphäre

Größenvergleich
Uranus hat einen etwa 4-mal größeren Durchmesser als die Erde.

Größenvergleich
Neptun ist etwa 4-mal so groß wie die Erde.

Größenvergleich
Plutos Durchmesser beträgt weniger als 1/5 des Erddurchmessers.

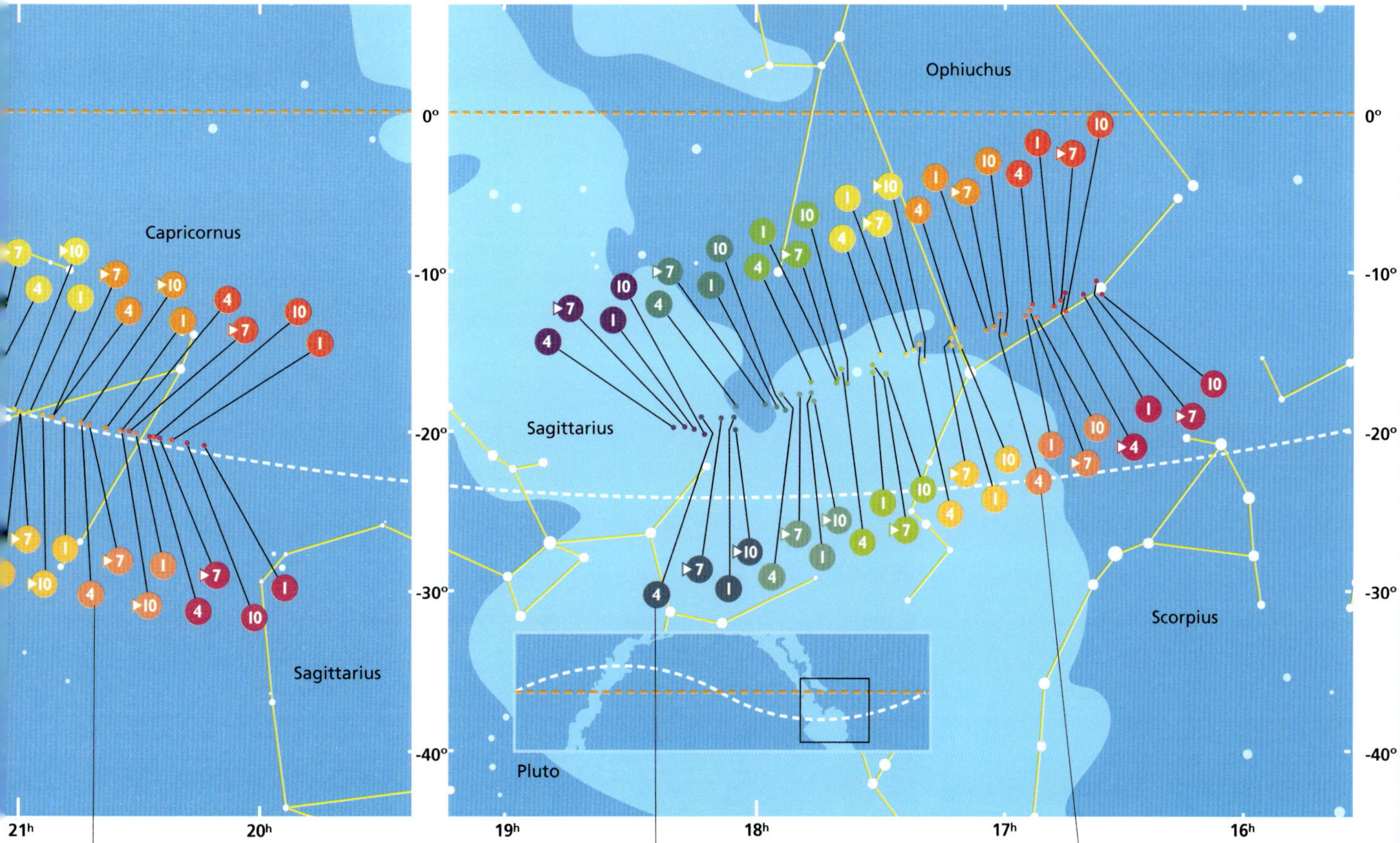

Im Fernglas oder kleinen Teleskop sieht man Neptun als sternähnlichen Lichtpunkt; ein 15-cm-Teleskop zeigt den Planeten als blaugrünes Scheibchen.

Pluto benötigt 248 Jahre für einen Umlauf um die Sonne. Seit seiner Entdeckung 1930 hat man daher nur einen kleinen Teil seiner Bahn beobachten können.

Um Pluto aufzufinden, ist ein Teleskop von mindestens 20 cm Öffnung nötig; und auch dann erscheint er nur als Lichtpünktchen.

Der Mond

Der Mond ist der natürliche Satellit der Erde und begleitet diese auf ihrer Bahn um die Sonne. Er ist eine von Kratern übersäte Gesteinskugel mit etwa ¹/₄ des Erddurchmessers, die kein eigenes Licht aussendet, sondern durch reflektiertes Sonnenlicht leuchtet. Die beleuchtete Mondscheibe ändert von Tag zu Tag ihre Form. Diese Beleuchtungsformen werden Phasen genannt, und ein vollständiger Zyklus – von Neumond über Vollmond bis Neumond – dauert 29,5 Tage.

8 Sichel
Es ist nur ein schmaler Streifen vom beleuchteten Mond zu sehen. In dieser Phase nennt man ihn abnehmend.

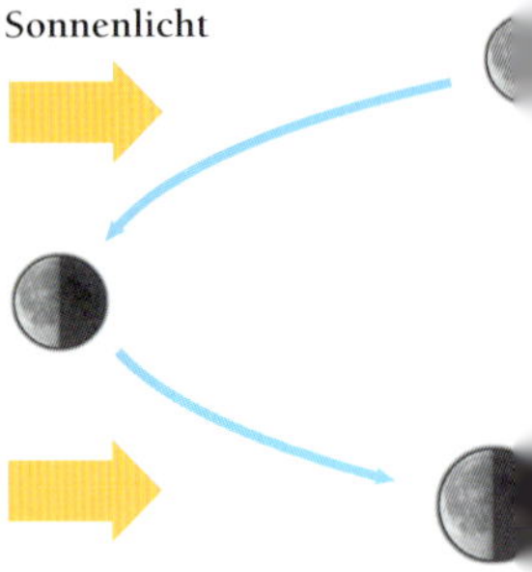

1 Neumond
Der Mond kehrt der Erde seine unbeleuchtete Seite zu und ist von der Erde aus so gut wie nicht sichtbar.

2 Sichel
Von der Erde aus sieht man eine dünne Sichel der sonnenbeschienenen Seite des Mondes. Jetzt ist er zunehmend.

Blick auf den Mond

Anblick mit bloßem Auge
Außer bei Neumond ist der Mond leicht am Himmel auszumachen, ganz gleich, in welcher Phase er sich befindet. Man erkennt dunkle und helle Oberflächenmuster, und er wandert relativ schnell über den Himmel.

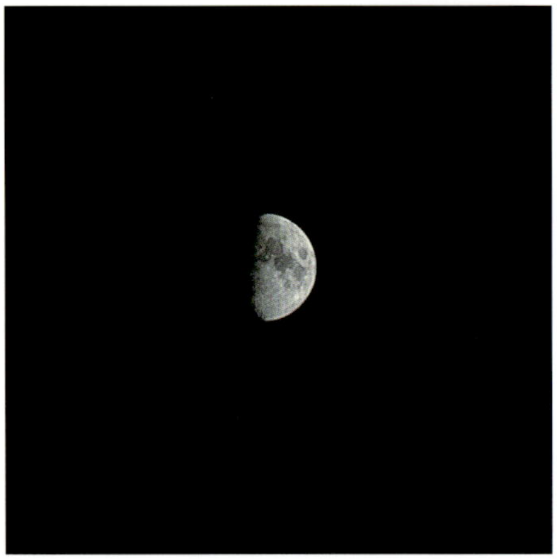

Anblick im Fernglas
Im Fernglas ist der Mond noch immer ganz zu sehen, doch er wirkt jetzt natürlich näher. Weitere Oberflächenmerkmale sowie die unregelmäßige Linie des Terminators sind erkennbar.

Anblick im Teleskop
Durch ein Teleskop werden auch die Oberflächenstrukturen des Mondes genauer erkennbar. Einzelne Gebilde wie Krater sind nun klar und deutlich zu sehen.

CCD-Aufnahme
Von höher gelegenem Gelände geworfene Schatten werden hier deutlich sichtbar. Einzelheiten wie Zentralberge in Kratern sind ebenfalls klar zu erkennen.

Die Mondphasen

Während der Mond die Erde umkreist, sehen wir unterschiedlich große Anteile seiner sonnenbeschienenen Seite. Im Laufe dieses Phasenzyklus wird die für uns sichtbare beleuchtete Seite des Mondes erst größer (er nimmt zu) und dann wieder kleiner (er nimmt ab).

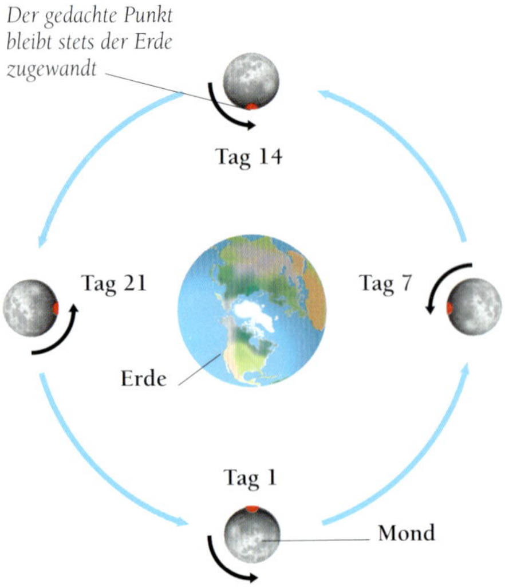

Die Mondvorderseite

Von der Erde aus sehen wir stets dieselbe Seite des Mondes (seine »Vorderseite«). Der Grund hierfür ist, dass der Mond für eine Drehung um seine eigene Achse exakt die gleiche Zeit benötigt wie für einen Umlauf um die Erde.

7 Abnehmender Halbmond

Die Hälfte der Mondscheibe ist beleuchtet. Diese Phase heißt auch Letztes Viertel, da nur noch ein Viertel des Phasenzyklus zu durchlaufen ist.

6 Abnehmende Phase

Der Mond hat über die Hälfte seines Zyklus vollendet, befindet sich zwischen Voll- und Halb-Phase und nimmt weiter ab.

Größenvergleich

Der Mond ist mit einem Durchmesser von 3476 km etwa ein Viertel so groß wie die Erde.

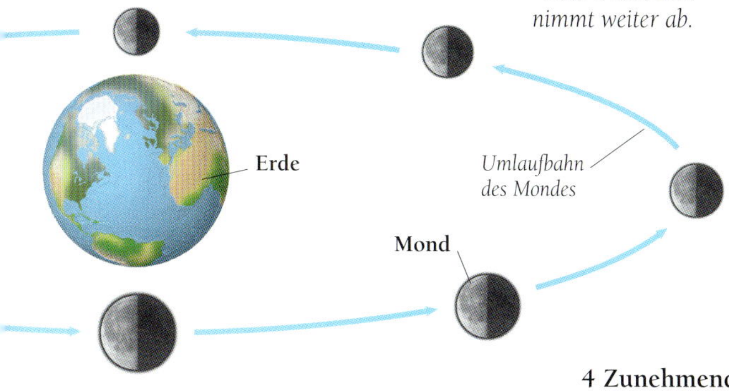

5 Vollmond

Der Mond steht von der Erde aus gesehen der Sonne genau gegenüber und wird voll beleuchtet, so dass wir eine volle Scheibe sehen.

Der Mond am Tage

Einen Teil des Monats steht der Mond am Taghimmel. In dieser Zeit scheint er nicht so hell, aber Oberflächenmuster sind dennoch sichtbar.

4 Zunehmende Phase

Etwa drei Viertel der Mondscheibe sind beleuchtet. Der Mond befindet sich zwischen Halb- und Voll-Phase und nimmt weiter zu.

3 Zunehmender Halbmond

Die Hälfte der Mondscheibe ist beleuchtet. Die Phase heißt auch Erstes Viertel, da der Mond ein Viertel seines Umlaufs vollendet hat.

Der Mond am Himmel

Üblicherweise ist bei Mondkarten Norden oben. Für Beobachter auf der Südhalbkugel, die den Mond am Himmel betrachten, liegt jedoch sein Südpol oben.

Der Terminator

Die Grenze zwischen dem beleuchteten und dunklen Teil des Mondes, der sogenannte Terminator, wandert mit dem Phasenwechsel über die Mondscheibe. Entlang dieser Linie treten die Oberflächenstrukturen des Mondes besonders deutlich hervor.

Entlang des Terminators treten Krater und Berge reliefartig hervor

MONDDATEN

Durchmesser am Äquator 3476 km	**Umlaufperiode** 27,3 Erdtage
Mittlere Entfernung zur Erde 384 500 km	**Schwerkraft (Erde = 1)** 0,16
Oberflächentemperatur –155 bis 105 °C	**Masse (Erde = 1)** 0,012
Rotationsperiode 27,3 Erdtage	**Zeit zwischen zwei Neumonden** 29,5 Erdtage

Vollmond

Der Mond ist zwar hell, aber seine Strukturen sind in dem grellen, direkten Sonnenlicht nur undeutlich zu erkennen, so dass dies keine günstige Zeit zum Beobachten ist.

Mondbeobachtung 1

Der Mond ist eine leblose, steinige Welt ohne Luft und Wasser, deren Landschaft praktisch seit Jahrmillionen unverändert ist. In seiner Frühgeschichte wurde der Mond von Gesteinsbrocken aus dem All bombardiert, die beim Einschlag Krater bildeten, wobei sich das ausgeworfene Gestein zu Bergen türmte. Mit der Zeit quoll Lava aus dem Inneren des Mondes hervor und füllte einige der größten Kraterbecken. Die so entstandenen dunklen, flachen Gebiete sehen wie Meere aus und werden nach dem lateinischen Wort für Meer auch »Mare« genannt.

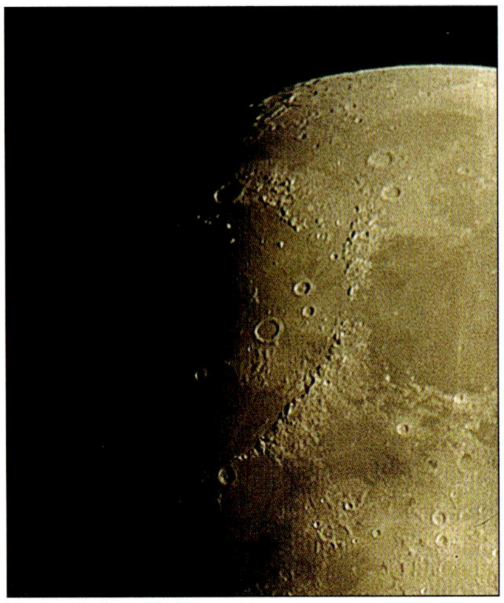

Mare Imbrium
Vor etwa 3,8 Milliarden Jahren war diese dunkle, flache Ebene ein gigantischer Krater mit rund 1000 km Durchmesser, der dann aber von Lava überflutet wurde. In seinem Inneren entstanden später jüngere Krater wie Archimedes (unten), der im Fernglas oder Teleskop sichtbar ist.

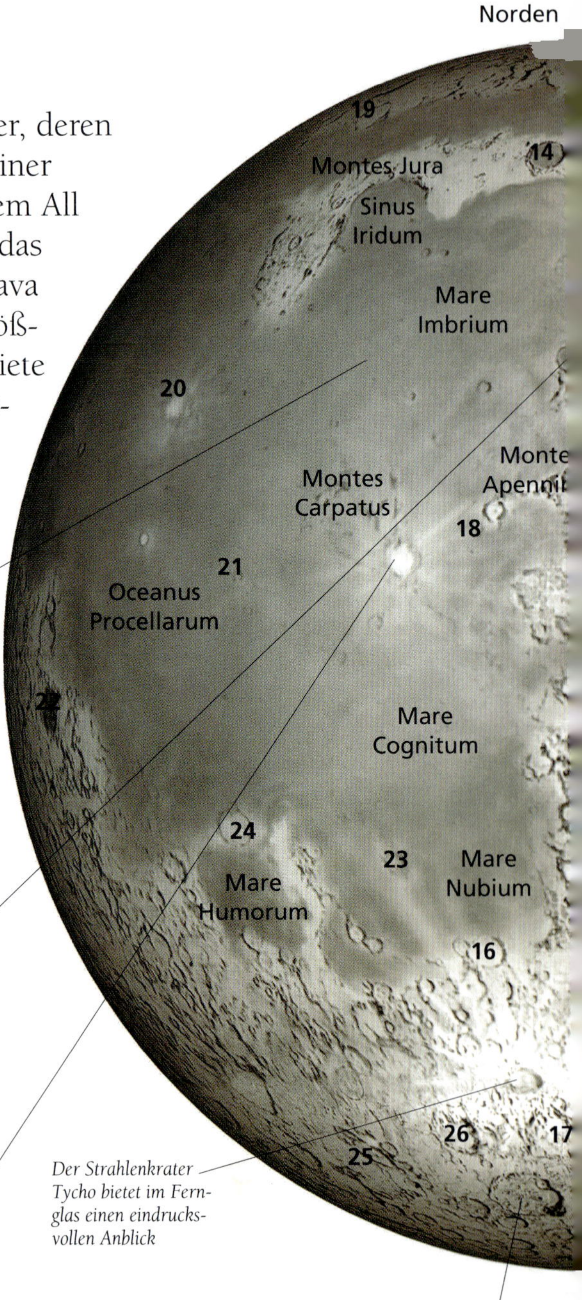

Archimedes
Mit etwa 80 km Durchmesser ist dies der größte von 3 am Ostrand des Mare Imbrium gelegenen Kratern. Die Kraterwälle sind auf dieser Teleskopaufnahme deutlich zu erkennen.

Der Strahlenkrater Tycho bietet im Fernglas einen eindrucksvollen Anblick

Kopernikus
Dieser Krater ist schon mit bloßem Auge sichtbar, da sein 97 km großer äußerer Ringwall von Strahlen aus hellem Material umgeben ist, das aus dem Krater ausgeschleudert wurde. Im Fernglas ist der Krater selbst zu sehen, während ein Teleskop auch seine hohen terrassierten Wälle und Zentralberge erkennen lässt.

Clavius
Clavius, einer der größten Mondkrater, hat einen Durchmesser von etwa 230 km. Innerhalb seiner Wälle liegen mehrere kleinere Krater.

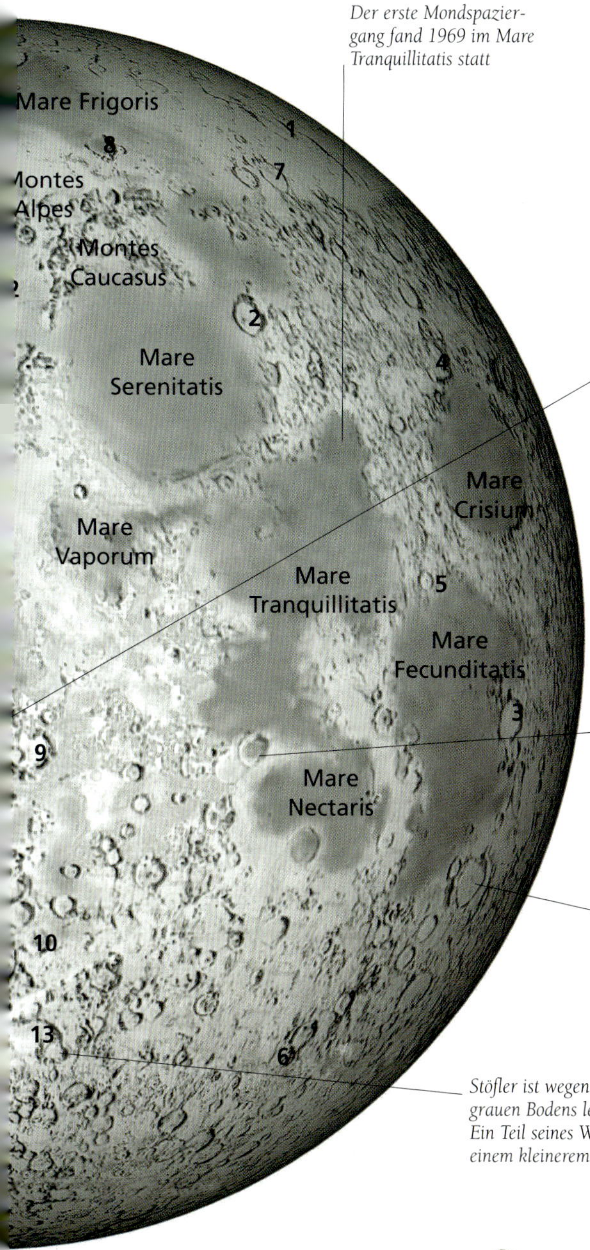

Der erste Mondspaziergang fand 1969 im Mare Tranquillitatis statt

Petavius ist ein großer Krater mit über 3500 m hohen Wällen

Stöfler ist wegen seines dunkelgrauen Bodens leicht aufzufinden. Ein Teil seines Walles wurde von einem kleinerem Krater zerstört

🌓 🔭 Ptolemäus
Ptolemäus ist der obere der 3 Krater, die links im Bild eine Kette bilden; darunter liegen Alphonsus und Arzachel. Ein großes Teleskop zeigt, dass Ptolemäus von zahlreichen kleineren Kratern bedeckt ist.

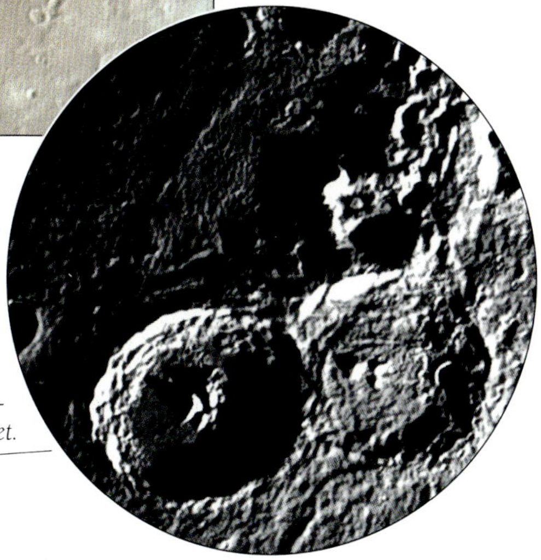

Theophilus 🔭 🌒
Dieser 101 km große Krater liegt in der Nordostecke des Mare Nectaris. Seine terrassenförmigen Wälle erheben sich mehr als 5000 m über den Kraterboden, in dessen Mitte sich eine komplexe Berggruppe befindet.

LEGENDE DER BESTEN BEOBACHTUNGSZEITEN

🌒 zunehmende Sichel
🌓 zunehmender Halbmond
🌗 abnehmender Halbmond
🌘 abnehmende Sichel

WAS BEOBACHTET WERDEN KANN

Mare sowie Hoch- und Tieflandregionen sind auf der zentralen Karte mit Namen versehen und alle mit dem Fernglas sichtbar. Unten ist eine Auswahl von Kratern angegeben, die ebenfalls im Fernglas erkennbar sind. Die Symbole neben den Namen geben die Mondphase an, zu der der Krater in der Nähe des Terminators liegt.

1	🌒 Endymion	14	🌗 Plato
2	🌒 Posidonius	15	🌗 Alphonsus
3	🌒 Langrenus	16	🌗 Pitatus
4	🌒 Cleomedes	17	🌗 Maginus
5	🌒 Petavius	18	🌗 Eratosthenes
6	🌒 Janssen	19	🌘 Pythagoras
7	🌒 Atlas	20	🌘 Aristarchus
8	🌓 Aristoteles	21	🌘 Kepler
9	🌓 Albategnius	22	🌘 Grimaldi
10	🌓 Aliacensis	23	🌘 Bullialdus
11	🌓 Ptolemaeus	24	🌘 Gassendi
12	🌗 Aristillus	25	🌘 Schiller
13	🌗 Stöfler	26	🌘 Longomontanus

Den Mond zeichnen

Beim Zeichnen der Mondoberfläche können Sie Ihr Auge für die Wahrnehmung astronomischer Details schulen und gleichzeitig viel über den Mond lernen. Schon mit bloßem Auge oder mit dem Fernglas lassen sich die dunklen und hellen Oberflächenmuster des Mondes skizzieren und der Phasenzyklus mit seinen jeweils auffälligsten Strukturen aufzeichnen. Beobachter am Teleskop können einzelne Krater und Mare nachzeichnen.

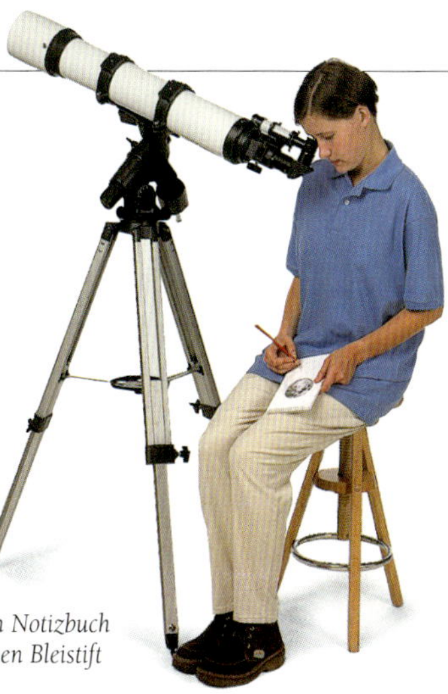

Benutzen Sie ein Notizbuch und einen weichen Bleistift

Mondbeobachtung 2

Der Mond ist stets ein faszinierendes Beobachtungsobjekt. Wir sehen zwar immer nur dieselbe Seite von ihm, doch verändert sich diese durch den wechselnden Lichteinfall beim Durchlaufen der Phasen ständig (S. 62–63). Gelegentlich verhindert die Erde, dass Sonnenlicht auf den Mond fällt, und es kommt zu einer Mondfinsternis. Dabei verdunkelt sich der Mond, verschwindet aber nicht ganz, sondern leuchtet in einem tiefen Rot, was sehr spektakulär sein kann. Manchmal ist in der Sichelphase die ganze Mondscheibe schwach sichtbar. Dieser Effekt heißt Erdschein und entsteht durch Sonnenlicht, das von der Erde reflektiert wird und auf den Mond fällt.

Mondfinsternis

Eine Mondfinsternis findet statt, wenn der Mond durch den Erdschatten läuft. Manchmal wird der Mond vollständig von dem Schatten bedeckt (totale Finsternis), manchmal nur teilweise (partielle Finsternis). Im Laufe eines Jahres können sich bis zu 3 totale oder partielle Finsternisse ereignen. Um sie zu beobachten, ist keine besondere Ausrüstung erforderlich.

Farbe und Helligkeit der Mondoberfläche hängen von der Erdatmosphäre ab

Mondfinsternis: Stufe 1
Der Vollmond wandert über den Himmel, und sein unterer Rand ist in den Erdschatten eingetreten.

Mondfinsternis: Stufe 2
Etwa die Hälfte der Mondscheibe liegt im Schatten der Erde. Der Mond verfärbt sich rot.

Mondfinsternis: Stufe 3
Der Mond ist fast vollständig verfinstert; bald bedeckt ihn der Erdschatten ganz.

Entstehung einer Mondfinsternis

Liegen Sonne, Erde und Mond auf einer Linie, fällt der Schatten der Erde auf den Mond. Befindet sich der Mond ganz im dunkelsten Kernbereich des Schattens, erreicht ihn überhaupt kein direktes Sonnenlicht mehr, und es kommt zu einer totalen Finsternis. Liegt nur ein Teil der Mondscheibe im dunklen Kernschatten, beobachten wir eine partielle Finsternis.

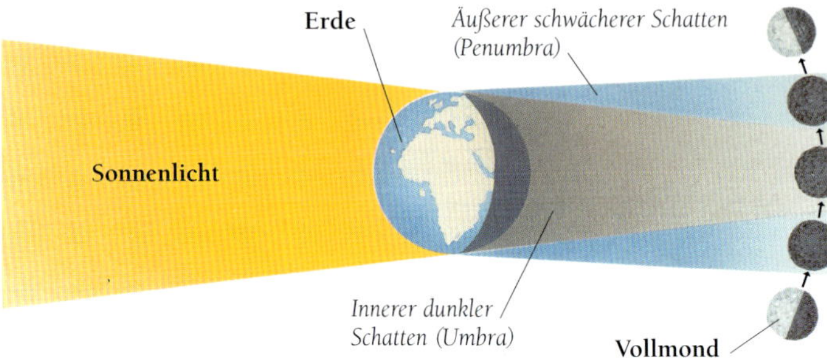

Sonnenlicht, das von der Atmosphäre gebrochen und so um die Erde herumgelenkt wird, kann die Mondscheibe beleuchten

Totale Mondfinsternis
Während einer Finsternis wie dieser am 9. Dezember 1992 kann der Mond eine tiefrote Färbung annehmen.

Die Mondrückseite

Dank Raumsondenbildern kennen wir auch die Mondrückseite, die stets von uns abgewandt ist. Es gibt dort zahlreiche Krater, aber keine großen Mare. Wegen Unregelmäßigkeiten beim Umkreisen der Erde sind insgesamt 59 % der Mondoberfläche von der Erde aus sichtbar, so dass wir auch von der Erde aus ein wenig von der Rückseite sehen können.

Ziolkowski ist ein 180 km großer Krater mit dunklem Boden

Mare Moscoviense ist eines der wenigen Mare auf der Mondrückseite

Erdschein

Sowohl die Erde als auch der Mond leuchten, weil sie Sonnenlicht reflektieren. Ein als Erdschein bezeichneter Effekt tritt auf, wenn von der Erde reflektiertes Sonnenlicht auf den Mond fällt. Dies geschieht kurz vor oder nach Neumond.

BEOBACHTUNG EINER MONDFINSTERNIS

Eine Mondfinsternis kann insgesamt bis zu 4 Stunden dauern. Innerhalb dieser Zeit kann der Mond bis zu 1 Stunde 47 Minuten vollständig bedeckt sein (totale Mondfinsternis).
Steht der Mond über dem Horizont und wird nicht von Wolken verdeckt, sollte die Finsternis gut beobachtbar sein.

DATEN VON MONDFINSTERNISSEN

Die folgenden Daten gelten für weltweit sichtbare totale und partielle Finsternisse.

Totale Finsternisse	Partielle Finsternisse
21. Jan. 2000	28. Juli 1999
16. Juli 2000	5. Juli 2001
9. Jan. 2001	17. Okt. 2005
16. Mai 2003	7. Sept. 2006
8./9. Nov. 2003	16. Aug. 2008
4. Mai 2004	31. Dez. 2009
28. Okt. 2004	26. Juni 2010
3./4. März 2007	
28. Aug. 2007	
21. Feb. 2008	
21. Dez. 2010	

Mondbedeckungen

Der Mond wandert relativ schnell über den Himmel und zieht dabei vor Sternen und Planeten vorüber. Obwohl diese Himmelskörper sehr viel weiter entfernt sind als der Mond, liegen sie dann kurzfristig auf derselben Sichtlinie und werden von ihm bedeckt.

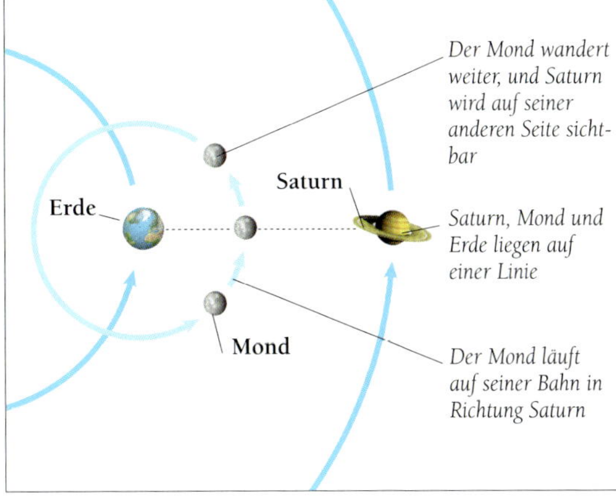

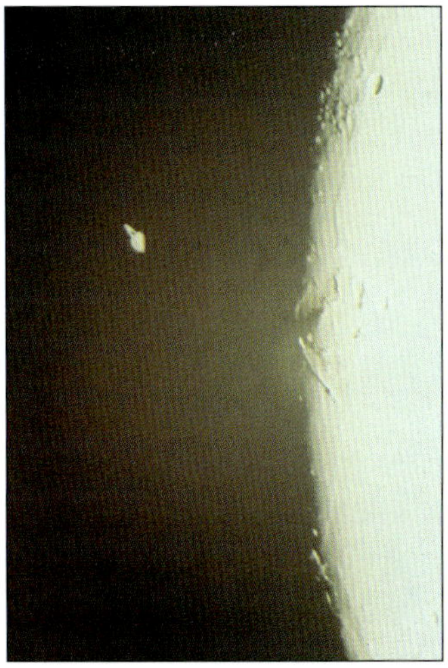

Bedeckung des Saturn 1977
Bei einer Bedeckung kann man beobachten, wie das Objekt – hier der Saturn (S. 56–59) – hinter dem einen Mondrand verschwindet und am anderen wieder auftaucht.

Die Sonne

Die Sonne ist der der Erde am nächsten gelegene Stern und der einzige, dessen Oberfläche im Detail untersucht werden kann. Sie ist eine riesige leuchtende Kugel, die hauptsächlich aus Wasserstoff besteht. In ihrem Innersten wird bei gewaltigen Temperaturen der Wasserstoff in Helium umgewandelt. Dabei entsteht die Energie, die wir auf der Erde als Licht und Wärme wahrnehmen. Wegen ihres blendenden Lichtes ist die Sonne ein gefährliches Beobachtungsobjekt, doch ausreichende Vorsichtsmaßnahmen vorausgesetzt, sind einige ihrer Oberflächenmerkmale erkennbar.

SONNENDATEN

Mittlerer Durchmesser 1 392 000 km	**Rotationsperiode an den Polen** 35 Erdtage
Mittlere Oberflächentemperatur 5500 °C	**Entfernung zur Erde** 149 680 000 km
Rotationsperiode am Äquator 25 Erdtage	**Masse (Erde = 1)** 333 000

Sichere Sonnenbeobachtung

Die einzig gefahrlosen Methoden der Sonnenbeobachtung sind die Verwendung von Schutzfiltern oder die Projektion. Es gibt Filter für Teleskope (S. 31), aber die Projektionsmethode ist besser, da man dabei nicht direkt in die Sonne schaut und so jedes Risiko vermeidet.

Das Sonnenbild wird auf den Karton gelenkt

Mit dem Fernglas
Das Sonnenbild kann mit Hilfe der Fernglasokulare direkt auf ein Stück Karton gelenkt werden, das als Schirm dient.

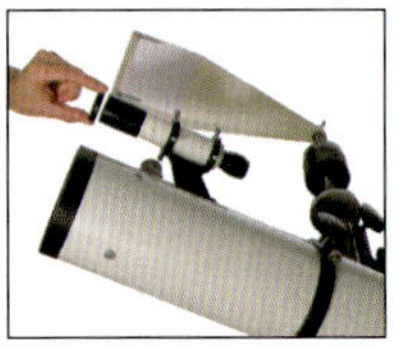

Schritt 1
Befestigen Sie ein Stück Karton etwa 50 cm vom Okular. Decken Sie zur Sicherheit das Sucherfernrohr ab.

Schritt 2
Schieben Sie die Okularlinse langsam nach innen zum Teleskoptubus hin, bis das Bild scharf ist.

Mit dem Teleskop
Mit Hilfe des Teleskops kann das Sonnenbild sicher durch das Okular auf einen Sichtschirm gelenkt werden. Richten Sie das Objektiv oder den Spiegel Ihres Teleskops auf die Sonne aus.

Die Oberfläche der Sonne

Die helle Oberflächenschicht der Sonne, die wir von der Erde aus sehen, heißt Photosphäre. Sie leuchtet gelb, da ihre Temperatur etwa 5500 °C beträgt. Obwohl die Sonne relativ schnell rotiert – am Äquator einmal in 25 Erdtagen –, hat sie eine vollkommene Kugelgestalt.

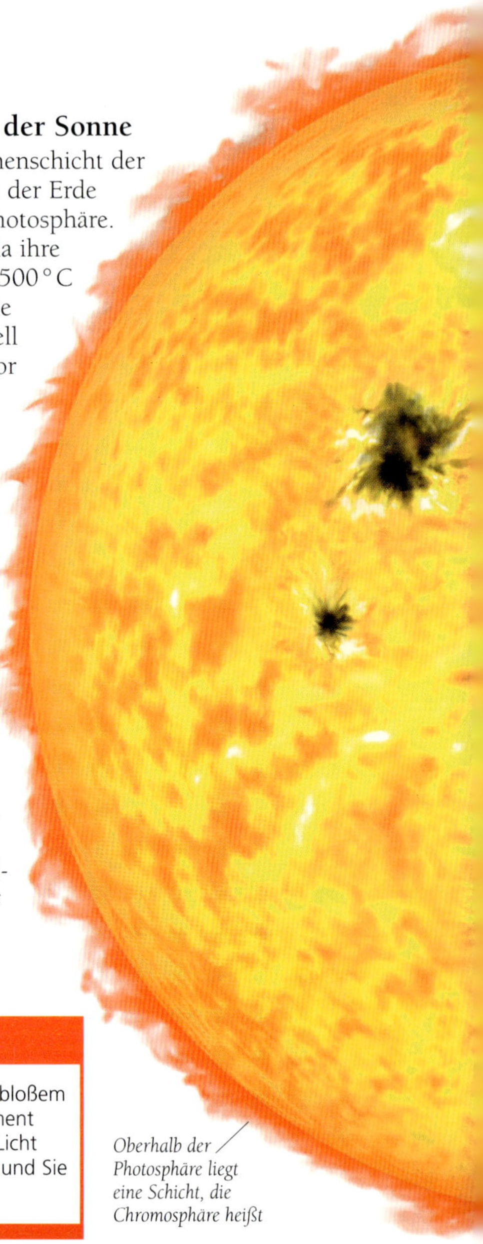

Oberhalb der Photosphäre liegt eine Schicht, die Chromosphäre heißt

Erde 

Größenvergleich
Verglichen mit der Sonne ist die Erde winzig: 109 Erden würden nebeneinander auf die Sonnenscheibe passen, und 1,3 Millionen wären nötig, um die Sonnenkugel auszufüllen.

ACHTUNG!

Schauen Sie niemals mit bloßem Auge oder einem Instrument direkt in die Sonne. Das Licht verbrennt Ihre Netzhaut, und Sie erblinden.

Sonnenlicht und Erdatmosphäre

Beim Durchqueren der Erdatmosphäre wird das Sonnenlicht gestreut, und zwar blaue Wellenlängen stärker als rote. Daher herrscht bei Sonnenauf- und -untergang Rot vor.

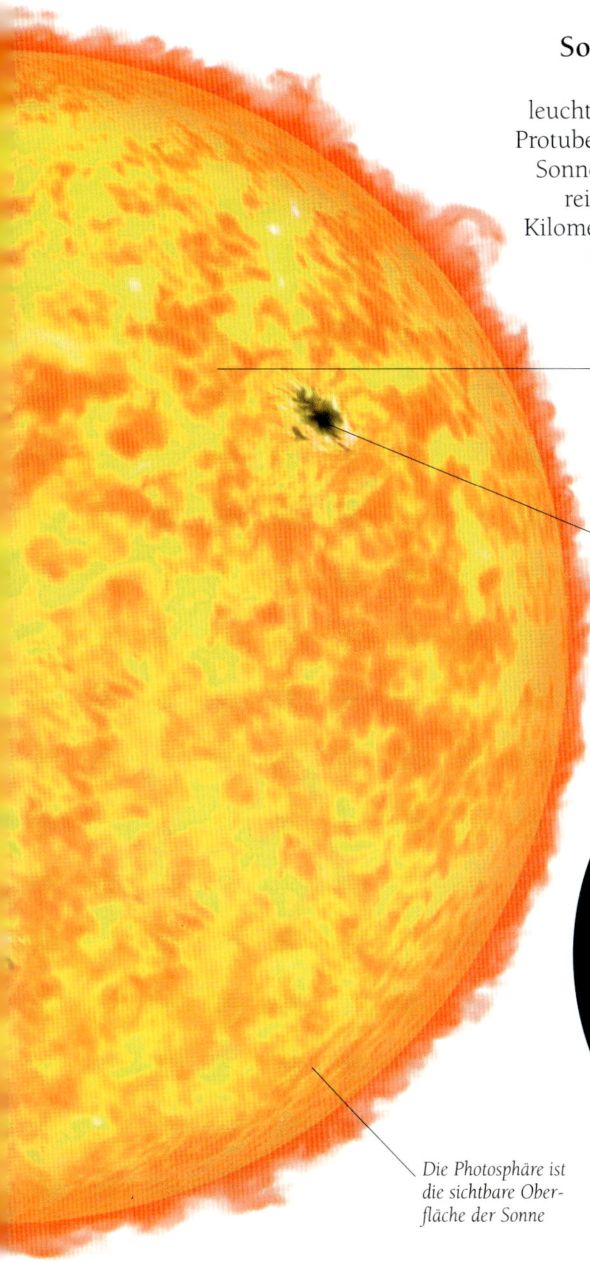

Sonnenprotuberanzen

Gewaltige Schleifen aus leuchtendem Gas, sogenannte Protuberanzen, steigen von der Sonnenoberfläche auf. Einige reichen Zehntausende von Kilometern ins All hinaus und halten sich monatelang.

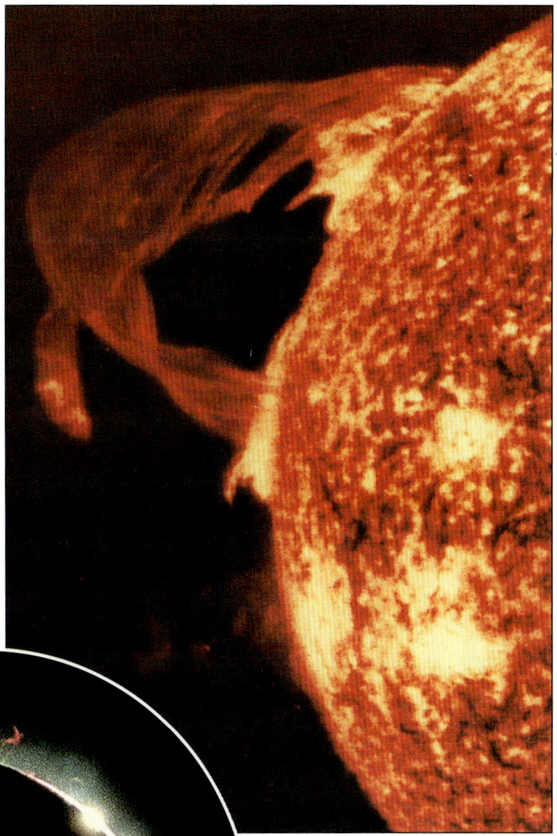

Sonnenfinsternis

Protuberanzen können während einer totalen Sonnenfinsternis beobachtet werden (S. 70–71). Auf dieser Aufnahme einer Sonnenfinsternis (links) verdeckt der Mond die Sonnenscheibe, doch die äußere Atmosphäre der Sonne mit ihren Protuberanzen ist deutlich sichtbar.

Sonnenflecken

Sonnenflecken, dunkle Stellen auf der Sonnenoberfläche, sind relativ kühle Gebiete der Photosphäre; sie sind groß – bis zu 50 000 km Durchmesser – und treten gewöhnlich in Paaren oder Gruppen auf. Durch die Rotation der Sonne scheinen die Flecken über ihre Oberfläche zu wandern: Vom einen Sonnenrand zum anderen benötigen sie etwa 2 Wochen. Die Flecken tauchen zwischen etwa 40°N und 40°S auf.

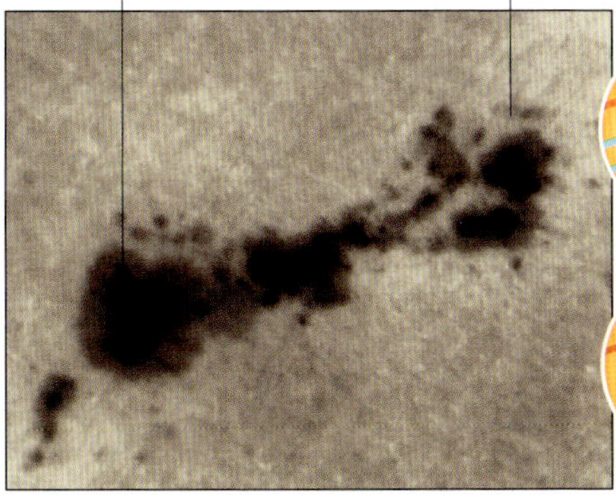

Sonnenfleckengruppe

Die dunkle Umbra ist um etwa 1500 °C kühler als die Sonnenoberfläche. Die Umbra wird von der helleren, heißeren Penumbra umgeben.

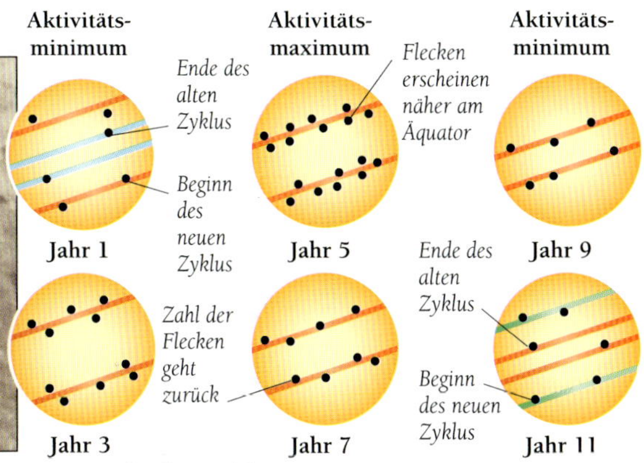

Sonnenfleckenzyklus

Die Sonnenfleckenaktivität folgt einem 11-jährigen Zyklus. Im Maximum sind etwa 120 Flecken pro Monat auf der Sonnenoberfläche sichtbar. Im Minimum sinkt ihre Zahl auf etwa 6.

Sonnenfinsternis

Obwohl sich Sonne und Mond so ungemein in ihrer Größe und Entfernung zur Erde unterscheiden, erscheinen sie durch einen merkwürdigen Zufall am Himmel gleich groß, so dass der Mond – wenn alle drei Körper in einer Linie liegen – die Sonnenscheibe vollständig verdecken kann. Dies nennt man eine Sonnenfinsternis. Sie tritt nur bei Neumond (S. 62) auf, wenn der Mondschatten auf die Erde fällt. Doch nicht bei jedem Neumond kommt es zu einer Sonnenfinsternis; tatsächlich ist es ein seltenes und Aufsehen erregendes Ereignis, das nur ein- oder zweimal pro Jahr stattfindet und immer nur lokal begrenzt sichtbar ist. Nur Beobachter im inneren Bereich des Mondschattens sehen eine totale Finsternis, andere lediglich eine partielle.

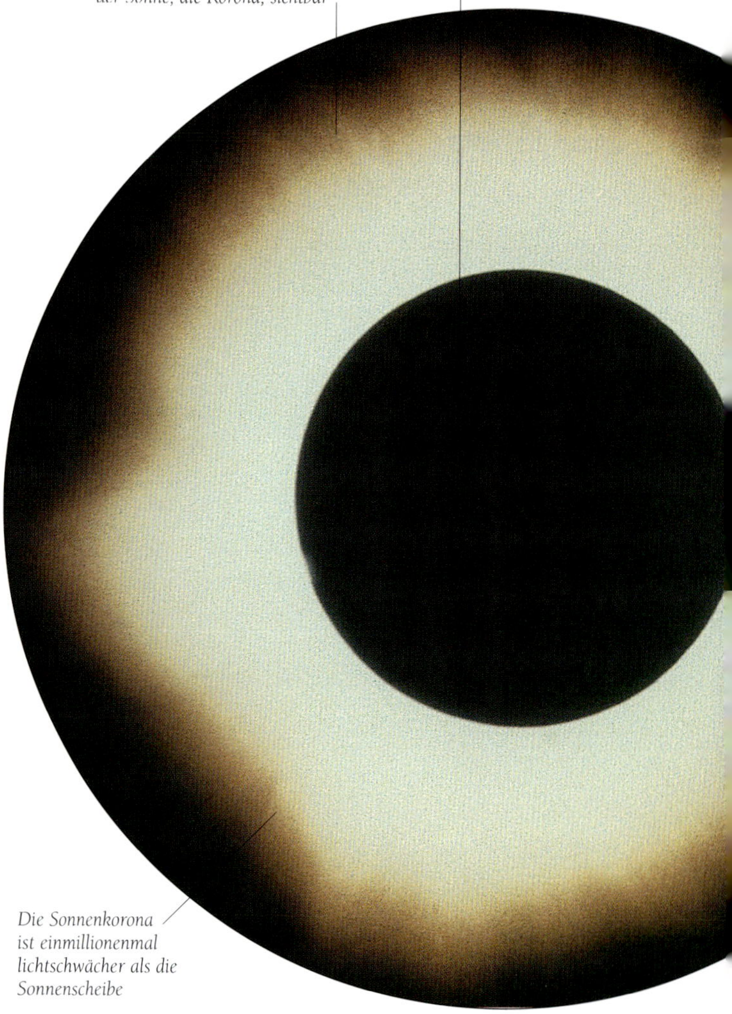

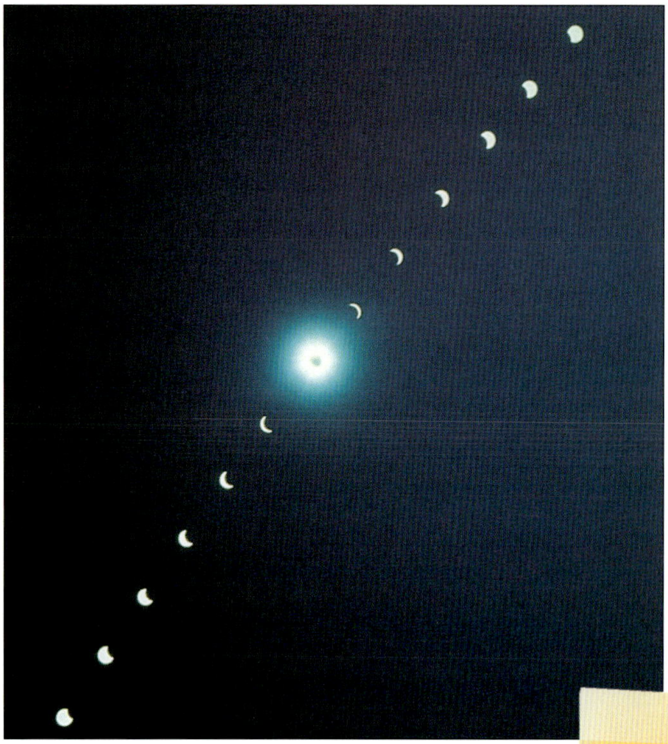

Mehrfachbelichtungen einer totalen Sonnenfinsternis
Diese Bilder wurden im Abstand von jeweils 10 Min. aufgenommen, beginnend links unten. Der Mond benötigte etwa 70 Min., um die Sonne zu verdecken. Das mittlere Bild zeigt die Totalitätsphase, die bis zu 7 Min. 40 Sek. dauern kann.

Die Entstehung einer Sonnenfinsternis
Befindet sich der Mond direkt zwischen Sonne und Erde, verdeckt er die Sonne und wirft einen Schatten auf die Erde. Der innere Bereich des Schattens, der etwa 160 km groß sein kann, wird Umbra genannt. Beobachter innerhalb der Umbra sehen eine totale, die in der Penumbra eine partielle Sonnenfinsternis.

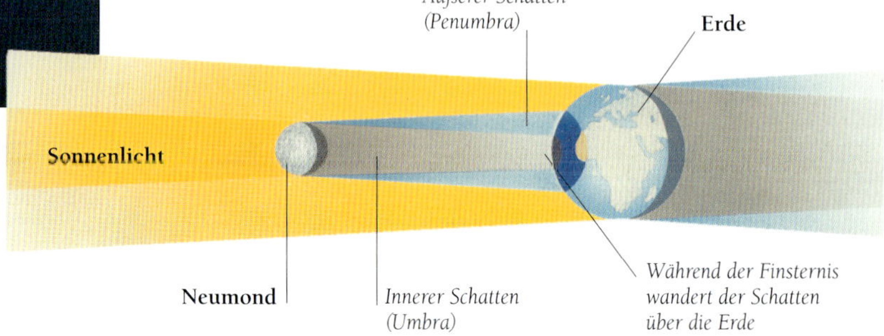

ACHTUNG!

Die üblichen Vorsichtsmaßnahmen für Sonnenbeobachtungen müssen eingehalten werden (S. 68). Nur während der wenigen Minuten der Totalität kann man direkt zur Sonne blicken. Doch unbedingt auf die Zeit achten!

BEOBACHTUNG EINER SONNENFINSTERNIS

Eine Sonnenfinsternis ist nur in den Gebieten der Erde sichtbar, die vom Mondschatten bedeckt werden, und erscheint nur im inneren Bereich der Umbra total. Beobachter in der Penumbra erleben eine partielle Finsternis. Im Verlauf der Finsternis wandert der Schatten auf einem schmalen Streifen über die Erdoberfläche. Dieser Streifen verläuft für jede Finsternis anders. Die Daten unten gelten für Finsternisse, die in unterschiedlichen Gebieten auf der ganzen Welt beobachtbar sind.

DATEN TOTALER SONNENFINSTERNISSE

11. Aug. 1999	29. März 2006
21. Juni 2001	1. Aug. 2008
4. Dez. 2002	22. Juli 2009
23. Nov. 2003	11. Juli 2010
8. Apr. 2005	

Totale Sonnenfinsternis

Der Mond ist zwar 400-mal kleiner als die Sonne, aber er liegt 400-mal näher zur Erde, so dass Sonne und Mond am Himmel ungefähr gleich groß erscheinen (etwa $1/2°$ Durchmesser). Wenn die Mondscheibe die Sonne vollständig bedeckt, kommt es zu einer totalen Sonnenfinsternis, und der äußere Gashalo der Sonne, die Korona, wird sichtbar.

Diamantring-Effekt

Dieses spektakuläre optische Phänomen, das einem Diamantring gleicht, entsteht, wenn unmittelbar vor oder nach der Totalitätsphase ein kleiner Teil der Sonne noch durch ein Mondtal hindurchscheint. Der Effekt, der an das Aufblitzen eines Brillanten erinnert, dauert nur wenige Sekunden.

Für Beobachter südlich des Totalitätsstreifens bedeckt der Mond den oberen Bereich der Sonne

Partielle Finsternis

Beobachter, die sich außerhalb des schmalen Totalitätsstreifens, aber innerhalb der helleren Penumbra (siehe links) befinden, sehen eine partielle Finsternis. Sie ist zwar nicht so aufsehenerregend wie eine totale, aber es ist dennoch sehr eindrucksvoll, wenn die Sonne aussieht, als habe der Mond ein Stück aus ihr herausgebissen.

Ringförmige Finsternis

Um den Mond bleibt ein Lichtring sichtbar

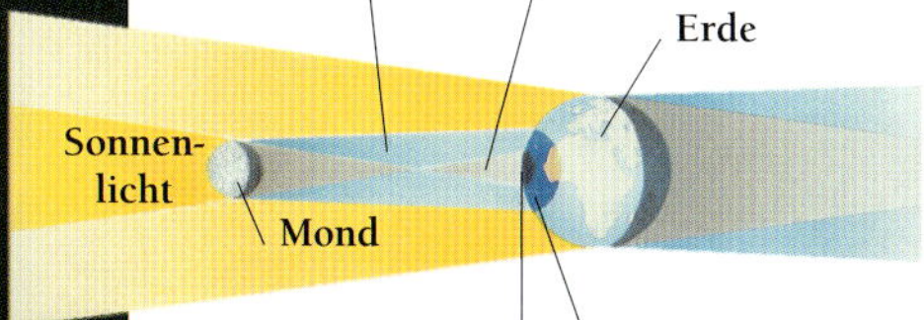

Zu einer ringförmigen Finsternis kommt es, wenn der Mond die Sonnenscheibe nicht ganz verdeckt und ein heller Lichtring sichtbar bleibt. Dies ist der Fall, wenn der Mond am weitesten von der Erde entfernt ist und daher kleiner erscheint. Bei einer ringförmigen Finsternis ist die Korona leider nicht sichtbar.

Polarlichter (Aurorae)

Polarlichter sind spektakuläre Leuchterscheinungen am Himmel, die ein wechselvolles Schauspiel farbiger Strahlen, Bänder und Bögen bieten. Die roten, rosa, grünen und blauen Lichter entstehen in der Atmosphäre oberhalb der Polarregionen und sind in den nördlichsten und südlichsten Breiten der Erde problemlos mit bloßem Auge zu beobachten. Polarlichter können jederzeit auftreten und sind schwer vorhersagbar, doch im Mittel kommt es auf der Nord- und Südhalbkugel jeden Monat zu einem solchen Schauspiel.

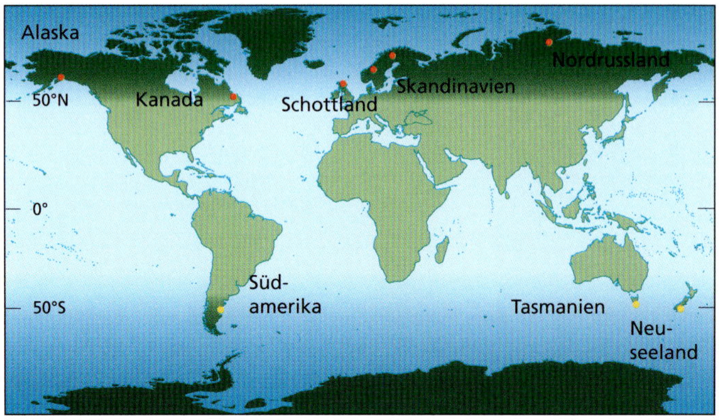

Beobachtung von Polarlichtern
Nordlichter (Aurorae Boreales) sind am besten nördlich von etwa 50°N, Südlichter (Aurorae Australes) südlich von etwa 50°S zu beobachten. Schwächere Lichterscheinungen sind manchmal auch in anderen Breiten sichtbar. Das Diagramm zeigt bewohnte Regionen, in denen Polarlichter häufiger auftreten.

Die Entstehung von Polarlichtern

Geladene Teilchen von der Sonne, die vom Sonnenwind in den interplanetaren Raum getragen werden, dringen in die obere Erdatmosphäre ein und werden in die nördlichen und südlichen Polarregionen gelenkt. Die Teilchen spiralen entlang der Magnetfeldlinien der Erde auf die Pole zu und treten dabei mit Gas in der Atmosphäre in Wechselwirkung. Dieses beginnt zu leuchten und erzeugt die spektakulären Lichterscheinungen.

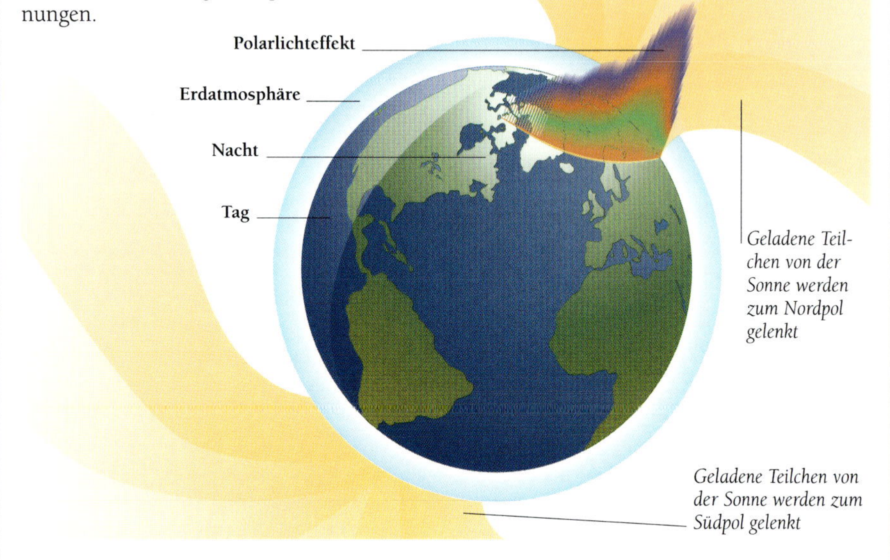

Aurora Borealis (Nordlicht)
Diese Aufnahme entstand frühmorgens am 1. Mai 1990 in Schottland. Das Nordlicht begann am späten Abend des vorherigen Tages, dauerte die ganze Nacht über an und verschwand erst in der Morgendämmerung. Im Wechsel waren einzelne Strahlen, Bänder und Bögen zu sehen. Hier erstrecken sich von einem gefalteten Lichtbogen Strahlen nach oben in Richtung des Sternbilds Cassiopeia.

Aurora Australis (Südlicht)

Südlichter (Aurorae Australes) werden nie von so vielen Menschen beobachtet wie Nordlichter, da sie meistens über unbewohntem Gebiet stattfinden. Dieses prächtig grüne Südlicht (links) wurde in Cape Evans in der Antarktis aufgenommen. Eine 35-mm-Kamera mit einem empfindlichen Film zeichnete in einer Langzeitbelichtung die Farben und die Ausdehnung der Leuchterscheinung auf.

Formen von Polarlichtern

Man sieht leuchtende Bögen, Strahlen und Flächen, die manchmal an kunstvoll in Falten gelegte Vorhänge erinnern und Draperien genannt werden. Die Farben hängen von der Höhe ab, in der das Polarlicht entsteht, sowie von der Zusammensetzung der Erdatmosphäre.

Aurora Borealis, 25. März 1991
Eine Lichtkrone, auch Korona genannt, entsteht, wenn sich Strahlen von rings um den gesamten Horizont nach oben zu erstrecken scheinen.

Aurora Borealis, 15. Februar 1990
Die faszinierenden, grün-gelben Farben rühren von Sauerstoff in der Atmosphäre in 90–150 km Höhe her.

Aurora Borealis, 1. Mai 1990
Rotes Licht stammt von Sauerstoff in mehr als 150 km Höhe sowie von Wasserstoff bei etwa 120 km Höhe.

Aurora Borealis, 26. Dezember 1989
Strahlen sind die häufigste Form – hier stiegen sie in Säulen vom Horizont auf und bewegten sich von links nach rechts.

Meteore

Ständig bombardieren Staub und Steine aus dem Weltall die Erde. Jedes Jahr dringen über 200 000 t Materie in unsere Atmosphäre ein, wovon der überwiegende Teil verbrennt. Beim Verglühen erzeugt ein solches Materieteilchen einen Meteor – eine kurz sichtbare Leuchtspur am Himmel. Im Volksmund heißen Meteore auch Sternschnuppen. Zu bestimmten Zeiten kann man Meteorschauer beobachten, bei denen es Meteore vom Himmel zu regnen scheint.

Ein einzelner Meteor, der nicht zu einem Schauer gehört, wird sporadischer Meteor genannt

Der Leoniden-Meteorschauer tritt jedes Jahr Mitte November auf

Meteorschauer

Wenn die Erde die Trümmerspur eines Kometen durchquert, tritt ein Meteorschauer auf. Alle Meteore eines Schauers scheinen von ein und demselben Punkt am Himmel auszugehen, dem sogenannten Radianten. Ein Schauer wird nach dem Sternbild genannt, in dem sein Radiant liegt. So gehen z. B. die Leoniden (oben) vom Sternbild Leo aus.

Einzelne Meteore

Die Lichtspur eines einzelnen Meteors – ob Einzelgänger oder Mitglied eines Schauers – leuchtet weniger als 1 Sekunde. Seine mittlere Helligkeit beträgt etwa 2,5 mag. Vereinzelte Meteore treten jede Nacht auf.

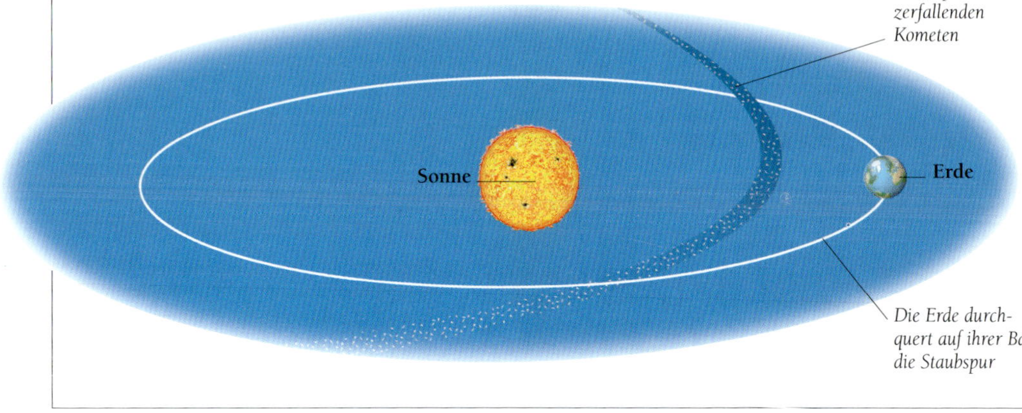

Staubspur eines zerfallenden Kometen

Die Erde durchquert auf ihrer Bahn die Staubspur

Ursprung eines Meteorschauers

Staub und Steine, aus denen die Meteore entstehen, stammen von Kometen oder manchmal auch Asteroiden. Staubteilchen, die ein Komet in der Nähe der Sonne verliert, bilden eine Materiespur (links). Durchquert die Erde eine solche Spur, dringen Staubteilchen in die Atmosphäre ein und erzeugen einen Meteorschauer.

Meteorite

Größere Gesteinsbrocken aus dem All, die beim Eintritt in die Erdatmosphäre nicht verglühen und die Erdoberfläche erreichen, nennt man Meteorite. Jedes Jahr fallen über 3000 mit einem Gewicht von 1 kg und mehr auf die Erde, viele davon ins Meer, das einen Großteil der Erdoberfläche bedeckt. Etwa 6 werden beim Niedergehen auf Land beobachtet und eingesammelt. Entsprechend große Meteorite können Krater in die Erdoberfläche schlagen. Auf der ganzen Welt sind über 150 Krater identifiziert worden – einige sind viele Millionen Jahre alt, andere jünger.

Zusammensetzung

Meteorite bestehen aus Gestein, Eisen oder einer Mischung aus beidem. Steinmeteorite sind die häufigsten.

Seltene Meteorite enthalten Metall und Gestein

Der Meteor Crater

Auf jedem Kontinent der Erde gibt es Krater. Dieser 1,3 km große liegt in Arizona und entstand vor etwa 25 000 Jahren.

Feuerkugeln

Sehr helle Meteore, die von größeren Gesteinsstücken erzeugt werden, nennt man Feuerkugeln. Verglüht ein solcher Brocken nicht ganz, weil er zu groß ist, fällt er als Meteorit zur Erde (siehe oben).

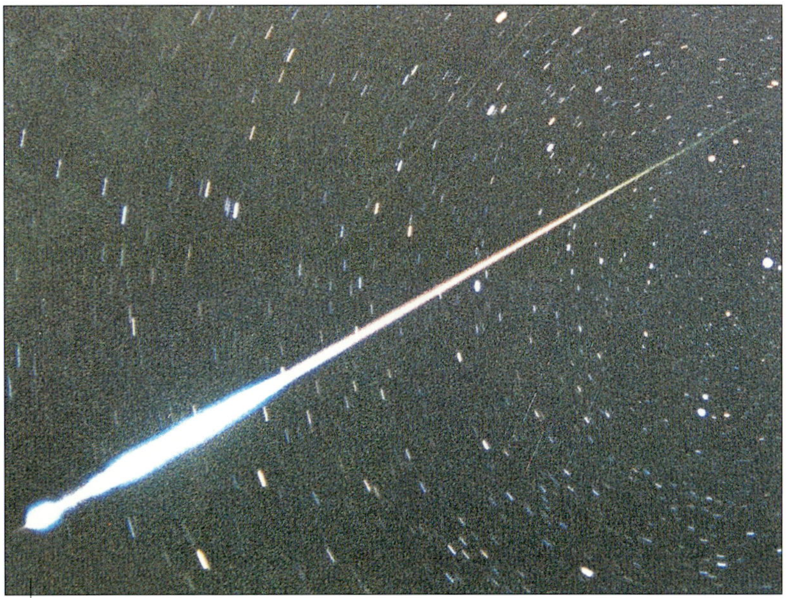

Eine Feuerkugel, die während des Perseiden-Schauers im August 1991 über den Kanalinseln beobachtet wurde. Im Hintergrund sind die Sterne von Ursa Minor zu sehen

Geminiden-Meteorschauer

Einer der sehenswertesten Meteorschauer fällt im Dezember jeden Jahres: die Geminiden. Ihr Ursprung ist der Asteroid Phaeton. Wie alle Meteore entstehen die Geminiden in rund 70–115 km Höhe und sind typischerweise 7–20 km lang. Im Maximum des Schauers, wenn die Meteorrate am höchsten ist, können bis zu 80 Leuchtspuren pro Stunde beobachtet werden.

JÄHRLICHE METEORSCHAUER

Meteorschauer treten jedes Jahr zur gleichen Zeit auf. Stellen Sie mit Hilfe Ihrer Planisphäre fest, ob das entsprechende Sternbild für Sie sichtbar ist.

NAME	DATUM
Quadrantiden (Bootes)	1. bis 6. Jan.
April-Lyriden	19. bis 24. April
Eta-Aquariden	1. bis 8. Mai
Delta-Aquariden	15. Juli bis 15. Aug.
Perseiden	25. Juli bis 18.Aug.
Orioniden	16. bis 27. Okt.
Tauriden	20. Okt. bis 30. Nov.
Leoniden	15. bis 20 Nov.
Geminiden	7. bis 15. Dez.

Kometen

Kometen sind Klumpen aus Schnee und Staub – »schmutzige Schneebälle« – von nur einigen Kilometern Durchmesser. Diese Überbleibsel der Entstehung des Sonnensystems bevölkern heute zu Abermillionen den äußersten Rand unseres Sonnensystems. Jedes Jahr bewegen sich einige von ihnen auf die Sonne zu und kommen dabei der Erde so nahe, dass wir sie sehen können. Zu diesem Zeitpunkt hat ein solcher Komet viele dramatische Veränderungen erfahren und ist zu einem auffälligen Objekt mit leuchtendem Kopf und langem Schweif geworden. Einige Kometen kehren in relativ kurzen Zeitabständen (weniger als 200 Jahre) immer wieder an unseren Himmel zurück und werden deshalb periodische Kometen genannt. Andere dagegen kommen, wenn überhaupt, erst nach Zehntausenden von Jahren wieder.

Der Kometenschweif

Nähert sich ein Komet der Sonne, erhitzt sich die Oberfläche seines Kerns, so dass sich der Schnee in Gas verwandelt und der Staub freigesetzt wird. Dieses Material bildet eine riesige Wolke um den Kern, die sogenannte Koma, die bei weiterer Annäherung an die Sonne zu einem langen Schweif umgeformt wird. Entfernt sich der Komet von der Sonne, verschwinden Koma und Schweif wieder.

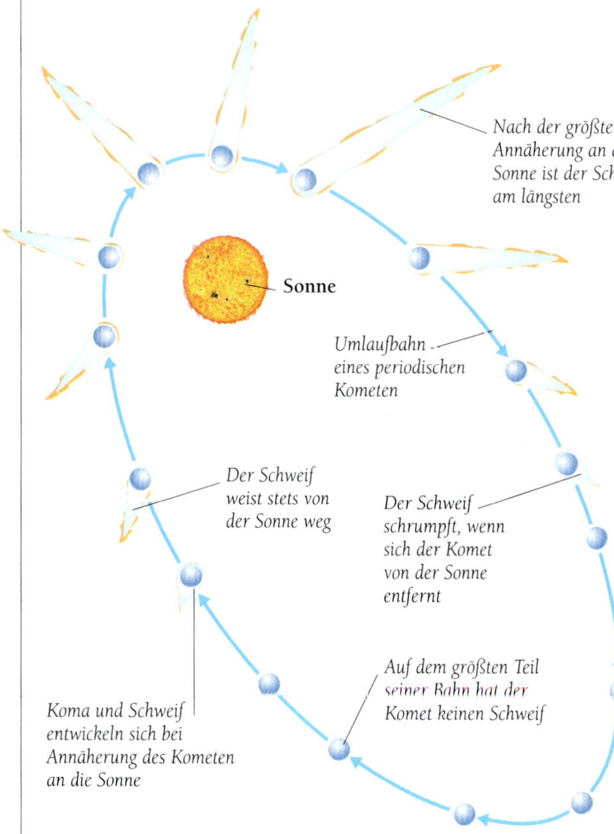

»Jagd« auf Kometen

Erfahrene Beobachter suchen mit riesigen Ferngläsern den Himmel nach neuen Kometen ab. Mit größter Sorgfalt halten sie Ausschau nach unbekannten verschwommenen Lichtpünktchen. Entdecken sie einen neuen Kometen, wird er nach ihnen benannt. Jedes Jahr erscheint etwa eine Hand voll Kometen, die man auch mit weniger starken Ferngläsern (links) genauer betrachten kann.

Ein Kometenschweif kann einige Millionen Kilometer lang sein

Aufbau eines Kometen

Ein Komet besteht aus einem festen Kern – einer Mischung aus Schnee und Staub mit einer dunklen Stauboberfläche. Bei Annäherung an die Sonne bildet sich ein heller Kopf aus Gas und Staub, die sogenannte Koma, von der ein ausgedehnter Schweif abströmt. Verlässt der Komet die Sonnenumgebung, verschwinden Kopf und Schweif wieder.

Der Komet Hale-Bopp

Der Komet Hale-Bopp wurde 1995 von den Astronomen Alan Hale und Thomas Bopp entdeckt. 1997 war er bei seiner Reise um die Sonne sogar mit bloßem Auge deutlich zu erkennen. Vermutlich wird Hale-Bopp erst in 2400 Jahren wiederkehren.

Der Komet West

Kometen können in jedem beliebigen Winkel in das Sonnensystem ein- und austreten. Der 1975 von Richard West entdeckte Komet West traf senkrecht zur Planetenebene ein. Mit seinem breiten, gelblich weißen Staub- und bläulichen Gasschweif bot er 1976 (oben) einen eindrucksvollen Anblick. Falls überhaupt, wird er erst in etwa 300 000 Jahren wiederkehren.

TIPS FÜR BEOBACHTER

Mit bloßem Auge sieht man einen Kometen als verschwommenen Lichtfleck; ein länglicher Fleck deutet auf einen vorhandenen Schweif hin.

Haben Sie Schwierigkeiten, den Kometen oder seinen Schweif auszumachen, wenden Sie die Technik des indirekten Sehens an (S. 15).

Zur Bestätigung, dass es sich um einen Kometen handelt, überprüfen Sie die Bewegung des Objekts vor dem Sternenhintergrund. Auch wenn Sie seine Bewegung nicht unmittelbar wahrnehmen, lässt sich sein Weg im Laufe der Nacht aufzeichnen.

Achten Sie auf Änderungen der Helligkeit und Länge, und versuchen Sie, die beiden Schweife zu erkennen.

Periodische Kometen

Einige Kometen kehren alle paar Jahre wieder. Unten sind vier abgebildet, die in den nächsten Jahren mit bloßem Auge oder Fernglas zu sehen sein werden. Eine ausführlichere Liste mit genauen Erscheinungsdaten von Kometen für 1999 bis 2010 finden Sie auf Seite 137.

Honda-Mrkos-Pajdusakova
Dieser Komet wird im April 2001 zu beobachten sein, und zwar auf beiden Hemisphären.

Borrelly
Beobachter auf der Nord- und Südhalbkugel können Borrelly von August bis November 2001 sehen.

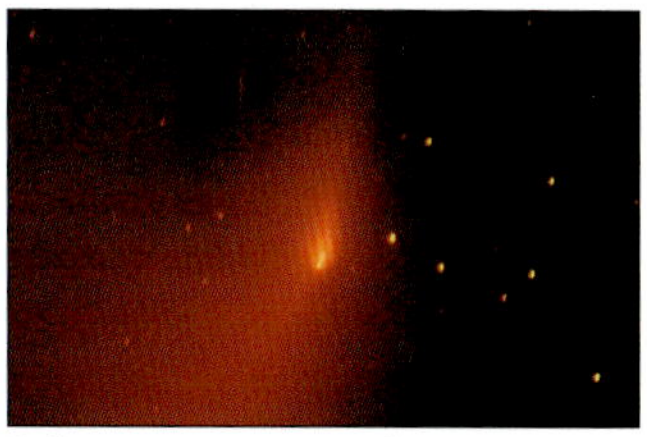

Schwassmann-Wachmann 3
Dieser zerbrochene Komet wird für Januar 2001 und Mai 2006 in Erdnähe erwartet.

Kopff
Für astronomisch interessierte Beobachter auf der Nord- und Südhalbkugel wird Kopff 2009 zu sehen sein.

Asteroiden

Das Sonnensystem enthält Millionen Gesteinsbrocken, die sogenannten Asteroiden. Nur einer, Ceres, hat einen Durchmesser von mehr als 900 km, die kleinsten sind nur winzige Staubkörner. Die meisten Asteroiden umkreisen die Sonne in einem Asteroidengürtel genannten breiten Band zwischen den Umlaufbahnen von Mars und Jupiter. Wie die Planeten rotieren sie bei ihrem Weg um die Sonne. Einige verlassen den Asteroidengürtel und kreuzen die Bahnen der inneren Planeten. Alle Asteroiden leuchten durch reflektiertes Sonnenlicht, aber nur einer – Vesta – ist so hell, dass er mit bloßem Auge wahrgenommen werden kann.

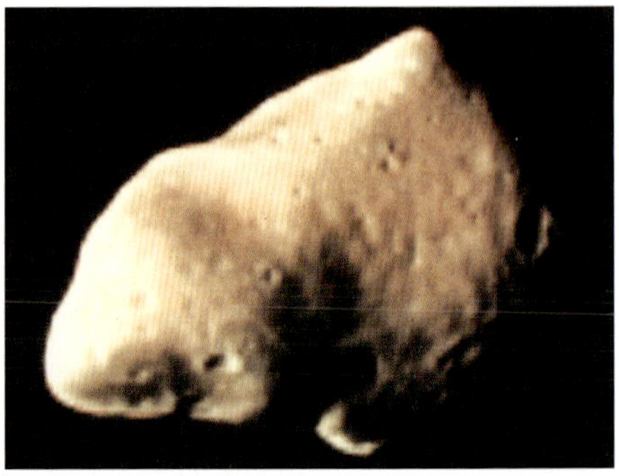

Nahaufnahme von Gaspra
Gaspra war der erste Asteroid, der aus der Nähe beobachtet werden konnte. Dieses Foto wurde im Oktober 1991 von der Galileo-Raumsonde aufgenommen. Gaspra ist nur 12 km groß und kreist am äußersten Rand des Asteroidengürtels.

Der Asteroidengürtel

Über 90 % der Asteroiden befinden sich in diesem Gürtel, rund 7000 davon sind identifiziert. Doch treten sie auch in anderen Teilen des Sonnensystems auf: Eine Gruppe, Trojaner genannt, bewegt sich auf der Jupiterbahn. Für einen Umlauf um die Sonne benötigen Asteroiden zwischen 3 und 6 Jahre.

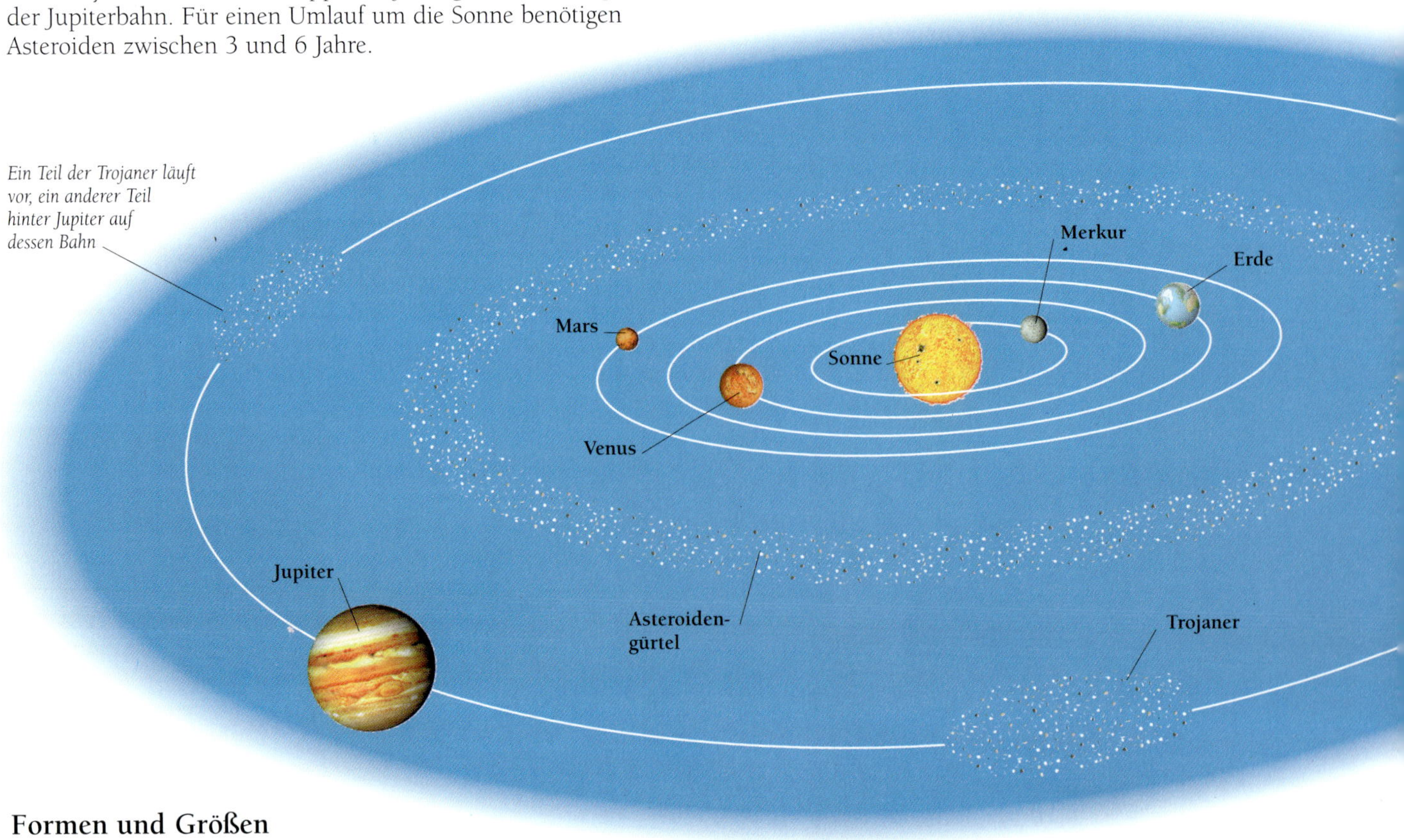

Formen und Größen

Asteroiden haben sehr unterschiedliche Formen und Größen. Nur etwa 10 sind größer als 250 km. Die meisten besitzen eine sehr unregelmäßige Gestalt, lediglich die mit mehr als 300 km Durchmesser sind rund. Asteroiden bestehen aus Gestein, Metall oder beidem.

Psyche
Psyche ist ein unregelmäßig geformter, etwa 250 km langer Asteroid aus dem Asteroidengürtel. Er besteht vermutlich aus Gestein und Eisen und hat eine Rotationsperiode von etwa 4 Stunden.

Vesta
Die kugelförmige, zum Gürtel gehörende Vesta ist mit einem Durchmesser von 510 km der drittgrößte uns bekannte Asteroid. Ihre gesamte Oberfläche ist mit Einschlagkratern übersät.

Ceres
Ceres, der erste entdeckte Asteroid, ist mit 933 km Durchmesser auch der größte. Er ist von einem dunklen Material bedeckt, das nur wenig Sonnenlicht reflektiert.

Toutatis: Ein schnell fliegender Asteroid
Der im Januar 1989 entdeckte Toutatis gehört zu einer Gruppe von Asteroiden, die die Erdbahn kreuzen. Seine rasche Bewegung über den Nachthimmel erzeugte die Lichtspur auf dieser langbelichteten Aufnahme.

Vesta

Die Sichtung eines Asteroiden wird mit Hilfe von Fotografien bestätigt. Vesta ist als einziger Asteroid hell genug, um mit bloßem Auge sichtbar zu sein. Seine größte Helligkeit beträgt 6,5 mag, und seine Oberfläche reflektiert einen höheren Anteil Sonnenlicht als jeder andere Asteroid. Dennoch erscheint er nur als winziges Lichtpünktchen am Himmel. Ein Vergleich der zu verschiedenen Zeiten aufgenommenen Fotos des Sternfelds zeigt die Bewegung des Asteroiden vor dem Sternhintergrund.

Vesta 1
Vesta ist nicht von den Hintergrundsternen zu unterscheiden.

Vesta 2
Zwei Nächte später hat sich Vesta nach rechts bewegt.

TIPS FÜR BEOBACHTER

Von der Erde aus sehen Asteroiden wie Lichtpünktchen aus.
Es gibt über 60 Asteroiden, die 10 mag oder heller sind und damit von Hobby-Astronomen mit dem Fernglas oder Teleskop beobachtet werden können.
Sie benötigen genaue Sternkarten lichtschwacher Sterne und die Koordinaten des Asteroiden, den Sie beobachten möchten.
Vergleichen Sie die Karte mit den Sternen am Himmel. Ist ein zusätzliches sternähnliches Objekt vorhanden? Dies könnte ein Asteroid sein.
Beobachten Sie das Objekt mehrere Nächte hintereinander, um festzustellen, ob es sich gegen den Sternhintergrund bewegt.

Künstliche Objekte

Einige helle Lichtspuren, die auf Himmelsaufnahmen fotografisch festgehalten sind (rechts), stammen von künstlichen Objekten auf der Erdumlaufbahn. Solche Objekte, beispielsweise die Raumstation Mir oder Satelliten, besitzen glänzende Metalloberflächen, die Sonnenlicht reflektieren, so dass sie trotz ihrer geringen Größe und großen Höhe ausgemacht und über den Nachthimmel verfolgt werden können.

Satelliten-Spur
Zu jeder Zeit befinden sich mehrere hundert künstliche Satelliten am Himmel. Auf dieser Aufnahme hat einer bei seiner raschen Überquerung des Himmels eine Lichtspur (die gestrichelte Linie) hinterlassen. Sie ist regelmäßig unterbrochen, weil der Satellit rotiert und dabei einmal mehr, einmal weniger Licht reflektiert.

Raumstation Mir
Künstliche Objekte wie die Raumstation Mir (links) können mit bloßem Auge oder Fernglas über den Himmel verfolgt werden. Sie bewegen sich sehr schnell und benötigen nur Minuten vom einen Horizont zum anderen. Am besten sind sie vor der Morgendämmerung oder nach Sonnenuntergang zu beobachten.

Es gibt mehr Sterne im Universum als alles andere. Dieses Kapitel beschreibt ihre Beschaffenheit und Eigenschaften und stellt die bekannten Sternbilder vor. Im Anschluß werden der gesamte Himmel und die einzelnen Konstellationen auf Himmelskarten dargestellt.

Beobachtung der Sterne

Muster am Himmel

Wo auch immer auf der Erde man sich befindet, stets leuchten am Himmelszelt die Sterne. Auf den ersten Blick sehen sie alle ziemlich gleich aus, so dass es zunächst unmöglich scheint, einen vom anderen zu unterscheiden. Doch bei längerem Hinschauen bemerkt man, dass einige Sterne heller sind als andere, und wenn man sie zusammen betrachtet, bilden sie bestimmte Formen. Diese Muster, die Sternbilder, sind seit dem Altertum in Gebrauch und noch immer die besten Hilfsmittel, um sich am Himmel zurechtzufinden.

Der Anblick der Sterne

Alle Sterne sind so weit von der Erde entfernt, dass sie als winzige Lichtpünktchen erscheinen, ganz gleich, ob man sie mit bloßem Auge, mit dem Fernglas oder mit dem Teleskop betrachtet.

Mit bloßem Auge
Mit bloßem Auge sind in einer klaren dunklen Nacht Hunderte bis Tausende von Sternen zu sehen. Helle wie Polaris fallen am ehesten ins Auge.

Mit dem Fernglas
Auch im Fernglas sind Sterne nur Lichtpünktchen, doch man sieht jetzt viel mehr. Die lichtschwächeren nahe Polaris sind nun ebenfalls sichtbar.

Mit dem Teleskop
Im Teleskop werden noch mehr Sterne in dem Gebiet von Polaris sichtbar, und Polaris selbst ist als Doppelstern (S. 86) erkennbar.

Die Sternbilder

Ein Sternbild besteht aus einem Sternmuster und dem Himmel in seiner unmittelbaren Nachbarschaft. Um sich am Himmel orientieren zu können, präge man sich zunächst einige wenige, dann immer mehr dieser Sternmuster ein.

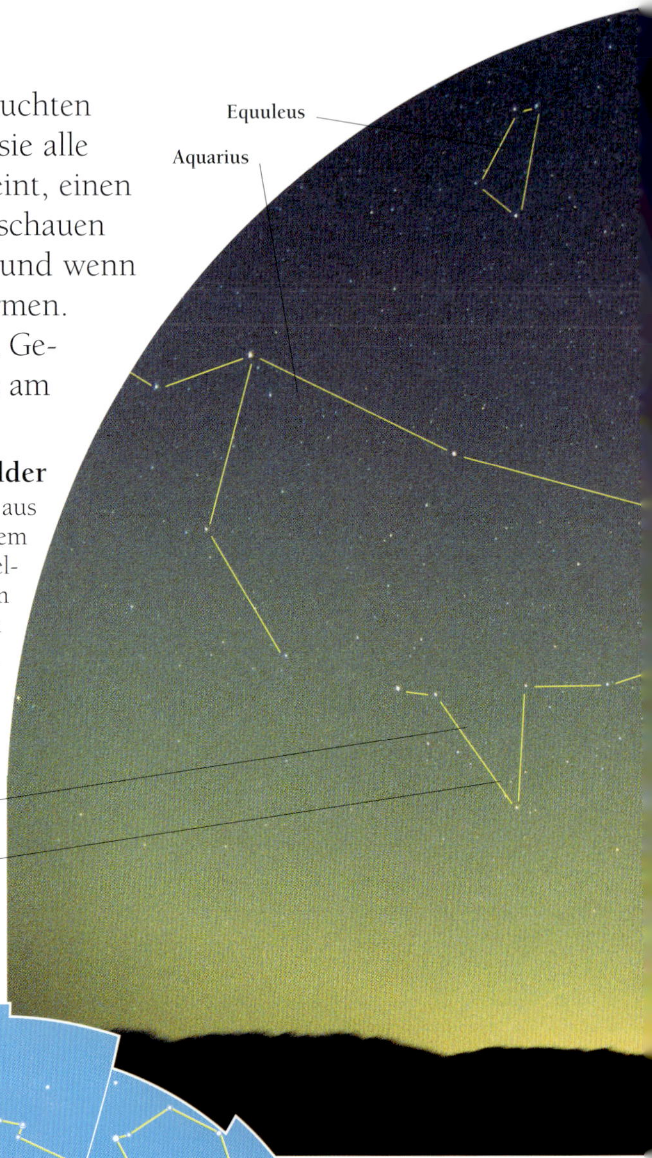

Einige Sternmuster sind leichter nachzuvollziehen als andere. Dieses hier soll Capricornus, einen Steinbock, darstellen

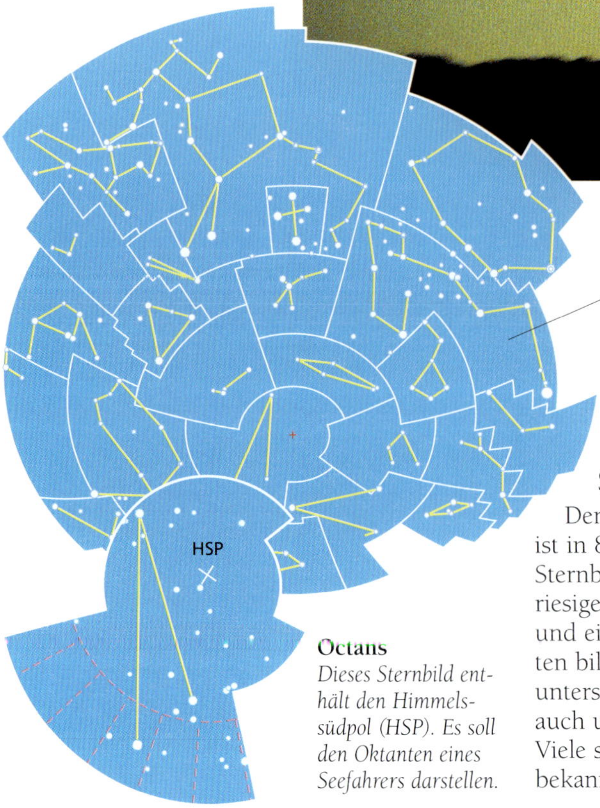

Die Sternbilder fügen sich wie ein riesiges Puzzle zusammen

Octans
Dieses Sternbild enthält den Himmelssüdpol (HSP). Es soll den Oktanten eines Seefahrers darstellen.

Sternbilder-Puzzle

Der Himmel rings um die Erde ist in 88 international vereinbarte Sternbilder unterteilt, die wie ein riesiges Puzzle ineinandergreifen und eine Sphäre um unseren Planeten bilden. Die Sternbilder sind unterschiedlich groß und enthalten auch unterschiedlich viele Sterne. Viele sind bereits seit dem Altertum bekannt.

Andere sternähnliche Objekte

Bei näherem Hinsehen stellt sich heraus, dass einige der Lichtpünktchen am Himmel gar keine Sterne sind. Planeten können z. B. leicht für helle Sterne gehalten werden, und einige verschwommene Fleckchen sind in Wirklichkeit keine einzelnen Sterne sondern Sternhaufen oder Galaxien, also Ansammlungen ungeheuer vieler Sterne.

Sternhaufen
Sternhaufen sind Ansammlungen von Hunderten oder gar Tausenden von Sternen, die mehr oder weniger dichte Gruppen bilden.

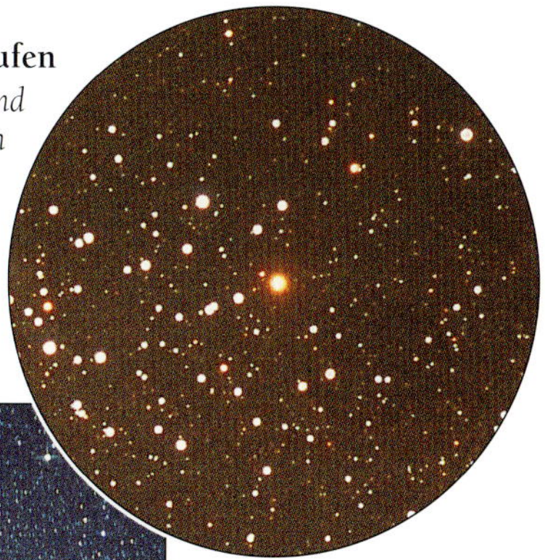

Galaxien
Galaxien enthalten viele Milliarden Sterne. Die wie ein verwaschener Lichtfleck aussehende Andromeda-Galaxie ist eine riesige spiralförmige Sternansammlung.

Planeten
Mit bloßem Auge gleicht ein Planet einem Stern, doch im Fernglas oder Teleskop sieht man ihn als Scheibchen und nicht nur als Lichtpunkt.

Entfernung der Sterne innerhalb eines Sternbilds

Die Sterne sind so weit weg, dass sie alle die gleiche Entfernung zur Erde zu haben scheinen – so wie Häuser auf fernen Hügeln alle gleich weit entfernt aussehen. Doch die Sterne eines Sternbilds, die scheinbar zusammengehören, liegen in Wirklichkeit ungeheuer weit voneinander entfernt, weiter oft als von der Erde. Die Entfernung von Sternen wird mit Hilfe der Parallaxe (S. 11) oder durch die Analyse des Sternlichts bestimmt. Sie wird häufig in Lichtjahren angegeben.
Ein Lichtjahr (LJ) ist die Strecke, die Licht in einem Jahr zurücklegt: 9 460 700 000 000 km.

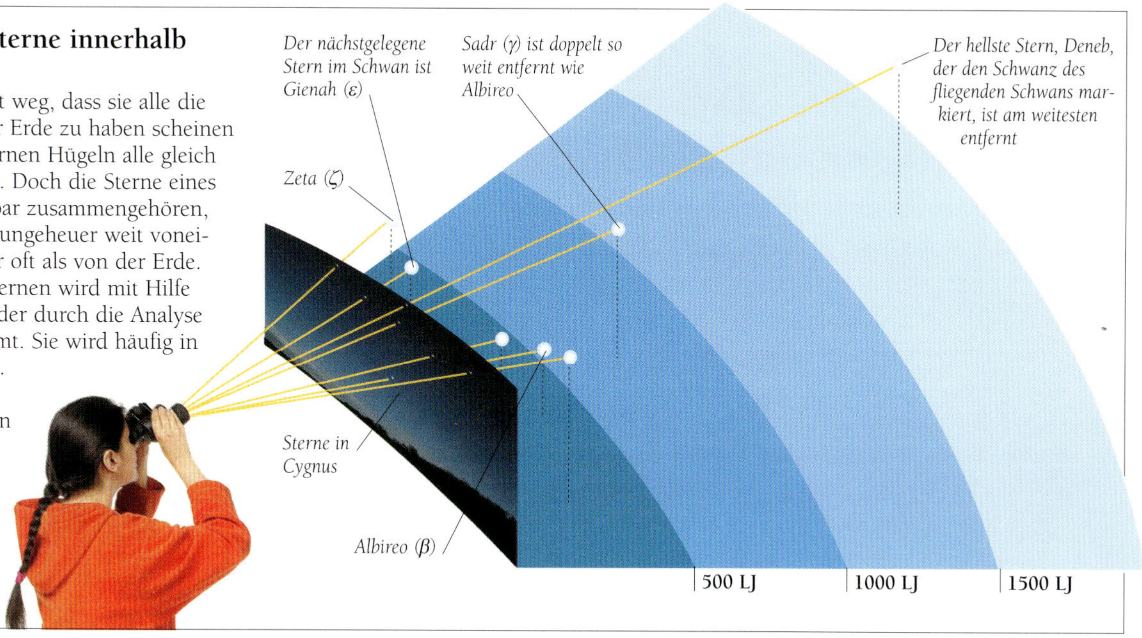

Die Sterne

Sterne sind riesige rotierende Kugeln aus heißem, leuchtendem Gas. Sie werden geboren, existieren Millionen von Jahren und sterben schließlich. Die Masse eines Sternes, d. h. die Gasmenge, aus der er besteht, hat direkten Einfluss auf seine Lebensdauer und die Stadien, die er durchläuft. Alle Sterne, die wir am Himmel sehen, unterscheiden sich in Alter und Größe, in Temperatur, Farbe und Leuchtkraft. Einige sind keine Einzel- sondern Doppelsterne oder gehören zu einem Sternhaufen (S. 86–87).

Der hellste Stern
Der hellste Stern am Himmel ist mit –1.46 mag der strahlend weiße Sirius, der von den meisten Ländern der Erde aus sichtbar ist. Neben die Sonne gestellt, würde er 26-mal heller leuchten als sie.

***Beta** (β) in Crux ist ein 1,25 mag heller bläulich weißer Stern*

***Acrux** in Crux ist ein 0,83 mag heller Doppelstern*

***Rigil Kentaurus** in Centaurus ist mit –0,27 mag der dritthellste Stern am Himmel. Tatsächlich ist er ein Dreifachstern*

***Arktur** in Bootes ist orangefarben und mit –0,04 mag der vierthellste Stern am Himmel*

Scheinbare Helligkeit der Sterne

Die Sterne, die wir sehen, sind alle unterschiedlich weit von der Erde entfernt, so dass wir ihre tatsächlichen Helligkeiten oder Leuchtkräfte nicht ohne weiteres vergleichen können – wohl aber ihre scheinbaren Helligkeiten, d. h. wie hell sie uns am Himmel erscheinen. Dies geschieht mit Hilfe der Größenklassen-Skala (S. 16). Die hellsten Sterne bilden die Sternbildmuster, die von Astronomen seit dem Altertum zur Orientierung am Himmel verwendet werden (S. 82–83).

Farbe und Temperatur

Auf den ersten Blick scheinen alle Sterne dieselbe Farbe zu haben – strahlend weiß. Doch bei näherem Hinsehen erkennt man, dass Sterne blau, weiß, gelb, orange oder rot sein können. Aus seiner Farbe lässt sich die Temperatur eines Sterns ableiten: Blaue Sterne sind am heißesten, weiße etwas kühler, dann folgen gelbe, orange und rote.

Deneb, der hellste Stern des Sternbilds, zeigt sich in gleißendem Bläulichweiß

Omikron (ο), ist ein Doppelstern mit einer orangen und einer blauen Komponente

Epsilon (ε) ist ein gelber Stern

Farbunterschiede sind am ehesten bei besonders nahe beieinander stehenden Sternen zu erkennen

Beobachtung von Sternfarben
Die unterschiedlichen Farben der Sterne im Sternbild Cygnus (Schwan) sind auf diesem Foto deutlich erkennbar. Am Himmel sind sie jedoch nicht so leicht auszumachen. Dazu ist eine gewisse Übung nötig.

Oberflächentemperatur
Sterne werden nach ihrer Oberflächentemperatur klassifiziert. Unten sind die zu dem jeweiligen Temperaturbereich gehörenden Farben angegeben.

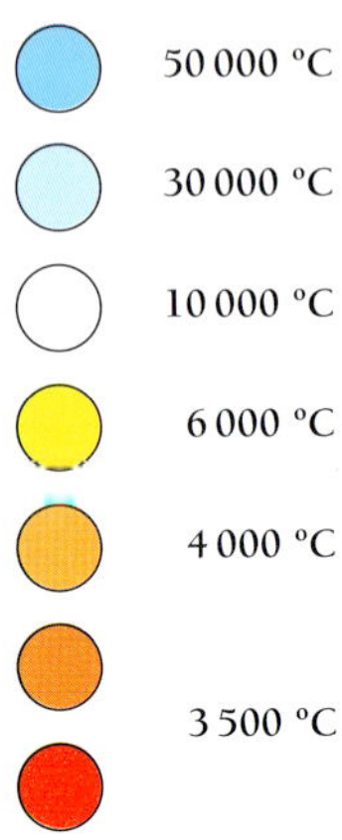

Unser Stern, die Sonne

Die Sonne ist ein gelber Hauptreihenstern (siehe unten), der in der Mitte seines Lebens steht und noch rund weitere 5 Milliarden Jahre existieren dürfte. Wenn ihr Wasserstoff verbraucht ist, wird die Sonne ein Roter Riese werden und dann zu sterben beginnen.

***rokyon** in anis Minor ist 38 mag hell*

***Beteigeuze** in Orion ist ein roter Stern mit 0,5 mag*

***Rigel** in Orion, der siebthellste Stern am Himmel, leuchtet bläulich weiß*

***Atair** in Aquila bildet eine Ecke eines hellen Sterndreiecks*

***Wega** in Lyra ist der fünfthellste Stern am Himmel*

Sirius

Novae

Die Helligkeit der meisten Sterne bleibt konstant oder schwankt auf vorhersehbare Weise. Eine Nova dagegen ist ein Stern, der plötzlich und unvorhergesehen viel heller wird. Das hängt damit zusammen, dass dieser Stern Teil eines Doppelsternsystems ist (S. 86) und von seinem Partner Wasserstoff übertragen bekommt, der auf seiner Oberfläche nuklear explodiert.

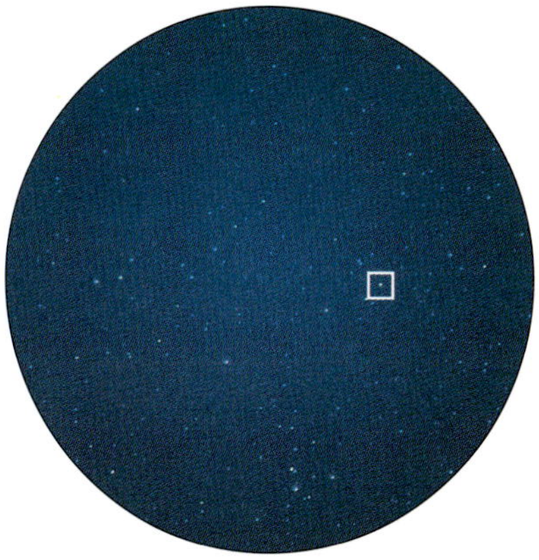

Nova Cygni
1992 wurde ein Stern in Cygnus für mehrere Wochen heller, um dann wieder seine ursprüngliche Leuchtkraft anzunehmen.

Das Leben eines Sterns

Sterne entstehen aus rotierenden Gas- und Staubwolken. Wenn in ihrem Zentrum Wasserstoff zu Helium »verbrennt«, beginnt der Stern zu leuchten. Millionen oder Milliarden Jahre später stirbt er schließlich.

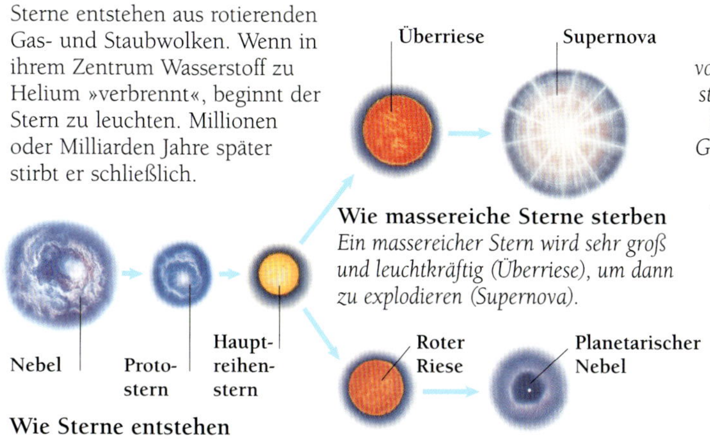

Wie Sterne entstehen
Die rotierende Gaswolke (Nebel) kontrahiert, wird im Zentrum immer heißer (Protostern) und leuchtet schließlich als Hauptreihenstern.

Wie massereiche Sterne sterben
Ein massereicher Stern wird sehr groß und leuchtkräftig (Überriese), um dann zu explodieren (Supernova).

Wie sonnenähnliche Sterne sterben
Der Stern bläht sich auf und wird rot (Roter Riese). Kurz vor seinem Tod bläst er Materie ab (planetarischer Nebel).

Sterndurchmesser
Ein Stern ändert von Entwicklungsstufe zu Entwicklungsstufe seine Größe. Ein Riese ist mindestens 10-mal größer als die Sonne, ein Überriese 100-mal.

DIE HELLSTEN STERNE AM HIMMEL

Unten sind die 20 hellsten Sterne ihrer Helligkeit nach aufgelistet. Alle sind leicht mit bloßem Auge sichtbar.

STERNNAME	STERNBILD	MAG
Sirius	Canis Maj. (S. 113)	–1,46
Canopus	Carina (S. 103)	–0,72
Rigil Kentaurus	Centaurus (S. 102)	–0,27
Arktur	Bootes (S. 120)	–0,04
Wega	Lyra (S. 125)	0,03
Capella	Auriga (S. 112)	0,08
Rigel	Orion (S. 112)	0,12
Prokyon	Canis Minor (S. 110)	0,38
Achernar	Eridanus (S. 132)	0,46
Beteigeuze	Orion (S. 112)	0,5
Hadar	Centaurus (S. 102)	0,61
Atair	Aquila (S. 125)	0,77
Acrux	Crux (S. 102)	0,83
Aldebaran	Taurus (S. 107)	0,85
Antares	Scorpius (S. 109)	0,96
Spica	Virgo (S. 109)	0,98
Pollux	Gemini (S. 106)	1,14
Fomalhaut	Piscis Austrinus (S. 129)	1,16
Deneb	Cygus (S. 129)	1,25
Beta Crucis	Crux (S. 102)	1,25

Sternfamilien

Die meisten Sterne, die wir am Nachthimmel sehen, sind Einzelsterne. Viele gehören jedoch zu einem Doppel- oder Mehrfachsystem, wobei jede Komponente zur beobachteten Helligkeit des Sterns beiträgt. Alle Sterne entstehen in Gruppen oder Haufen, die in großer Zahl am Himmel beobachtet werden können. Die dichten, sternreichen Kugelhaufen bestehen aus alten Sternen, die von Geburt an beieinander bleiben. Offene Haufen dagegen sind lockere Gruppen heißer junger Sterne, die mit der Zeit auseinander driften.

Doppelsterne

Viele Sterne erscheinen doppelt. Stehen die beiden Komponenten nur zufällig für uns in derselben Blickrichtung, spricht man von einem optischen Doppelstern. Echte Doppelsterne stehen räumlich nahe beieinander und sind über ihre Schwerkraft verbunden.

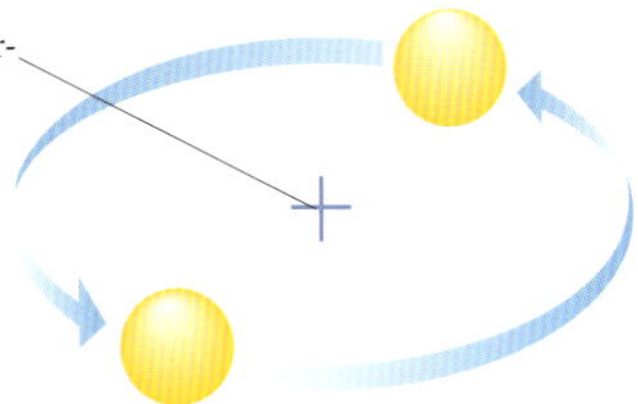

Gleiche Massen
In einem Doppelstern mit Partnern gleicher Masse umkreisen die beiden Sterne einen Schwerpunkt, der genau in der Mitte zwischen ihnen liegt.

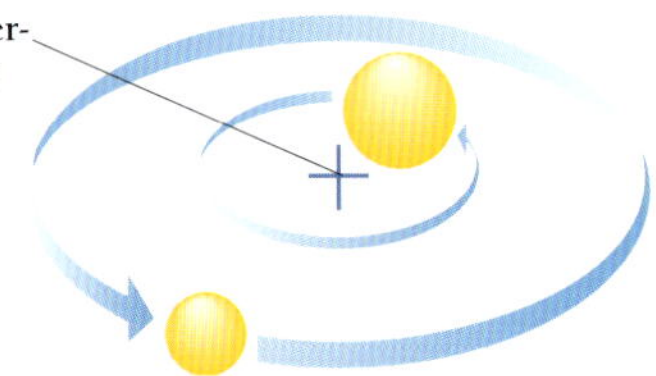

Ungleiche Massen
Hat ein Partner eines Doppelsternsystems eine größere Masse als der andere, so liegt der Schwerpunkt näher am massereicheren Stern.

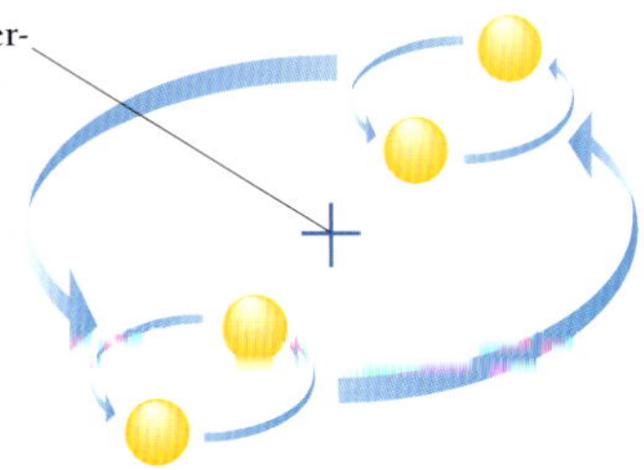

Mehrfachstern
Hier bilden 4 Sterne gleicher Masse zwei Paare, die einen gemeinsamen Schwerpunkt umkreisen.

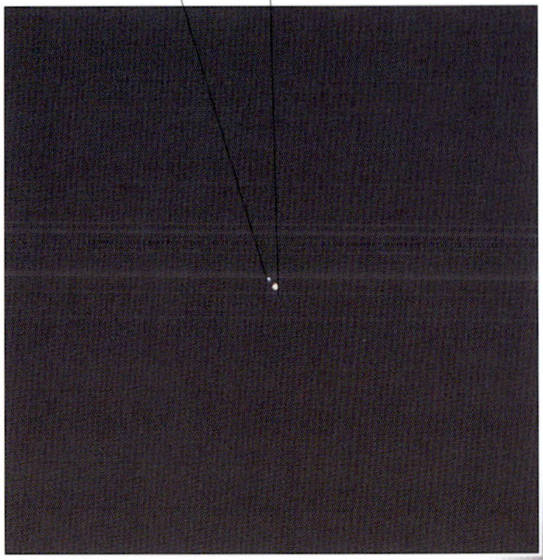

Farbige Doppelsterne
Der Stern Albireo markiert den Kopf des Schwans in Cygnus. Im Fernglas erkennt man ihn als Doppelstern mit verschiedenfarbigen Komponenten: Der hellere Hauptstern ist goldgelb, der Begleiter blaugrün.

Optische Doppelsterne
Ein Fernglas zeigt, dass Alpha (α) in Capricornus aus zwei Sternen besteht. Sie erscheinen eng beieinander, aber nur, weil sie in der gleichen Blickrichtung von uns liegen.

Beobachtung von Doppelsternen

Viele Doppelsterne sind mit bloßem Auge oder einem Fernglas als solche erkennbar. Manchmal haben die Komponenten die gleiche Helligkeit und Farbe, manchmal nicht. Zur Trennung enger Doppelsterne ist ein Teleskop nötig.

Eta Cassiopeiae mit bloßem Auge
Der helle Stern Eta (η) Cassiopeiae ist leicht mit bloßem Auge auszumachen: Er liegt etwas oberhalb des hellen Schedar (oben), der die rechte untere Spitze des »W« markiert.

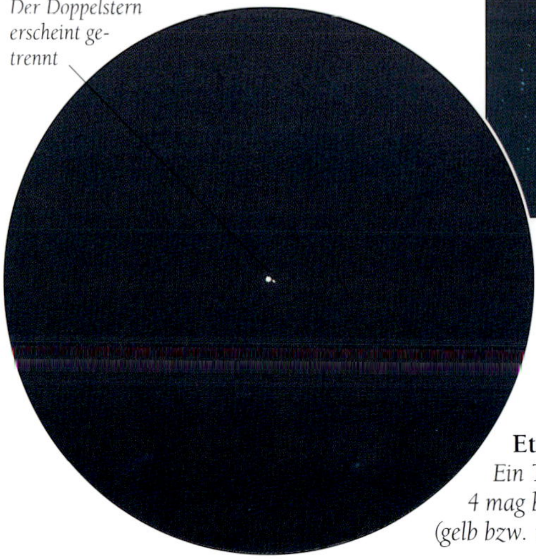

Eta Cassiopeiae im Teleskop
Ein Teleskop zeigt, dass Eta Cassiopeiae aus zwei 4 mag bzw. 8 mag hellen Sternen besteht, deren Farben (gelb bzw. rot) eben noch erkennbar sind.

Sternhaufen

Alle Sterne entstehen in einem Haufen, aber nur einige bleiben ihr Leben lang zusammen. Offene Haufen mit einigen wenigen bis zu mehreren tausend Sternen lösen sich auf. Die Zehn- bis Hunderttausende von Sternen eines Kugelhaufens bleiben dagegen beieinander.

Offener Haufen
Die aus jungen, leuchtkräftigen Sternen bestehenden offenen Haufen haben keine bestimmte Struktur, sind unterschiedlich groß und auch von unterschiedlicher Gestalt. Haufen wie den Doppelhaufen in Perseus (oben) kann man am besten mit bloßem Auge oder im Fernglas beobachten.

Kugelhaufen
Ein Kugelhaufen ist ein Schwarm aus alten Sternen, die zu seinem Zentrum hin konzentriert sind; gewöhnlich hat er Kugelgestalt. Man kennt ungefähr 150 in unserer Galaxis, von denen rund die Hälfte im Fernglas sichtbar ist, darunter auch M10 in Ophiuchus (links).

Veränderliche Sterne

Einige Sterne schwanken in ihrer Helligkeit – entweder weil sie Bedeckungsveränderliche sind (rechts), oder weil sie pulsieren. Zu letzteren gehören die Cepheiden und die Mira-Sterne. Cepheiden zeigen kleinere, Miras recht starke Helligkeitsschwankungen.

Bedeckungsveränderlicher

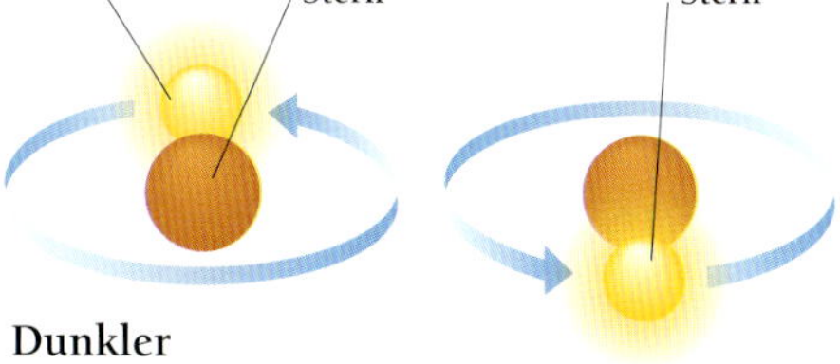

Dunkler
Der hellere Stern wird von seinem dunkleren Begleiter verdeckt.

Heller
Der hellere Stern ist jetzt direkt sichtbar.

Mira bei 10 mag

Mira bei 3 mag

Veränderlicher (Mira)
Mira im Sternbild Cetus ist ein Roter Riese, der mit einer Periode von 332 Tagen zwischen 10 mag und 3 mag schwankt. Nach ihm wurde eine ganze Klasse von Veränderlichen benannt.

DOPPELSTERNE

Stellen Sie mit Hilfe der Planisphäre fest, wann die Doppelsterne hoch am Himmel stehen und gut zu beobachten sind.

NAME	STERNBILD
Mizar	Ursa Major (S. 98)
Albireo	Cygnus (S. 129)
Castor	Gemini (S. 106)
Almach	Andromeda (S. 132)
Algieba	Leo (S. 106)
Cor Caroli	Canes Venatici (S. 121)
Theta (ζ) Orionis	Orion (S. 112)
Epsilon (ε) Lyrae	Lyra (S. 125)

STERNHAUFEN

Sternhaufen sind gut mit dem Fernglas zu beobachten. Haben Sie Probleme, einen Sternhaufen auszumachen, benutzen Sie die Technik des indirekten Sehens (S. 15).

NAME	STERNBILD
Offene Haufen	
Praesepe, M44	Cancer (S. 106)
Doppelhaufen	Perseus (S. 124)
Plejaden, M45	Taurus (S. 107)
Schmuckkästchen, NGC 4755	Crux (S. 102)
Wildentenhaufen, M11	Scutum (S. 122)
M41	Canis Major (S. 113)
Kugelhaufen	
Omega (ω) Centauri	Centaurus (S. 102)
47 Tucanae	Tucana (S. 103)
M13	Hercules (S. 124)
M22	Sagittarius (S. 108)
M15	Pegasus (S. 128)
M3	Canes Venatici (S. 121)

VERÄNDERLICHE STERNE

Prägen Sie sich die Helligkeiten von Sternen in der Nähe eines Veränderlichen ein und vergleichen Sie ihre relativen Helligkeiten.

NAME	STERNBILD
Cepheiden	
Delta (δ) Cephei	Cepheus (S. 98)
Eta (η) Aquilae	Aquila (S. 125)
Zeta (ζ) Geminorum	Gemini (S. 106)
Beta (β) Doradus	Dorado (S. 103)
Mira-Sterne	
Mira	Cetus (S. 133)
Chi (χ) Cygni	Cygnus (S. 129)
Bedeckungs-veränderliche	
Algol	Perseus (S. 124)
Delta (δ) Librae	Libra (S. 109)

Nebel

Nebel sind Wolken aus interstellarem Gas und Staub, die verschiedene Stadien bei Geburt und Tod von Sternen darstellen. Wenn z. B. ein massereicher Stern stirbt, stößt er gas- und staubförmige Materie ab, die sich schließlich wieder zu neuen Sternen zusammenballt. Viele Nebel sind mit bloßem Auge sichtbar und sehen wie verschwommene Lichtflecken oder dunkle, leere Löcher aus. Im Fernglas oder Teleskop sind sie deutlicher zu erkennen, und sie eignen sich gut als Motive für fotografische oder CCD-Aufnahmen.

Nebelarten

Emissions- und Reflexionsnebel sowie Supernova-Überreste leuchten mehr oder weniger hell, während Dunkelnebel vor dem hellen Sternenhintergrund wie dunkle Flecken wirken.

Reflexionsnebel
M78 in Orion ist ein heller Reflexionsnebel. Er sendet kein eigenes Licht aus, sondern leuchtet, weil er das Licht in ihm eingebetteter Sterne reflektiert und streut.

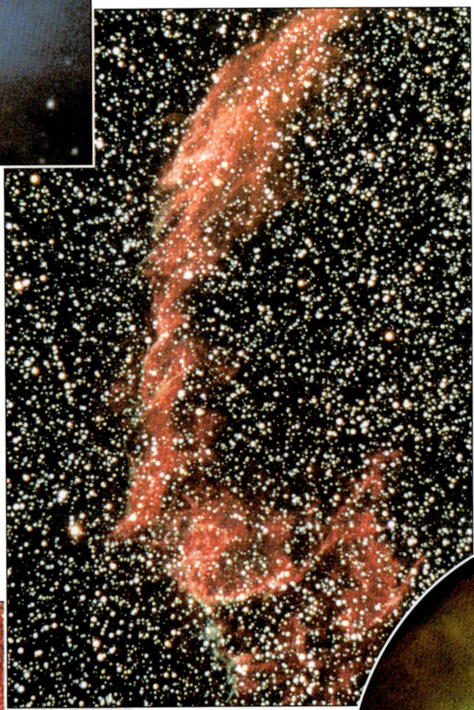

Supernova-Überrest
Dieser Gasstreifen, der Schleier-Nebel in Cygnus, ist der Überrest einer Supernova. Der Stern, von dem diese Materie stammt, explodierte vor etwa 50 000 Jahren.

Ein dunkler Staubstreifen scheint den Orion-Nebel zu halbieren, doch beide Hälften gehören zu einer einzigen riesigen Wolke

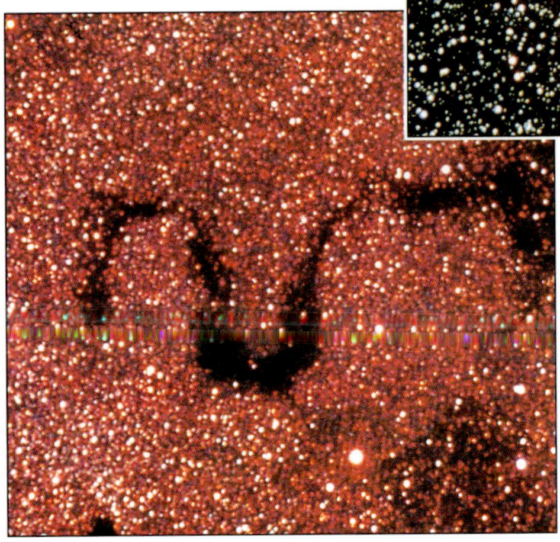

Dunkelnebel
Diese S-förmige Wolke, der sogenannte Schlangen-Nebel in Ophiuchus, ist ein Dunkelnebel – eine Gas- und Staubwolke, die so dicht ist, dass sie das Licht dahinter liegender Sterne verdunkelt.

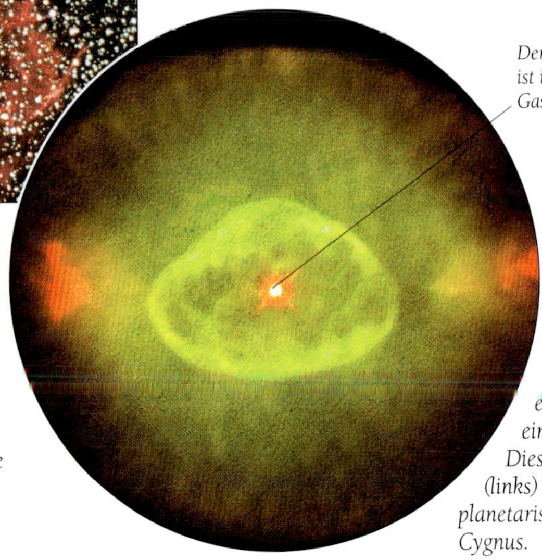

Der sterbende Stern ist im Zentrum des Gasringes zu sehen

Planetarischer Nebel
Ein planetarischer Nebel entsteht, wenn ein sterbender Stern eine Gashülle ausstößt. Dieser hier abgebildete (links) ist der »Blinkende planetarische Nebel« in Cygnus.

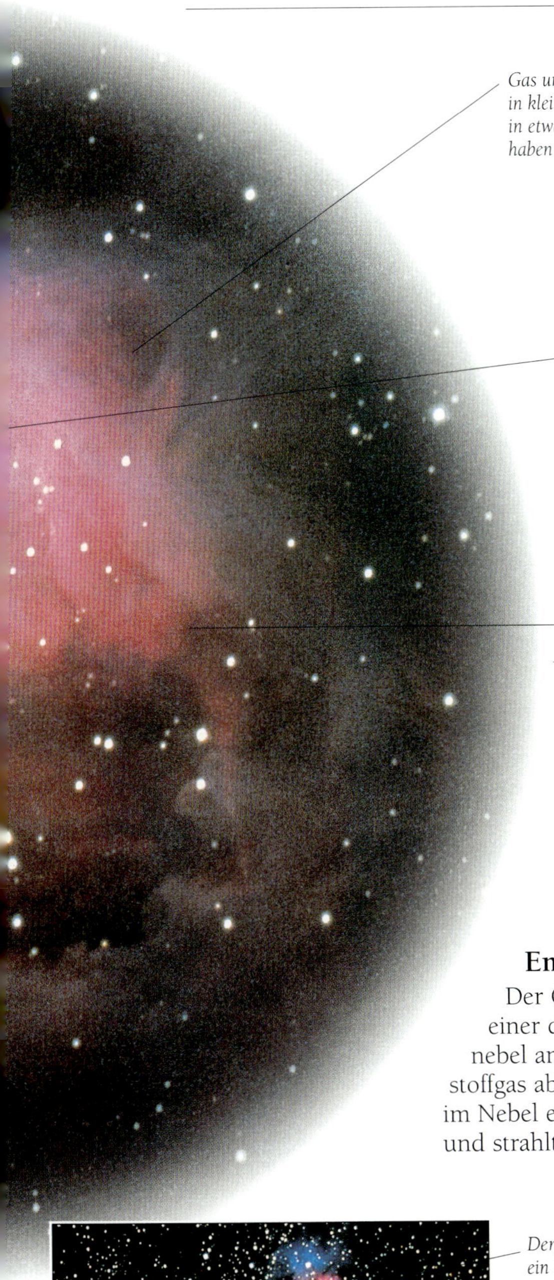

Gas und Staub werden mit der Zeit in kleine Wolken zerfallen und sich in etwa 10 000 Jahren aufgelöst haben

Heiße junge Sterne bringen den Nebel zum Leuchten. Die 4 im Zentrum werden das Trapez genannt

Die vorherrschende rote Farbe dieses Emissionsnebels entsteht durch die Wechselwirkung zwischen den Gasatomen im Nebel

Emissionsnebel

Der Große Orion-Nebel ist einer der hellsten Emissionsnebel am Himmel. Das Wasserstoffgas absorbiert Licht von den im Nebel eingebetteten Sternen und strahlt es wieder ab.

Supernovae

Astronomen haben Grund zu der Annahme, dass jede Sekunde irgendwo im Weltall ein Stern explodiert. Die meisten dieser sogenannten Supernovae liegen für uns außer Sichtweite, doch pro Jahrhundert treten 2 oder 3 auch in unserer eigenen Galaxis auf. Das Licht der Explosion erscheint wie ein unglaublich heller neuer Stern.

Vor der Explosion
Vor der Expolsion war der Stern ein blauer Überriese.

Nach der Explosion
Er explodierte am 23. Februar 1987 als SN 1987A.

TIPS FÜR DIE BEOBACHTUNG VON NEBELN

Helle Nebel sehen mit bloßem Auge wie verwaschene, nebelige Lichtflecke aus. Eventuell muss man die Technik des indirekten Sehens (S. 15) anwenden, um sie auszumachen.

NAME	STERNBILD	TYP
Orion-, M42	Orion (S.112)	Emissionsnebel
Omega-, M17	Sagittarius (S.108)	Emissionsnebel
Kohlensack	Crux (S.102)	Dunkelnebel
Cygnus-Spalt	Cygnus (S.129)	Dunkelnebel
Merope-Nebel	Taurus (S.107)	Reflexionsnebel
Helix-, NGC7293	Aquarius (S.108)	Planetarischer N.
Hantel-, M27	Vulpecula (S.129)	Planetarischer N.
Ring-, M57	Lyra (S.125)	Planetarischer N.
Schleier-Nebel, NGC6992	Cygnus (S.129)	Supernova-Überrest
Krebs-Nebel, M1	Taurus (S.107)	Supernova-Überrest

Der Trifid-Nebel ist ein Emissionsnebel

Der Lagunen-Nebel ist ein Emissionsnebel mit einem dunklen Staubstreifen

Der Lagunen- und der Trifid-Nebel

Diese Himmelsregion in Sagittarius ist erfüllt von Nebelmaterie. Zwei helle Wolken fallen besonders auf: unten im Bild der Lagunen-Nebel (M8) und am oberen Bildrand der kleinere Trifid-Nebel (M20).

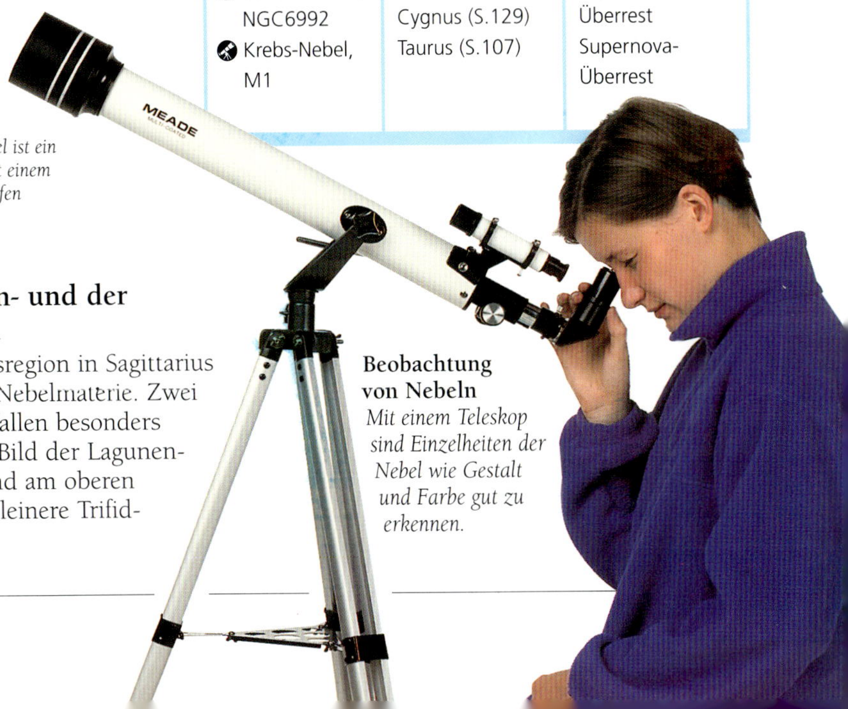

Beobachtung von Nebeln
Mit einem Teleskop sind Einzelheiten der Nebel wie Gestalt und Farbe gut zu erkennen.

Galaxien

Galaxien sind riesige Ansammlungen von Sternen. Jede einzelne enthält viele Milliarden Sterne, und es gibt Milliarden von Galaxien im Weltall. Die Galaxie, zu der unsere Sonne und das Sonnensystem gehören, wird Milchstraße oder auch Galaxis genannt. Von der Erde aus können wir andere Galaxien sehen, doch selbst die nächsten sind so weit entfernt, dass sie mit bloßem Auge und auch noch im Fernglas wie schwach leuchtende verwaschene Lichtfleckchen wirken.

Formen von Galaxien

Galaxien treten in vier Hauptformen auf, die unten abgebildet sind. Die Milchstraße ist eine Spiralgalaxie mit einem dichten Kern und Spiralarmen. Einige Galaxien sind Balkenspiralen, andere sind elliptisch, während wieder andere keine spezielle Form haben und irregulär genannt werden.

Spiralgalaxie

NGC 253
Im Fernglas erscheint diese Galaxie wie ein zigarrenförmiger Fleck, doch mit einem großen Teleskop ist ihr Zentrum zu erkennen.

Balkenspiralgalaxie

M109
Ein großes Teleskop macht den Balken und die Arme dieser Balkenspiralgalaxie sichtbar.

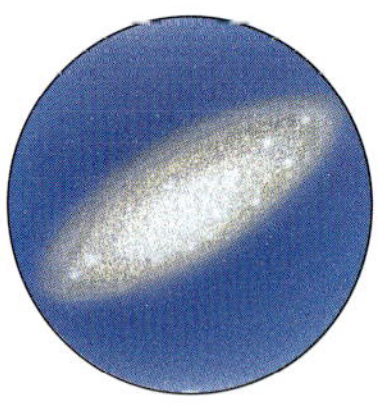

Elliptische Galaxie

M110
Diese elliptische Galaxie ist nur mit einem Großfernglas oder Teleskop auszumachen.

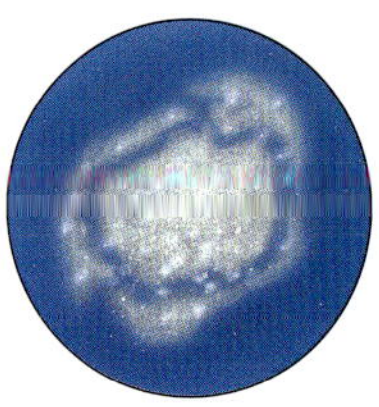

Irreguläre Galaxie

Kleine Magellansche Wolke (SMC)
Diese irreguläre Galaxie ist mit bloßem Auge als neblige Wolke zu sehen.

Anatomie einer Galaxie

Diese großartige CCD-Aufnahme der Galaxie NGC 2997 zeigt die prächtige Spiralstruktur. Im zentralen Kern liegen dicht gedrängt alte rote Sterne, während in den Spiralarmen junge, heiße blaue Sterne strahlen und neue Sterne gebildet werden.

BEOBACHTBARE GALAXIEN

Um eine Galaxie aufzufinden, orientiere man sich an einem nahe gelegenen bekannten Stern. Kann man sie trotzdem nicht ausmachen, hilft vielleicht die Technik des indirekten Sehens (S. 15).

NAME	STERNBILD	TYP
Große Magellansche Wolke (LMC)	Dorado (S. 103)	Irregulär
Kleine Magellansche Wolke (SMC)	Tucana (S. 103)	Irregulär
Andromeda (M31)	Andromeda (S. 132)	Spirale
Triangulum (M33)	Triangulum (S. 133)	Spirale
Whirlpool (M51)	Canes Venatici (S. 121)	Spirale
M95	Leo (S. 106)	Balkensp.
M49	Virgo (S. 109)	Elliptisch
M87	Virgo (S. 109)	Elliptisch

Galaxienhaufen

Galaxien gruppieren sich zu Haufen. Der Fornax-Haufen (oben) enthält zahllose Spiralen, Balkenspiralen und elliptische Galaxien. Unsere eigene Galaxie, die Milchstraße (unten), gehört zur sogenannten »Lokalen Gruppe«, einem Haufen mit etwa 30 Mitgliedern, darunter auch die Große und die Kleine Magellansche Wolke (S. 103) sowie die Andromeda-Galaxie (S. 132).

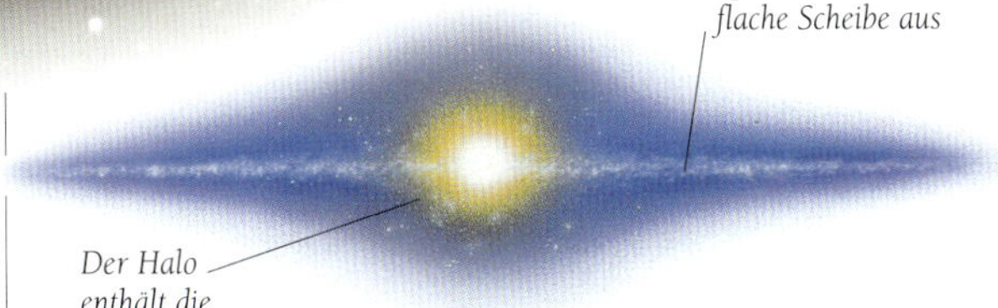

Seitenansicht unserer Galaxis
Könnten wir die Milchstraße von außen sehen, in Kantenstellung, so würden wir eine Scheibe mit einer dichten Ansammlung von Sternen in der Mitte erkennen, die einen zentralen »Bauch« bildet.

Die Milchstraße

Unsere Galaxis, die Milchstraße, ist eine Spiralgalaxie mit etwa 500 Milliarden Sternen und einem Durchmesser von rund 100 000 Lichtjahren. Sonne und Erde liegen auf etwa zwei Drittel der Strecke vom Zentrum zum Rand in einem kleineren Spiralarm, dem Orion-Arm. Wie jeder andere Stern in der Milchstraße folgt die Sonne ihrer eigenen Umlaufbahn um das galaktische Zentrum, wobei sie für einen Umlauf etwa 220 Millionen Jahre braucht.

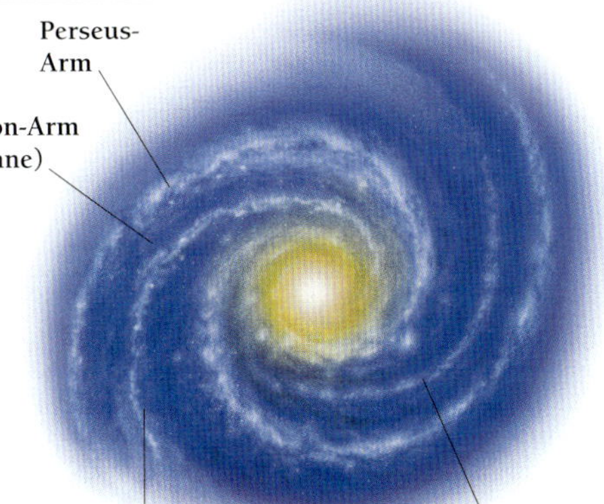

Unsere Galaxis in Aufsicht
Von oben gesehen ist der zentrale Bauch der Milchstraße von Spiralarmen umgeben.

Die Milchstraße von der Erde aus gesehen
Die Sternenansammlung unserer Galaxie bildet ein den Himmel umspannendes Lichtband. Da dessen Anblick an verschüttete Milch erinnert, wird die Galaxis im Volksmund auch »Milchstraße« genannt.

Die Milchstraße

Abgesehen von anderen Galaxien gehört alles, was wir am Himmel sehen – Sterne, Sternhaufen, Nebel, Sonne, Mond und Planeten –, zu unserer eigenen Galaxis. Von unserer Position auf zwei Drittel der Strecke zwischen Zentrum der Galaxis (S. 90–91) und ihrem Rand sehen wir die meisten Sterne der galaktischen Scheibe als ein leuchtendes Band, das den Himmel umspannt und gewöhnlich »Milchstraße« genannt wird. Dieses Band wirkt unterschiedlich hell, je nachdem, in welche Richtung wir blicken. Zum galaktischen Zentrum hin ist es dichter und heller, weil dort sehr viel mehr Sterne sind. In den anderen Richtungen werden die Sterne spärlicher. Die Karte unten zeigt den Verlauf der Milchstraße und durch welche Sternbilder sie sich zieht.

Die Milchstraße in Aquila und Cygnus
Für Beobachter auf der Nordhalbkugel ist die Milchstraße am hellsten in Aquila und Cygnus. Weit weg von den Lichtern der Städte ist sie mit bloßem Auge zu sehen; je dunkler der Himmel, desto heller leuchtet das milchige Band.

Das dunkle Staubband, das die Milchstraße in Cygnus zu teilen scheint, wird Cygnus-Spalt oder Nördlicher Kohlensack genannt

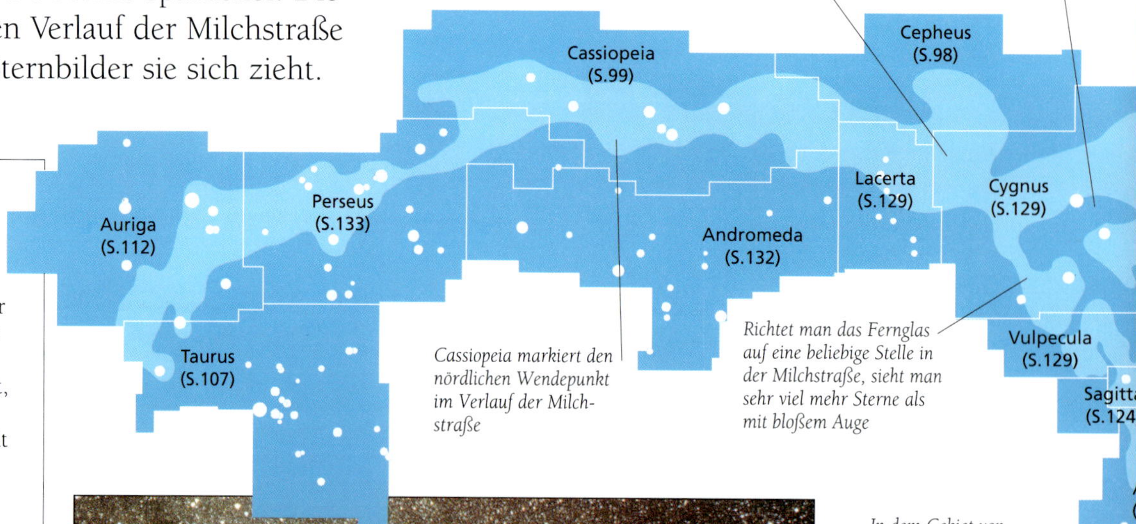

Cassiopeia markiert den nördlichen Wendepunkt im Verlauf der Milchstraße

Richtet man das Fernglas auf eine beliebige Stelle in der Milchstraße, sieht man sehr viel mehr Sterne als mit bloßem Auge

In dem Gebiet von Sagittarius sind die Sterne besonders dicht, denn in dieser Richtung blicken wir ins Herz der Milchstraße

Auffinden der Milchstraße

Das Band der Milchstraße ist sowohl von der Nord- als auch von der Südhalbkugel aus sichtbar. Stellen Sie mit Hilfe der Planisphäre (S. 22–23) fest, welcher Teil an Ihrem Beobachtungsort zu Ihrer Zeit zu sehen ist.

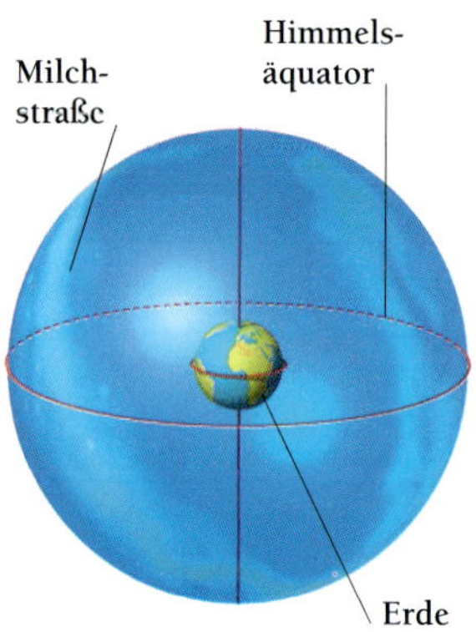

Die Himmelssphäre
Die Milchstraße scheint an der Sphäre über unseren Köpfen befestigt. Hier ist sie hellblau dargestellt.

Die Milchstraße um Scutum
Das kleine Sternbild Scutum liegt in der Mitte dieser Fotografie, doch sein Muster geht im dichten Band der Milchstraße völlig unter. Dieser Abschnitt der Milchstraße ist leicht mit bloßem Auge zu erkennen.

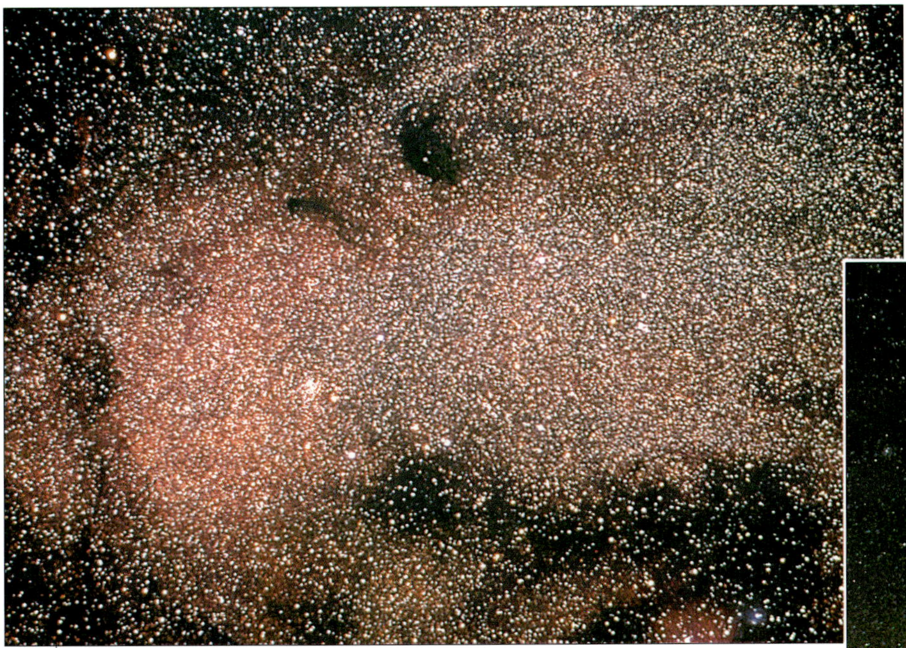

M24, Sternwolke in Sagittarius
Unmengen dicht beieinander liegender Sterne in Sagittarius wirken wie Wolken aus Sternenstaub. Diese dichte Sternwolke, M24, bietet im Fernglas einen überwältigenden Anblick. Ein Kugelhaufen (Mitte links), normalerweise ein auffälliges Objekt, geht hier in dem hell strahlenden Sternfeld beinahe unter.

Die Milchstraße in Orion
Das Sternbild Orion liegt mehr zum Rand unserer Galaxis hin, wo weniger Sterne zu sehen sind als in Richtung ihres dichten Zentrums in den Sternbildern Sagittarius und Scorpius.

Die Milchstraße in Sagittarius und Scorpius
Der hellste Teil der Milchstraße liegt in Sagittarius und Scorpius und ist am besten von der Südhalbkugel aus zu sehen. In Richtung Sagittarius blicken wir durch die Scheibe der Galaxis auf ihren Kern, in dem sich zahllose Sterne drängen.

In Monoceros ist die Milchstraße am blassesten

Lücken im hellen Band rühren von dunklen Wolken aus Gas und Staub her, die das Licht dahinter liegender Sterne verdecken

Die Breite der Milchstraße schwankt; an einer Stelle erreicht sie fast 30°

Leuchtend helle Sternenmuster wie Crux (das Kreuz des Südens) heben sich deutlich vom Band der Milchstraße ab

Benutzung der Himmelskarten

Die gesamte Himmelssphäre ist in einer Reihe von Himmelskarten (S. 96–133) dargestellt, die in Polar- und zweimonatige Karten unterteilt und zusammen mit der Planisphäre (S. 22–23) zu benutzen sind. Auf jede Himmelskarte folgen detailliertere Karten der wichtigsten Sternbilder in der jeweiligen Himmelsregion. Die Tierkreis-Sternbilder erscheinen zwar ebenfalls auf diesen Karten, werden aber zudem auf den Seiten 106 bis 109 noch genauer behandelt.

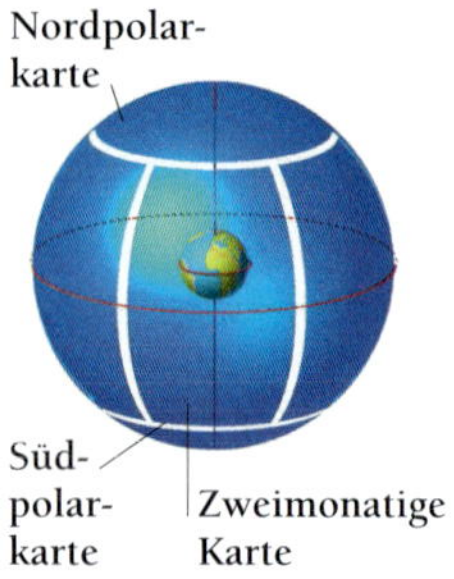

Unterteilung der Himmelssphäre

Zur leichteren Orientierung wurde die Sphäre in einen oberen und einen unteren Abschnitt, die den nördlichen und den südlichen Polarhimmel darstellen, sowie in 6 vertikale Segmente unterteilt, die den Himmel für jeweils 2 Monate zeigen.

Die zweimonatigen Karten

Zusammen mit den Polarkarten zeigen diese 6 Karten alle Sternbilder, die im Jahreslauf am Himmel erscheinen. Da sich von der Erde aus gesehen der Nachthimmel von Ost nach West zu drehen scheint, werden die Karten von rechts nach links benutzt, beginnend im Januar und endend im Dezember.

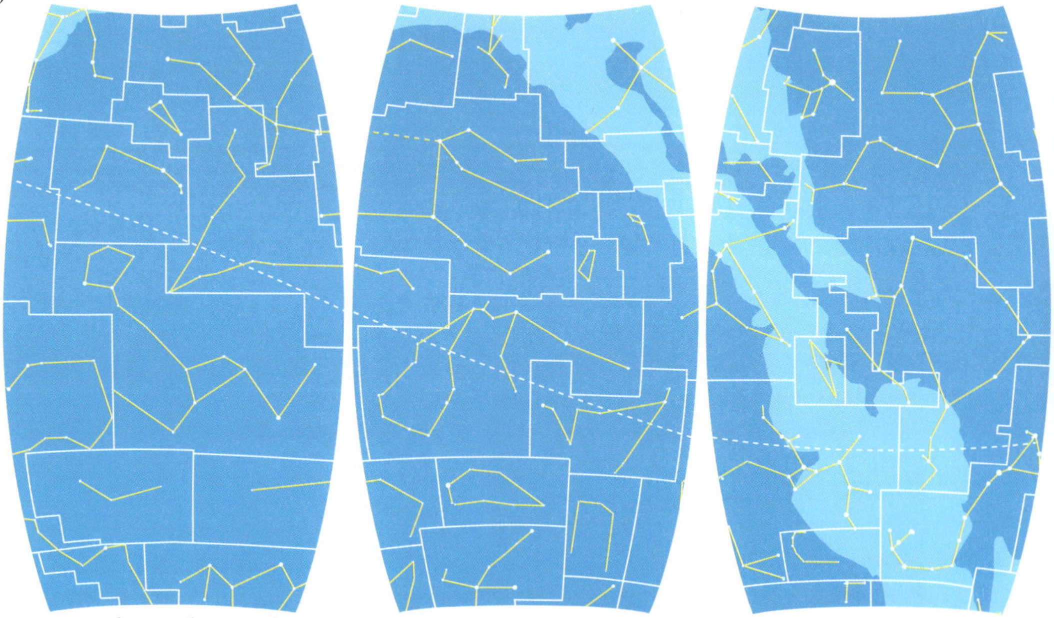

November und Dezember **September und Oktober** **Juli und August**

Der Tierkreis

Diese Karte zeigt die Tierkreis-Sternbilder in Bezug zum Himmelsäquator und zur Ekliptik (die jährliche scheinbare Bahn der Sonne am Himmel). Ihr folgen detaillierte Karten für die einzelnen Tierkreis-Sternbilder. Die gleichen Karten dienen auch zum Auffinden der Planeten (S. 40–61).

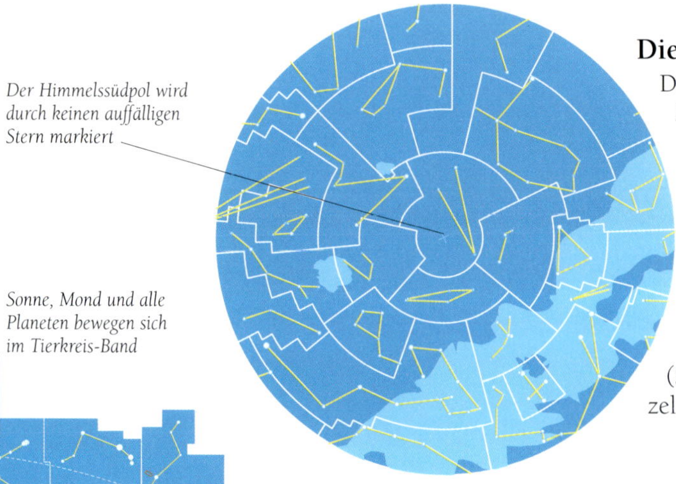

Südpolarsterne

Die Südpolarkarte

Diese Karte, in deren Zentrum der Himmelssüdpol liegt, zeigt die Sternbilder zwischen 50°S und 90°S. Je nach Beobachtungsstandort sind einige der Sterne zirkumpolar, d. h. sie gehen nie unter. Auf diese Karte (S. 100–101) folgen einzelne Sternbildkarten.

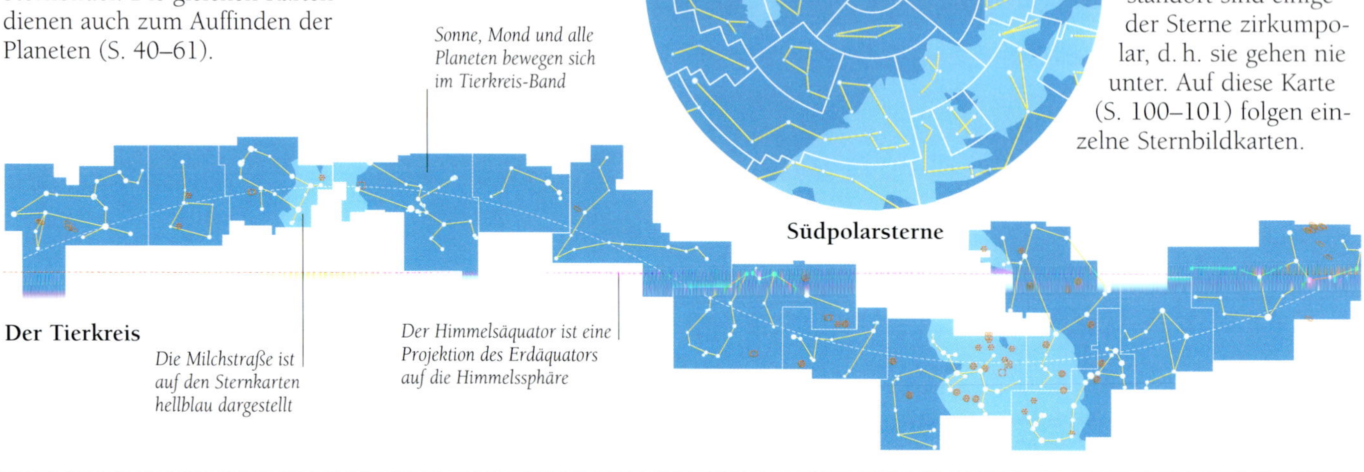

Der Tierkreis

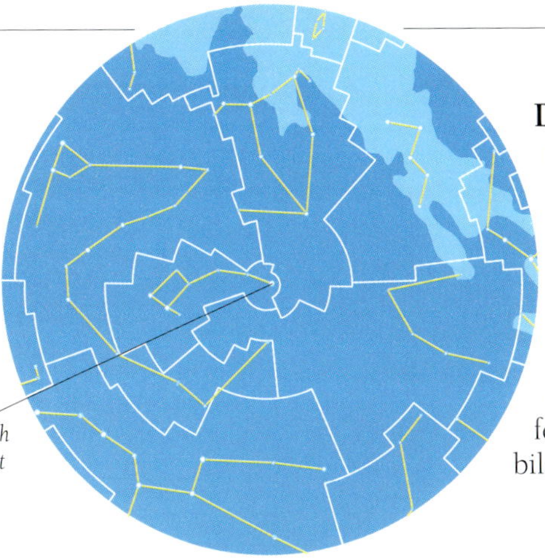

Der Himmelsnordpol ist durch Polaris markiert

Nordpolarkarte

Die Nordpolarkarte

Die Karte zeigt die Sternbilder zwischen 50°N und 90°N. Je nach Beobachtungsstandort gehen einige dieser Sterne nie unter, sind also zirkumpolar. Auf diese Karte (S. 96–97) folgen einzelne Sternbildkarten.

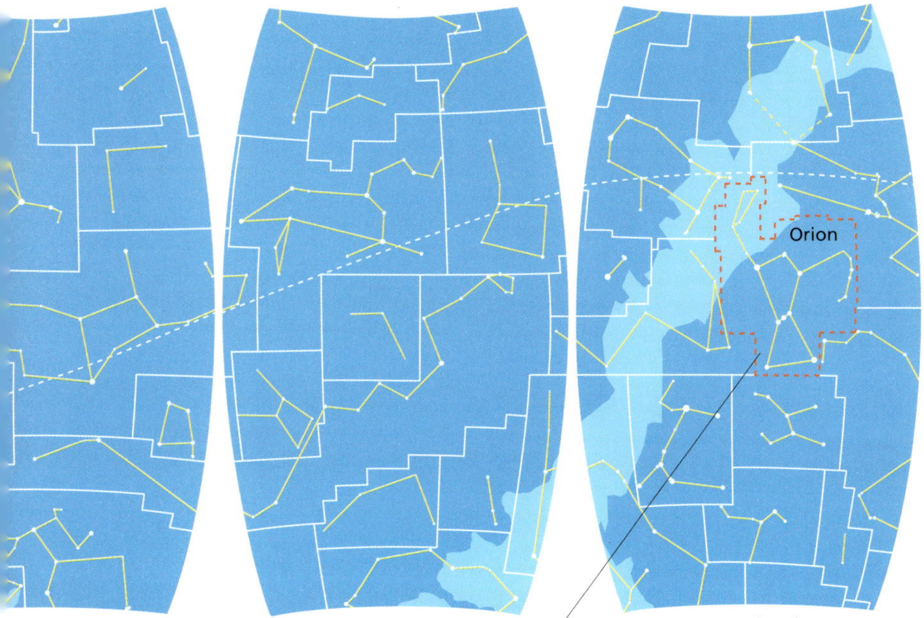

ai und Juni

März und April

Januar und Februar

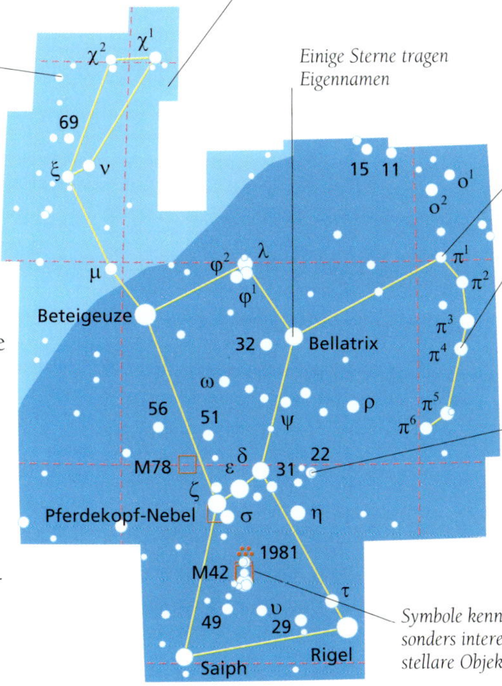

Alle auf der Karte gezeigten Sterne gehören zum selben Sternbild

Einige Sterne tragen Eigennamen

Verbindungslinien zwischen den hellen Sternen zeigen die vertrauten Muster auf

Manche Sterne sind mit griechischen Buchstaben bezeichnet

Ziffern sind Teil der offiziellen Nomenklatur

Symbole kennzeichnen besonders interessante nichtstellare Objekte

Benutzung der Sternbildkarten

Auf die Himmelskarten folgen jeweils detaillierte Karten der wichtigsten Sternbilder. Sie zeigen die Form der Konstellation, alle darin mit bloßem Auge sichtbaren Sterne sowie eine Auswahl interessanter Objekte für Fernglas- und Teleskopbeobachtungen.

Legende zu den Sternbildkarten

Die Sternbildkarten sind als Ergänzung zu den Himmelskarten und der Planisphäre gedacht (S. 22–23). Hat man diejenige Himmelsregion identifiziert, die man beobachten möchte, liefern die Sternbildkarten dieses Gebiets genauere Informationen über helle Sterne, die Form der Sternbilder sowie nichtstellare Objekte, die auch für Hobby-Astronomen leicht zu beobachten sind.

Nichtstellare Objekte

Verschiedene Arten nichtstellarer Objekte werden durch die nebenstehenden Symbole gekennzeichnet. Oft steht neben einem Objekt auch eine Ziffer oder ein Name. Dies sind dann die offiziellen Bezeichnungen.

Galaxie

Kugelhaufen

Offener Haufen

Emissionsnebel

Planetarischer Nebel

Die Größe eines Sternbilds

Die Größe von Sternbildern ist am Himmel schwer abzuschätzen. Daher wird für die Breite jedes Sternbilds ein Handspannenmaß angegeben. (Siehe auch: Entfernungsmessung am Himmel, S. 21.)

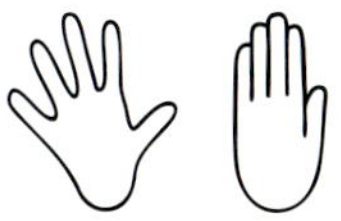

1 Hand **½ Hand** **= 2½ Hände**

Benennung der Sterne

Sterne innerhalb eines Sternbilds werden gewöhnlich durch einen griechischen Buchstaben gekennzeichnet, wobei Alpha (α) meist der hellste ist. Viele besonders helle Sterne haben auch Eigennamen.

Das griechische Alphabet

α – Alpha	η – Eta	ν – Ny	τ – Tau
β – Beta	θ – Theta	ξ – Xi	υ – Ypsilon
γ – Gamma	ι – Iota	ο – Omikron	φ – Phi
δ – Delta	κ – Kappa	π – Pi	χ – Chi
ε – Epsilon	λ – Lambda	ρ – Rho	ψ – Psi
ζ – Zeta	μ – My	σ – Sigma	ω – Omega

Größenklassen

Jeder Stern wird auf der Karte durch einen weißen Punkt dargestellt. Die Größe des Punktes zeigt die Größenklasse des Sterns an, seine von der Erde aus beobachtete scheinbare Helligkeit. Der hellste Stern hat den größten Punkt, aber die kleinste Größenklassen-Zahl.

Größenklassen-Skala

–1 0 1 2 3 4 5 6

Der Nordpolarhimmel

Einige Sternbilder – welche, hängt von der geographischen Breite ab – stehen für Beobachter auf der Nordhalbkugel die ganze Nacht am Himmel. Sie gehen nicht auf und unter, sondern scheinen einen bestimmten Punkt am Himmel zu umkreisen, den Himmelsnordpol. Diese Bewegung beruht auf der täglichen Drehung der Erde. Für eine Umkreisung benötigen diese Sterne, die man zirkumpolar nennt, nicht ganz 24 Stunden. (Karten der wichtigsten Nordpolar-Sternbilder finden Sie auf S. 98–99.)

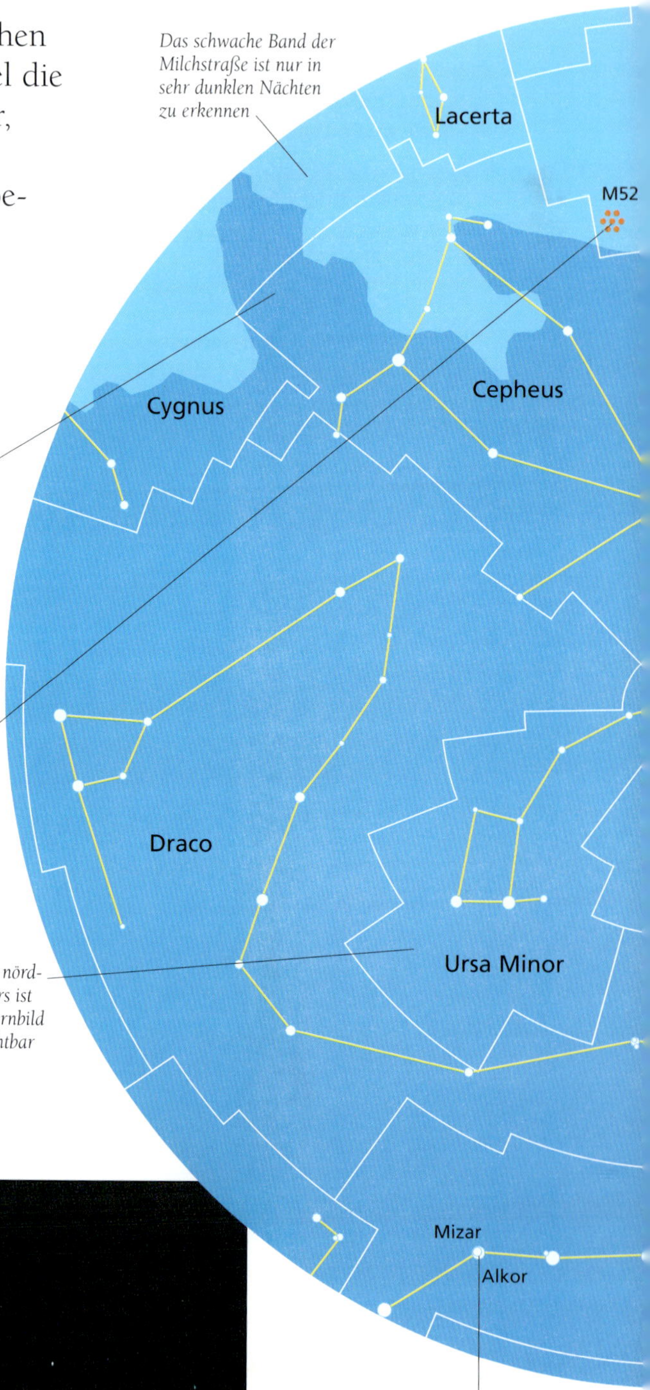

Auffinden der Sternbilder

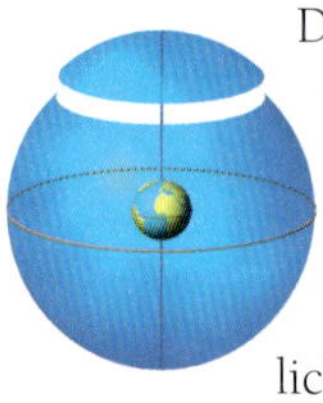

Der Himmelsnordpol liegt im Zentrum dieser Karte. Beobachter am Nordpol der Erde würden diesen Punkt direkt über sich sehen, und die Sterne um ihn herum wären immer sichtbar. Für Beobachter weiter südlich steht der Himmelsnordpol tiefer am Himmel. Mit Hilfe der Planisphäre können Sie feststellen, welche Sterne an Ihrem Beobachtungsstandort zirkumpolar sind.

Der offene Sternhaufen M52 in Cassiopeia
Etwa 100 Sterne drängen sich in dem offenen Haufen M52. Man findet ihn relativ einfach, indem man die Verbindungslinie zwischen den hellen Sternen Alpha (α) und Beta (β) in Cassiopeia (also die rechte Seite des »W«) ein Stück weit nach oben verlangert. Der Haufen ist im Fernglas sichtbar, seine hellsten Einzelsterne (9–10 mag) sind jedoch nur im Teleskop zu erkennen. M52 liegt 5200 LJ von der Erde entfernt.

Mizar und Alkor in Ursa Major
Der helle Stern Mizar in der Deichsel des Großen Wagens in Ursa Major hat einen Begleiter namens Alkor, der bei gutem Sehvermögen schon mit bloßem Auge sichtbar ist. Im Teleskop erkennt man, dass Mizar selbst wiederum ein Doppelstern mit den Komponenten Mizar A und Mizar B ist.

LEGENDE DER NICHTSTELLAREN OBJEKTE: Milchstraße | Galaxie | Kugelhaufen | Offener Haufen | Emissionsnebel | Planetarischer Nebel

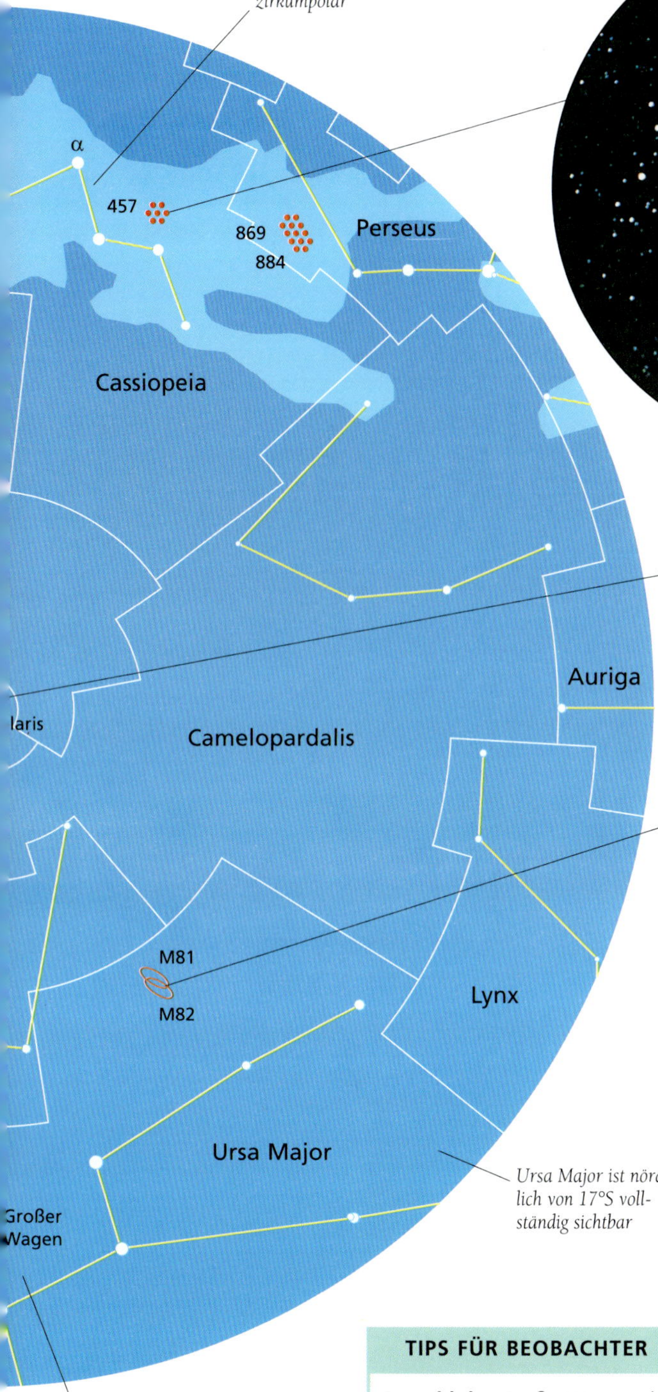

Der Sternhaufen NGC 457 in Cassiopeia

Dort, wo die Milchstraße Cassiopeia durchquert, liegt der längliche offene Haufen NGC 457, der über 100 Sterne enthält. Ein Teleskop löst ihn in seine einzelnen Sterne auf. Der helle Stern Phi (φ) liegt zwar in der Nähe des Haufens, gehört aber möglicherweise nicht dazu. Jedenfalls stellt er einen nützlichen Wegweiser zu dem Haufen dar.

Die Galaxien M81 und M82 in Ursa Major

Ursa Major bietet ein reiches Feld zum Beobachten von Galaxien. Für den Anfänger eignet sich besonders gut das Paar M81 und M82, da es leicht im Fernglas zu erkennen ist. Hier sieht man links die hellere Spiralgalaxie M81 und rechts die irreguläre Galaxie M82. Ein Teleskop mit großer Öffnung zeigt, dass M82 von einem dunklen Staubstreifen durchzogen ist.

Der Nordpolarhimmel mit dem Großen Wagen

Der Große Wagen, eines der bekanntesten Sternmuster, ist am Nordhimmel leicht zu erkennen. Seine Form wird auch als Pflug oder als Brattopf interpretiert. Der Große Wagen ist Teil des größeren Sternbilds Ursa Major und dient als Wegweiser zu Polaris und dem Himmelsnordpol sowie zu umliegenden Sternbildern.

TIPS FÜR BEOBACHTER

Sowohl der Große Wagen als auch Cassiopeia dienen als nützliche Wegweiser zu anderen Sternen.

Der Polarstern ist leicht zu finden, wenn man die geographische Breite seines Beobachtungsortes kennt: Bei 42°N z. B. liegt er 42° über dem Horizont.

LEGENDE DER STERN-GRÖSSENKLASSEN: –1, 0, 1, 2, 3, 4, 5, 6

Nordpolarhimmel: Die wichtigsten Sternbilder

Ursa Major und Ursa Minor sind nützliche Wegweiser am Nordpolarhimmel. Mit ihrer Hilfe kann man den Polstern lokalisieren. Aufgrund der täglichen Drehung der Erde umkreisen die beiden Sternbilder den Himmelspol: Einmal stehen sie darüber, einmal darunter.

Ursa Minor *Kleiner Bär*

Breite

An der Schwanzspitze des Kleinen Bären steht Polaris. Da dieser Stern fast am Himmelsnordpol liegt, scheint er stillzustehen, während sich die anderen Sterne um ihn drehen. Polaris ist ein Cepheiden-Veränderlicher (S. 87), dessen Helligkeit im Rhythmus von 4 Tagen schwankt.

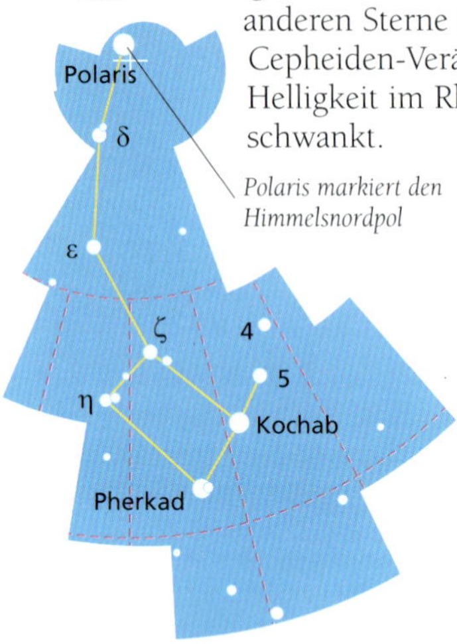

Polaris markiert den Himmelsnordpol

Polaris
Die Sterne von Ursa Minor, darunter auch Polaris, sind leicht mit bloßem Auge zu erkennen.

Cepheus *Cepheus*

Breite

Cepheus und Cassiopeia, die das mythische Königspaar von Äthiopien darstellen sollen, stehen zusammen am Himmel. Cepheus enthält Sternhaufen und so bekannte Sterne wie My (μ), den roten Granat-Stern, und Delta (δ) Cephei, den ersten entdeckten Cepheiden-Veränderlichen, nach dem die ganze Sternklasse benannt ist.

Delta (δ) ist ein gelber Überriese mit einem bläulich weißen Begleiter

Der Granat-Stern
Der tiefrote Granat-Stern (μ) ist unterhalb der Hauptgestalt des Cepheus leicht auszumachen.

Ursa Major *Großer Bär*

Breite

7 helle Sterne in Ursa Major bilden den Großen Wagen, eines der vertrautesten Sternmuster am Nordhimmel. Das gesamte Sternbild ist jedoch viel größer: Der Wagen markiert nur Hinterteil und Schwanz des Bären. Mizar im Schwanz (bzw. in der Deichsel) ist ein Mehrfachstern (S. 86). Zwischen den Sternen in der Nähe des Bärenkopfes liegt das Galaxien-Paar M81 und M82.

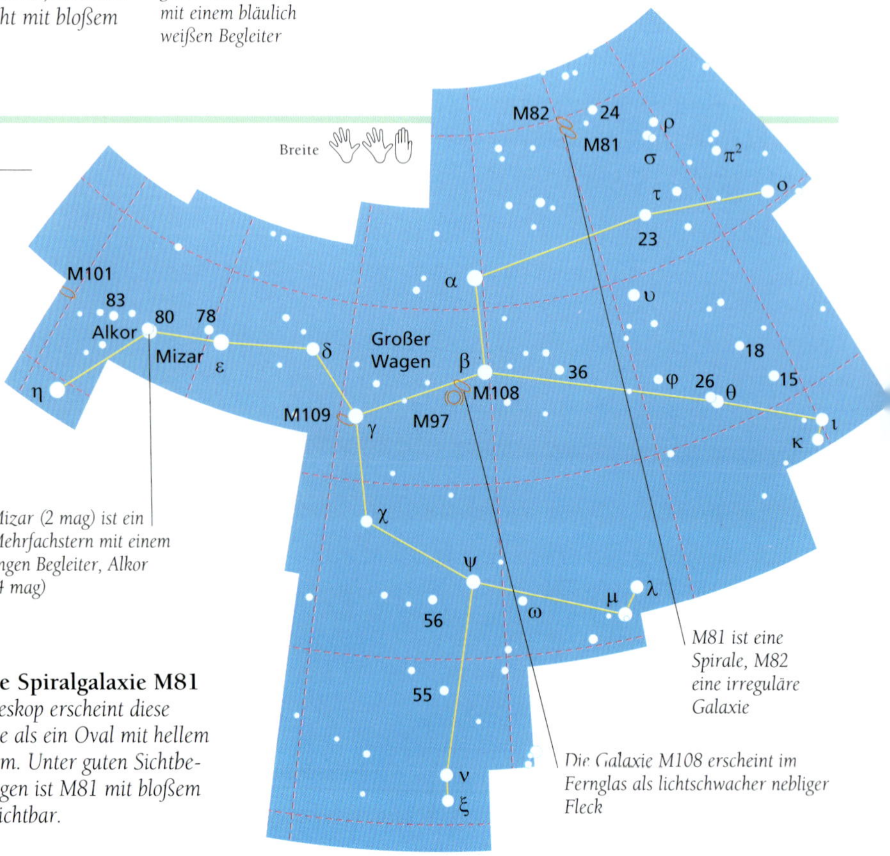

Mizar (2 mag) ist ein Mehrfachstern mit einem engen Begleiter, Alkor (4 mag)

M81 ist eine Spirale, M82 eine irreguläre Galaxie

Die Galaxie M108 erscheint im Fernglas als lichtschwacher nebliger Fleck

Die Spiralgalaxie M81
Im Teleskop erscheint diese Galaxie als ein Oval mit hellem Zentrum. Unter guten Sichtbedingungen ist M81 mit bloßem Auge sichtbar.

LEGENDE DER NICHTSTELLAREN OBJEKTE | Milchstraße | Galaxie | Kugelhaufen | Offener Haufen | Emissionsnebel | Planetarischer Nebel

Draco *Drache*

Breite

Draco, eines der größten Sternbilder, windet sich um Ursa Minor und ist nicht leicht auszumachen. Man suche zunächst die 4 Sterne, die den Kopf des Drachen bilden. Um den Rest zu finden, ist einige Fantasie nötig.
Die Konstellation ist für ihre Doppelsterne bekannt. Ny (ν), der lichtschwächste Stern im Drachenkopf, ist ein im Fernglas sichtbarer weiter Doppelstern.

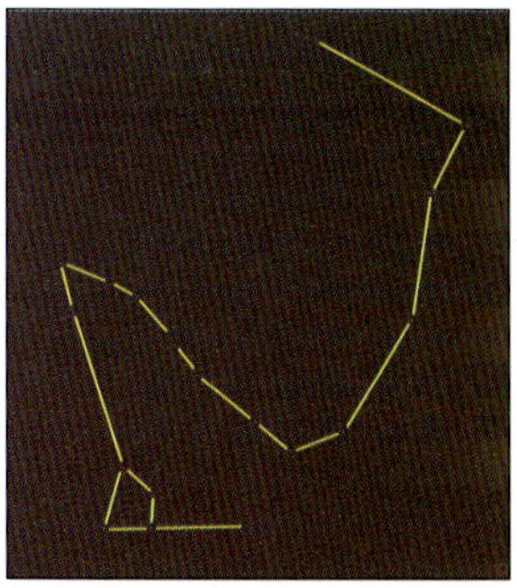

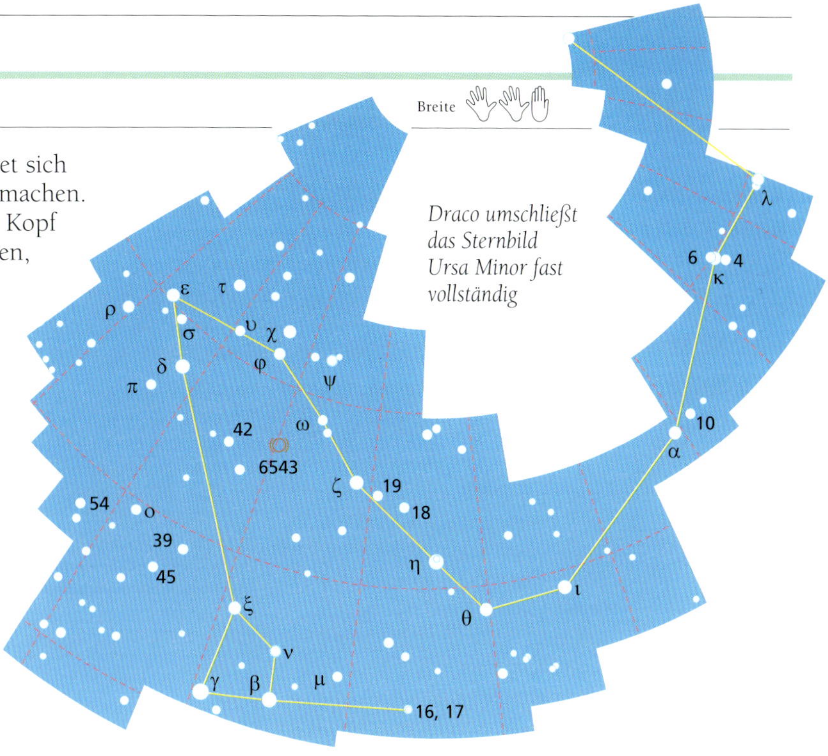

Sterne in Draco
Die auffälligsten Sterne dieser Konstellation liegen im Kopf des Drachen. Die übrigen sind mit bloßem Auge nicht so einfach auszumachen.

Camelopardalis *Giraffe*

Breite

Diese Konstellation findet man zwischen dem Sternbild Auriga (S. 110) und dem Stern Polaris (S. 98). Sie erstreckt sich über eine große Himmelsfläche, enthält aber nur wenige interessante Objekte. Der hellste Stern Beta (β) hat nur 4 mag. Mit seiner Hilfe kann man den offenen Haufen NGC 1502 ausmachen, der im Fernglas als Lichtfleck erscheint.

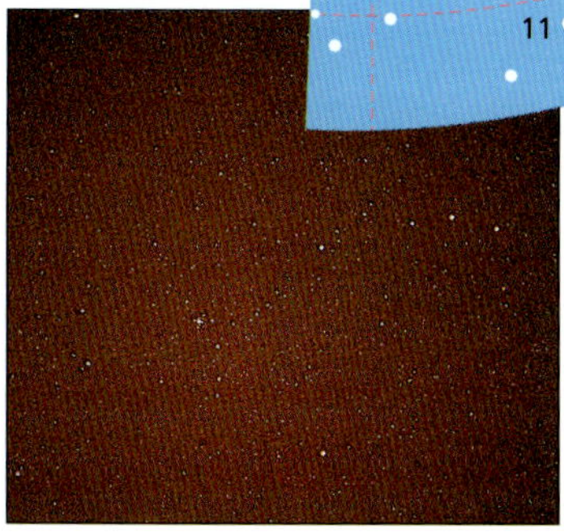

Kembles Kaskade
Diese Kette aus etwa 25 Sternen liegt in der Nähe des Sternhaufens NGC 1502. Mit bloßem Auge sind nur die hellsten zu sehen.

Cassiopeia *Cassiopeia*

Breite

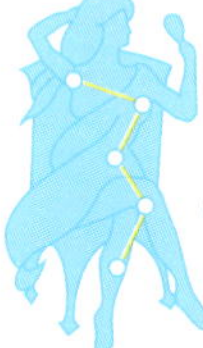

Die hellsten Sterne in Cassiopeia bilden ein charakteristisches »W« (oder ein »M«, wenn sie oberhalb des Himmelspols stehen). Der interessanteste Stern ist Gamma (γ), ein blauer Riese, der Gasringe ausstößt und dadurch seine Helligkeit verändert. Cassiopeia enthält auch einige bemerkenswerte Sternhaufen wie die offenen Haufen M52 und NGC 457, der leicht länglich ist.

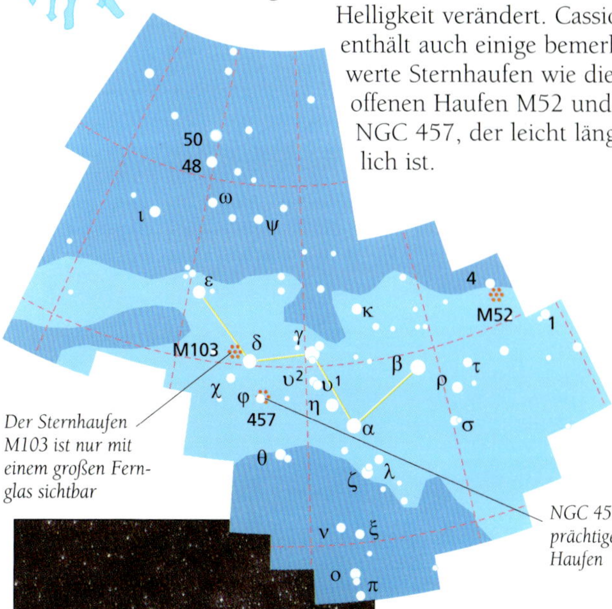

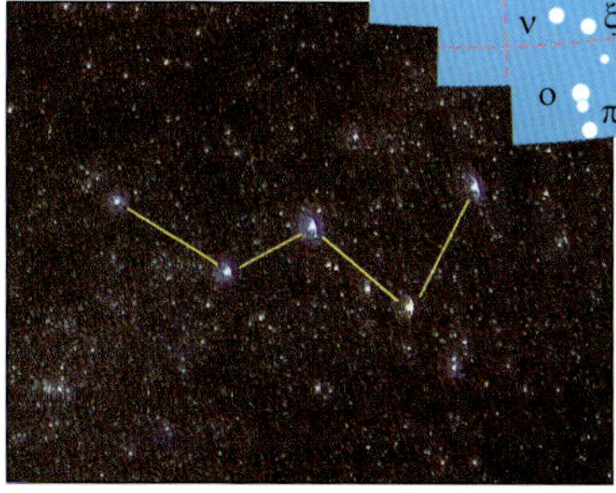

Sterne in Cassiopeia
Die charakteristische Gestalt von Cassiopeia ist mit bloßem Auge leicht erkennbar. Innerhalb des »W« lassen sich mit dem Fernglas oder Teleskop zahlreiche weitere stellare Objekte ausmachen.

LEGENDE DER STERN-GRÖSSENKLASSEN –1 0 1 2 3 4 5 6

Der Südpolarhimmel

Einige Sternbilder – welche, hängt von der geographischen Breite ab – stehen für Beobachter auf der Südhalbkugel die ganze Nacht am Himmel. Sie gehen nicht auf und unter, sondern scheinen einen bestimmten Punkt am Himmel zu umkreisen, den Himmelssüdpol. Für eine Umkreisung benötigen diese zirkumpolaren Sterne nicht ganz 24 Stunden. (Karten der wichtigsten Südpolar-Sternbilder finden Sie auf S. 102–103.)

Auffinden der Sternbilder

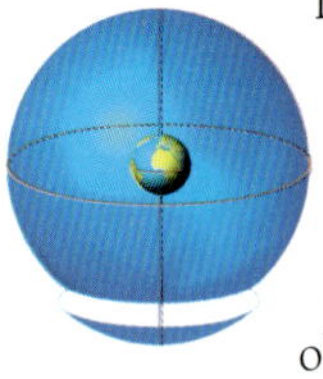

Der Himmelssüdpol liegt im Zentrum dieser Karte. Beobachter am Südpol der Erde würden diesen Punkt direkt über sich sehen, und die Sterne um ihn herum wären immer sichtbar. Für Beobachter weiter nördlich steht der Himmelspol tiefer. Mit Hilfe der Planisphäre können Sie feststellen, welche Sterne an Ihrem Beobachtungsstandort zirkumpolar sind.

Dorado und Tucana
Die Sternbilder Dorado und Tucana sind am Südpolarhimmel leicht auszumachen, da beide jeweils eine mit bloßem Auge sichtbare Galaxie enthalten: Die Große und die Kleine Magellansche Wolke, benannt nach dem portugiesischen Seefahrer Ferdinand Magellan. Die größere (oben im Bild) liegt in Dorado, die kleinere in Tucana.

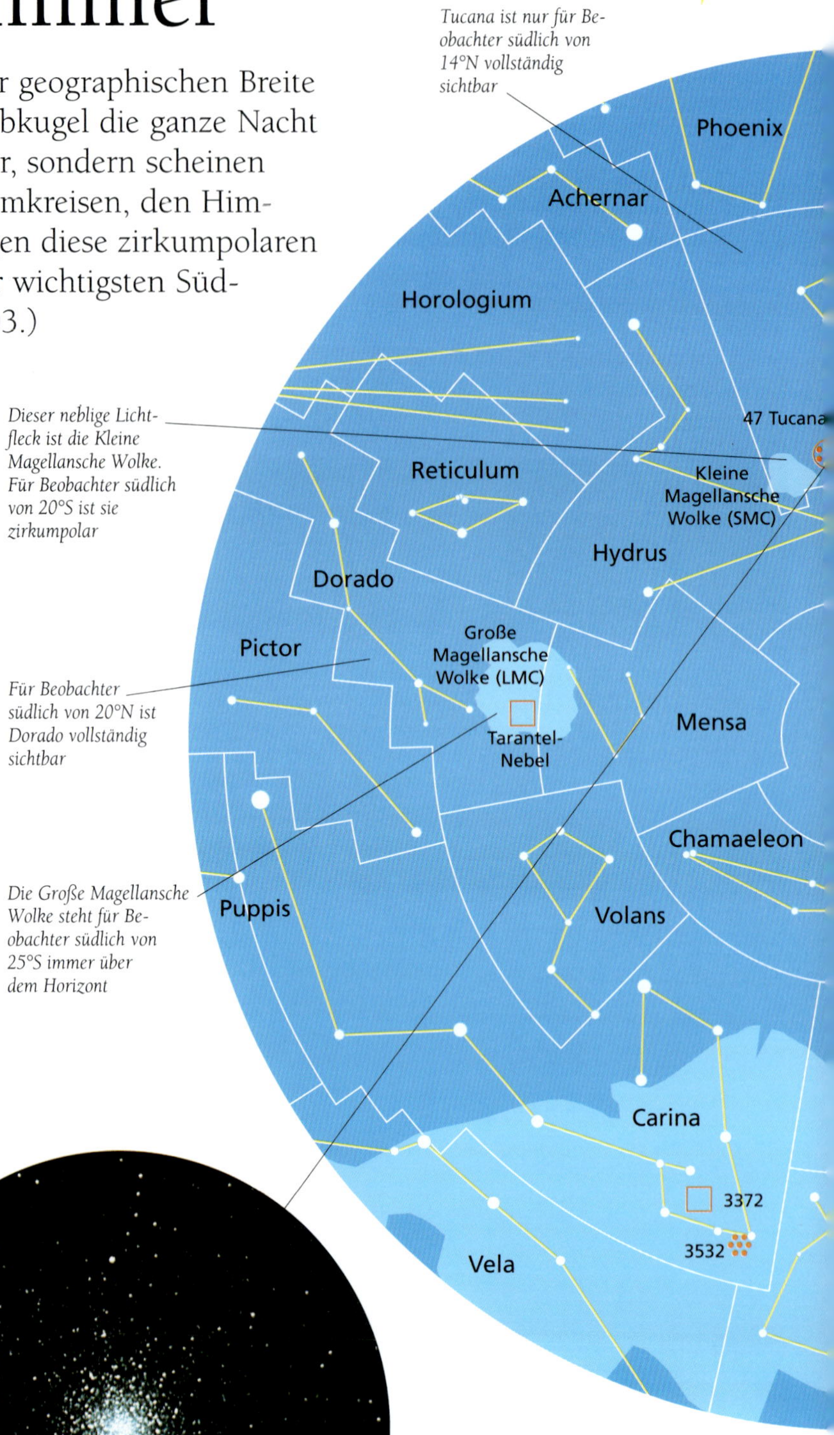

Der Kugelhaufen in Tucana
Nach Omega Centauri ist 47 Tucanae der prächtigste Kugelhaufen am Südhimmel. Er liegt dicht bei der Kleinen Magellanschen Wolke und ist schon mit bloßem Auge sichtbar. In einem kleinen Teleskop bietet er dann einen wahrhaft atemberaubenden Anblick.

LEGENDE DER NICHTSTELLAREN OBJEKTE	Milchstraße	Galaxie	Kugelhaufen	Offener Haufen	Emissionsnebel	Planetarischer Nebel

Der Himmelssüdpol befindet sich im Sternbild Octans. Der dem Pol am nächsten liegende Stern ist Sigma (σ)

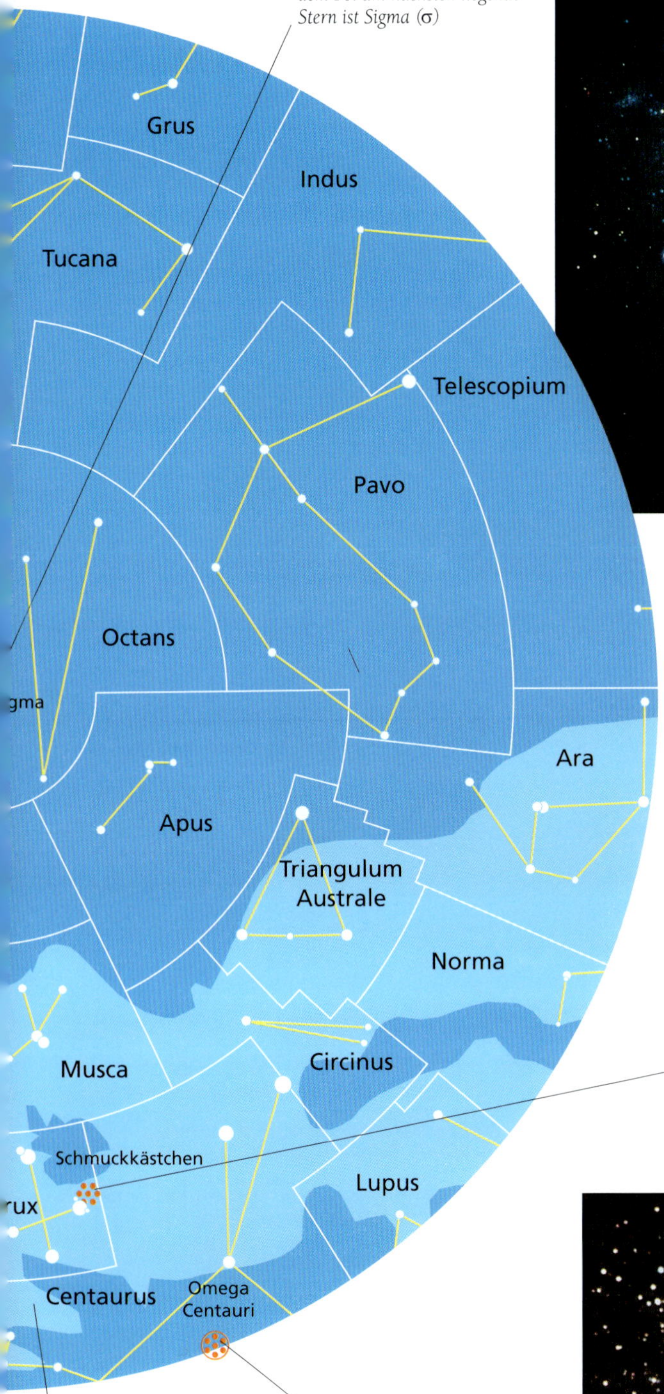

Centaurus und Crux sind beide südlich von 25°N vollständig sichtbar

Die südliche Milchstraße

Das leuchtende Band der Milchstraße ist am Südhimmel wesentlich dichter und heller als im Norden. Es durchquert mehrere Sternbilder (S. 92–93), und seine reichen Sternfelder, dunklen Staubstreifen und zahlreichen Sternhaufen können schon mit bloßem Auge bewundert werden. Ideal zum Durchstreifen der Milchstraße ist jedoch ein Fernglas.

Das Schmuckkästchen

Dieser prächtige Sternhaufen im Sternbild Crux ist als leuchtender Knoten in der Milchstraße erkennbar. Im Teleskop funkeln seine strahlend hellen Sterne wie bunte Edelsteine, daher sein Name. Es ist ein junger Haufen mit etwa 100 Sternen, die maximal 6 mag hell sind.

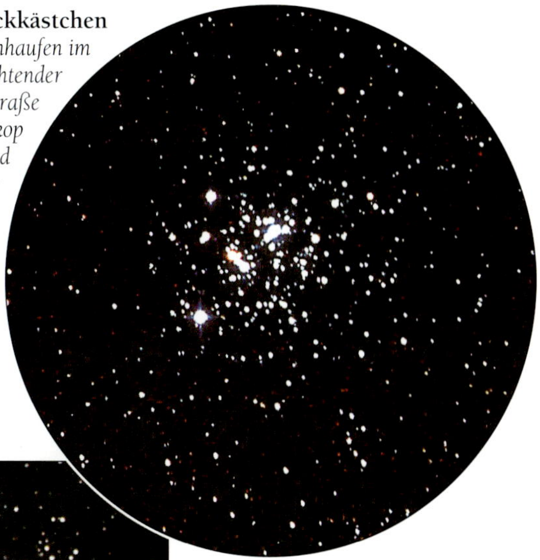

Omega Centauri

Dieser Kugelhaufen, der mindestens eine Million Sterne enthält, ist der hellste am ganzen Himmel. Im Fernglas bleibt das dichte Zentrum verwaschen, während Sterne am Rand aufgelöst werden können. Im Teleskop sind noch mehr Einzelsterne zu sehen.

TIPS FÜR BEOBACHTER

Die Große Magellansche Wolke ist leicht auszumachen, selbst bei Vollmond und störenden Straßenlaternen.
Die Position des Himmelssüdpols kann man feststellen, sofern man die geographische Breite seines Beobachtungsortes kennt: Bei 27°S steht er 27° über dem Südhorizont.

LEGENDE DER STERN-GRÖSSENKLASSEN –1 0 1 2 3 4 5

Südpolarhimmel: Die wichtigsten Sternbilder

Die Konstellationen in der Nähe des Himmelssüdpols bieten einige der schönsten Anblicke am Himmel. Durch die dominierenden Sternbilder Crux und Centaurus zieht sich die Milchstraße, und beide besitzen strahlende Sterne und großartige Sternhaufen. Selbst die sonst relativ unauffälligen Konstellationen Dorado und Tucana können mit den Magellanschen Wolken aufwarten, Begleitgalaxien unserer Milchstraße.

Crux *Kreuz des Südens*

Breite

Obwohl das kleinste aller Sternbilder, ist Crux sehr leicht zu finden und enthält eine Fülle interessanter Objekte. Seine 4 hellsten Sterne bilden ein deutlich erkennbares Kreuz vor der Milchstraße. Der sogenannte Kohlensack, ein Dunkelnebel (S. 88), hebt sich vor dem hellen Band der Milchstraße ab und verdeckt deren Licht. Zwischen Kohlensack und Beta (β) liegt das Schmuckkästchen (NGC 4755), ein prächtiger, mit bloßem Auge sichtbarer offener Sternhaufen.

Das Schmuckkästchen ist ein funkelnder offener Sternhaufen

Sterne in Crux
Von den 4 mit bloßem Auge sichtbaren Sternen, die das Kreuz bilden, sind 3 weiß und einer, Gamma (γ), rötlich orange. In der Nähe von Beta (β) liegt das Schmuckkästchen, dessen hellster Stern, Kappa (κ), mit bloßem Auge zu sehen ist.

Centaurus *Kentaur*

Breite

Wie Crux liegt das große Sternbild Centaurus in der Milchstraße und ist voller Sehenswürdigkeiten. Die beiden hellen Sterne Rigil Kentaurus (α) und Hadar (β) markieren die Vorderbeine des Fabelwesens. In der Nähe von Rigil Kentaurus liegt der 11 mag helle Proxima, mit 4,3 Lichtjahren Entfernung der erdnächste Stern. Etwa in der Mitte der Konstellation prangt Omega Centauri, der prächtigste Kugelhaufen am Himmel. Überdies enthält Centaurus noch einige weitere schöne Sternhaufen, einen planetarischen Nebel und die ungewöhnliche Galaxie NGC 5128, auch Centaurus A genannt, die starke Radiostrahlung aussendet.

NGC 5128
Diese von einem dunklen Staubstreifen durchzogene eigentümliche Galaxie ist im Teleskop oder unter guten Bedingungen mit einem Großfernglas erkennbar. Zwei unsichtbare riesige Blasen zu beiden Seiten der Galaxie senden Radiowellen aus.

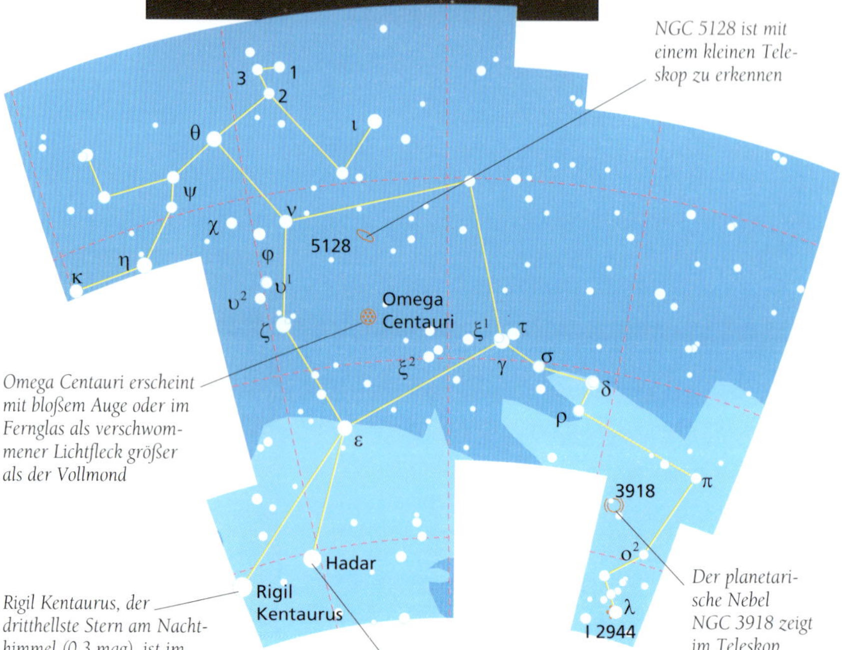

NGC 5128 ist mit einem kleinen Teleskop zu erkennen

Omega Centauri erscheint mit bloßem Auge oder im Fernglas als verschwommener Lichtfleck größer als der Vollmond

Rigil Kentaurus, der dritthellste Stern am Nachthimmel (0,3 mag), ist im Teleskop als Doppelstern erkennbar

Hadar ist ein 0,6 mag heller bläulich weißer Riesenstern

Der planetarische Nebel NGC 3918 zeigt im Teleskop deutliche Blaufärbung

LEGENDE DER NICHTSTELLAREN OBJEKTE	Milchstraße	Galaxie	Kugelhaufen	Offener Haufen	Emissionsnebel	Planetarischer Nebel

Carina *Schiffskiel*

Breite

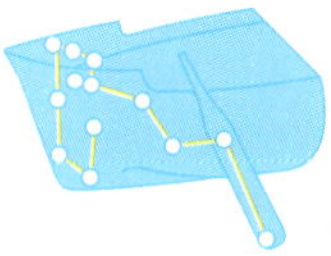

Ganz rechts in diesem Sternbild prangt der strahlend helle Canopus, während sich die Milchstraße durch die linke Seite dieser Konstellation zieht, die reich an Sternen, Sternhaufen und Nebeln ist. Der mit bloßem Auge sichtbare Eta (η), ein instabiler Überriese von 100 Sonnenmassen, liegt im Zentrum des Emissionsnebels NGC 3372.

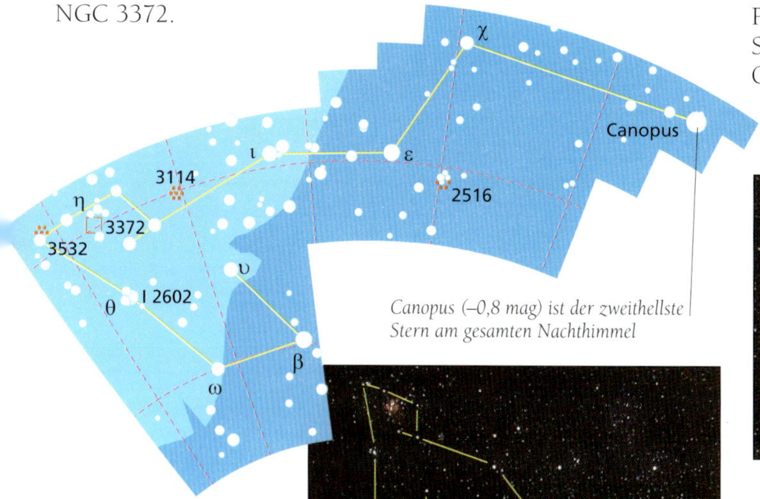

Canopus (–0,8 mag) ist der zweithellste Stern am gesamten Nachthimmel

Sterne in Carina
Carina ist gut mit bloßem Auge oder im Fernglas zu erkennen und enthält mehrere Sternhaufen.

Octans *Oktant*

Breite

Die meisten Sterne in Octans sind lichtschwach und mit bloßem Auge kaum zu erkennen. Es ist jedoch das Sternbild, das den Himmelssüdpol enthält. Dem Pol am nächsten liegt der Stern Sigma (σ). Außerdem enthält Octans noch Melotte 227, den südlichsten sichtbaren offenen Sternhaufen.

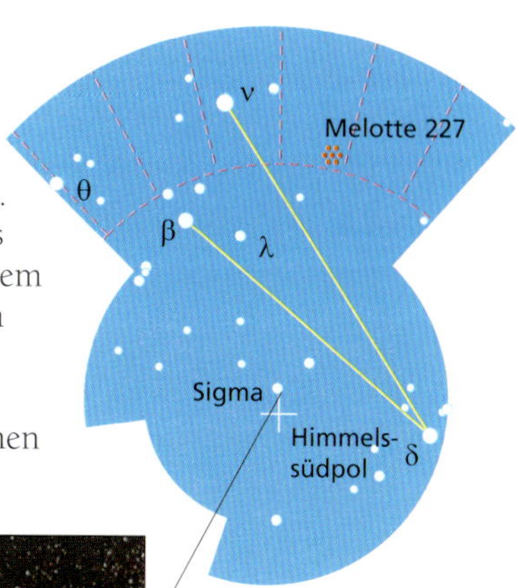

Sigma (σ) liegt in der Nähe des Himmelssüdpols

Sterne in Octans
Die hellsten Sterne, keiner heller als 4 mag, bilden die dreieckige Figur des Oktanten.

Tucana *Tukan*

Breite

In der Ecke des Sternbilds Tucana, die dem Himmelssüdpol am nächsten liegt, findet man schon mit bloßem Auge zwei faszinierende Objekte: die Kleine Magellansche Wolke (SMC) und dicht daneben den aus Zehntausenden von Sternen bestehenden Kugelhaufen 47 Tucanae. Mit dem Fernglas oder Teleskop lassen sich in der SMC einzelne Sternhaufen und Nebel erkennen.

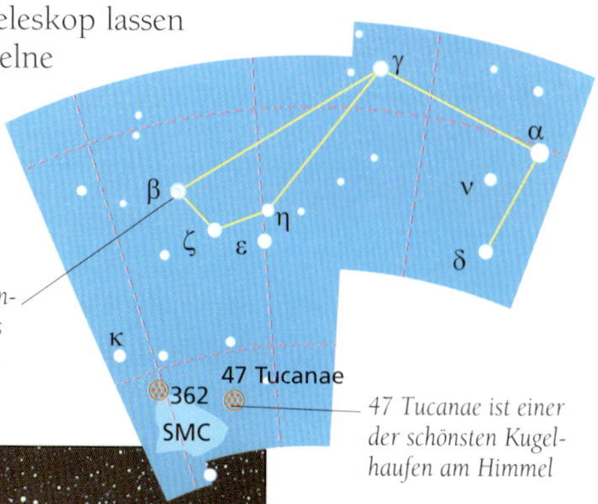

Ein Teleskop zeigt die einzelnen Komponenten des Mehrfachsterns Beta (β)

47 Tucanae ist einer der schönsten Kugelhaufen am Himmel

Die Kleine Magellansche Wolke (SMC)
Die kleinere der beiden Begleitgalaxien der Milchstraße (die andere heißt Große Magellansche Wolke – LMC) hat die Form eines Kommas.

Dorado *Gold- oder Schwertfisch*

Breite

Dorado enthält den Großteil der Großen Magellanschen Wolke (LMC), unserer nächsten Nachbargalaxie, die mit bloßem Auge als heller ausgedehnter Lichtfleck zu sehen ist. In ihrem Inneren liegt ein etwa vollmondgroßes verwaschenes Objekt, der Tarantel-Nebel (NGC 2070), dessen verschlungenen Gasbögen im Fernglas zu erkennen sind.

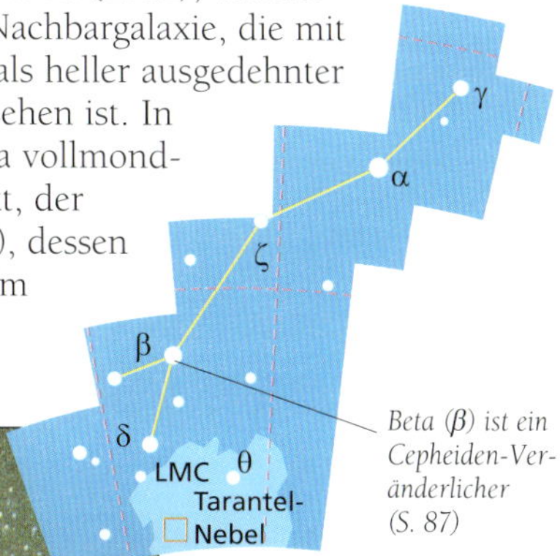

Beta (β) ist ein Cepheiden-Veränderlicher (S. 87)

Die Große Magellansche Wolke (LMC)
Ein Fernglas oder Teleskop zeigt die irreguläre Gestalt dieser Begleitgalaxie der Milchstraße und Hunderte ihrer Sterne.

LEGENDE DER STERN-GRÖSSENKLASSEN –1 0 1 2 3 4 5 6

Der Tierkreis

12 Konstellationen, zusammen als der Tierkreis bezeichnet, bilden den Hintergrund für die Ekliptik, die scheinbare jährliche Bahn der Sonne am Himmel (S. 38). Für die Durchquerung eines dieser Sternbilder benötigt die Sonne etwa einen Monat, also ein Jahr für den vollen Kreis.

Die Bahn der Sonne – die Ekliptik – finden Sie auf der Karte unten dargestellt. Auf den nächsten Seiten folgen für jedes einzelne Tierkreis-Sternbild eine eigene Karte und eine detaillierte Beschreibung der interessantesten Objekte.

Auffinden der Sternbilder

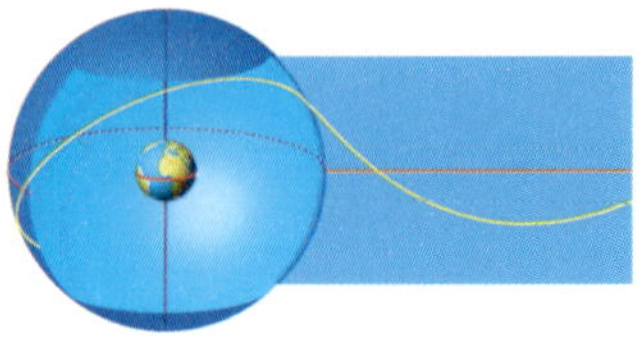

Der Tierkreis ist im Prinzip überall auf der Welt sichtbar, wenngleich Bewohner der Nordhalbkugel sich schwer tun, die südlichsten Konstellationen wie z. B. Scorpius zu beobachten, und Bewohner der Südhalbkugel die nördlichsten wie Gemini kaum sehen können. Stellen Sie mit Hilfe Ihrer Planisphäre fest, welche Tierkreis-Sternbilder auf Ihrer geographischen Breite sichtbar sind.

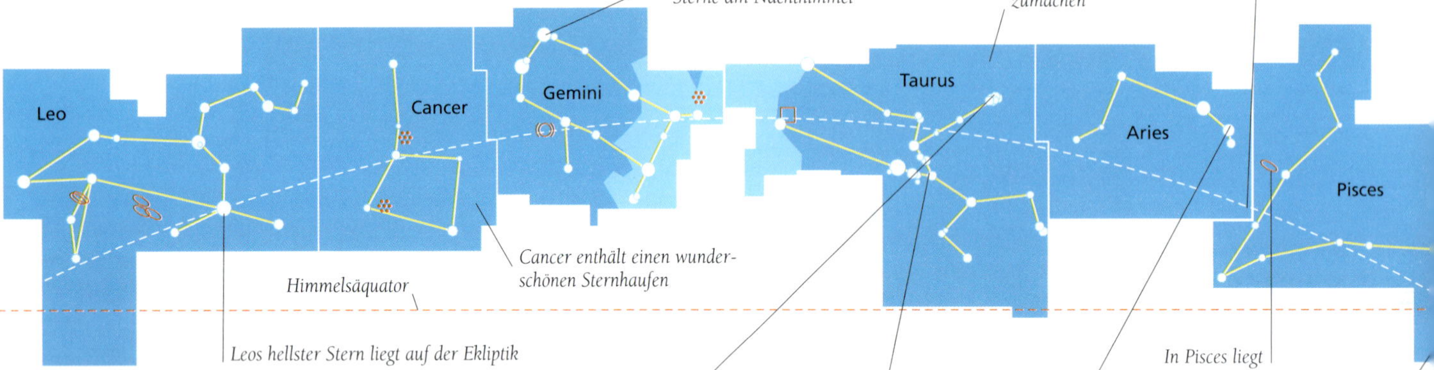

Die Plejaden in Taurus
Dieser Sternhaufen wird auch »Siebengestirn« genannt, da 6 oder 7 seiner Sterne mit bloßem Auge sichtbar sind. Im Fernglas oder Teleskop erkennt man naturgemäß sehr viel mehr. Auf der langbelichteten Aufnahme (oben) sind zwischen den Sternen nebelartige Staubstreifen auszumachen, die von einer vorüberziehenden Staubwolke stammen.

Die Hyaden in Taurus
Dieser lockere Haufen besteht aus einigen hundert Sternen. Mit bloßem Auge sieht man ihn als schwach leuchtenden, aber ausgedehnten Lichtfleck (0,5 mag) mit nur einer Hand voll hell strahlender Sterne. Da die Hyaden eine so große Himmelsfläche bedecken, bringt sie ein Fernglas mit seinem größeren Gesichtsfeld am besten zur Geltung.

LEGENDE DER NICHTSTELLAREN OBJEKTE: Milchstraße | Galaxie | Kugelhaufen | Offener Haufen | Emissionsnebel | Planetarischer Nebel

Der Helix-Nebel in Aquarius
Der im Fernglas rund aussehende Helix-Nebel lässt im Teleskop und auf langbelichteten Aufnahmen seine charakteristische Form erkennen. Der Nebel besteht aus Material, das ein sterbender Stern ausgestoßen hat (S. 88–89).

Ophiuchus, das 13. Tierkreis-Sternbild

Es gibt zwar nur 12 traditionelle Tierkreis-Sternbilder, doch da die Sonne auch den südlichen Teil von Ophiuchus, dem Schlangenträger, durchläuft, zählt diese Konstellation genau genommen ebenfalls dazu. Ophiuchus, nördlich von Scorpius und südlich von Hercules gelegen, ist ein großes Sternbild mit vielen lichtschwachen, weit verstreuten Sternen.

Der Mehrfachstern Rho (ρ) ist von Gas und Staub umgeben

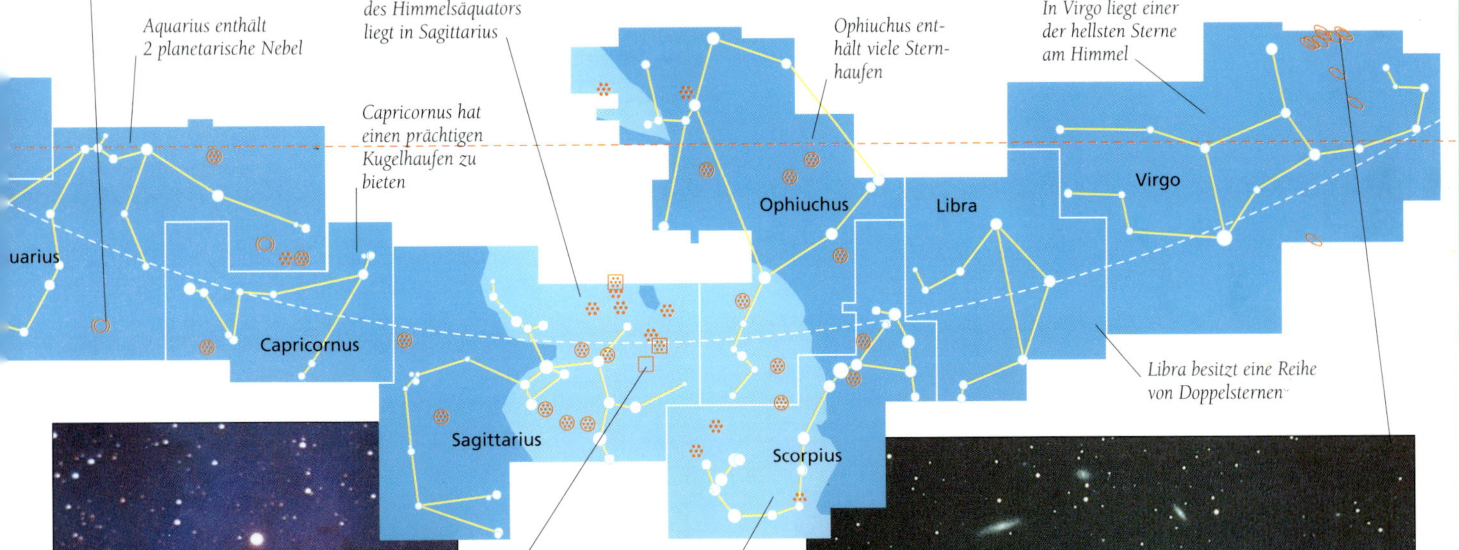

Der Trifid-Nebel in Sagittarius
Wegen der dunklen Staubstreifen, die diesen Nebel in 3 Teile gliedern, wird er auch »Trifid« genannt, was »dreigeteilt« bedeutet. Um die Dreiteilung im Teleskop erkennen zu können, beobachtet man den Nebel am besten, wenn er hoch am Himmel steht.

Der Virgo-Haufen
Dieser Galaxienhaufen – mit etwa 2500 Galaxien eine der größten bekannten Galaxienansammlungen überhaupt – ist mit rund 50 Millionen Lichtjahren Entfernung der erdnächste Haufen und ein prächtiger Anblick im Teleskop.

LEGENDE DER STERN-GRÖSSENKLASSEN ● –1 ● 0 ● 1 ● 2 ● 3 ● 4 ● 5

Tierkreis-Sternbilder 1

Leo und Taurus sind prächtige Konstellationen mit strahlend hellen Sternen und von charakteristischer Gestalt. Taurus, ein auffälliges Wintersternbild am Nordhimmel, enthält 2 ungewöhnliche Sternhaufen: die Hyaden und die Plejaden. Neben Taurus liegt Gemini, das den nördlichsten Punkt der jährlichen Sonnenbahn markiert. (Alle hier beschriebenen Sternbilder sind auf den Himmelskarten auf S. 110–131 abgebildet.)

Leo *Löwe*

Breite

Die Sterne in Leo erinnern tatsächlich an die Umrisse eines Löwen: Der Körper und die Krümmungen von Kopf und Hals sind leicht auszumachen. Unter dem Bauch des Löwen liegen 5 Galaxien, die bereits mit einem kleinen Fernglas sichtbar sind. Vom Sternbild Leo geht jedes Jahr im November der Leoniden-Meteorschauer aus (S. 74–75).

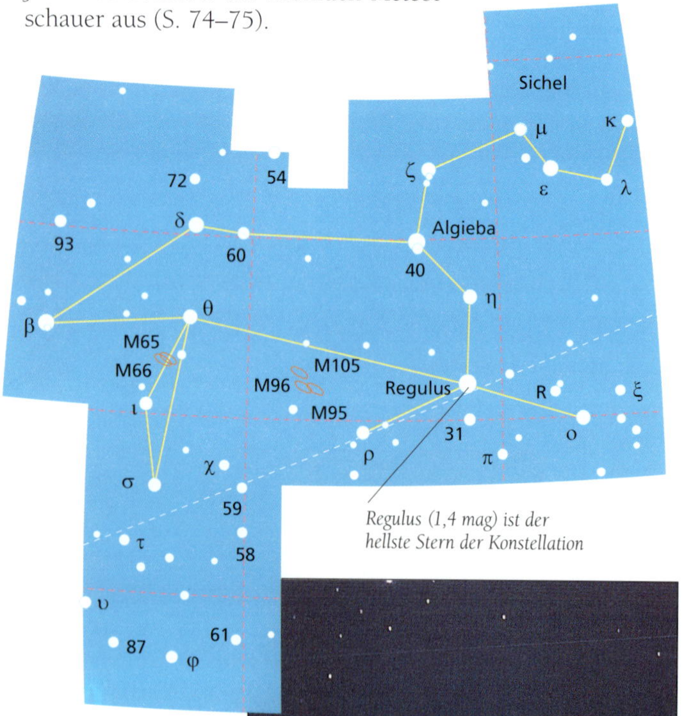

Regulus (1,4 mag) ist der hellste Stern der Konstellation

Die Galaxien M65 und M66
Diese beiden Spiralgalaxien sind unter guten Bedingungen im Fernglas sichtbar.

Cancer *Krebs*

Breite

Dies ist das unscheinbarste Tierkreis-Sternbild, da seine hellsten Sterne relativ lichtschwach sind (4 mag). Man findet es zwischen den strahlenden Sternen von Leo und Gemini. Mitten in Cancer liegt der wunderschöne offene Sternhaufen M44, Praesepe oder volkstümlich auch Bienenkorb-Haufen genannt.

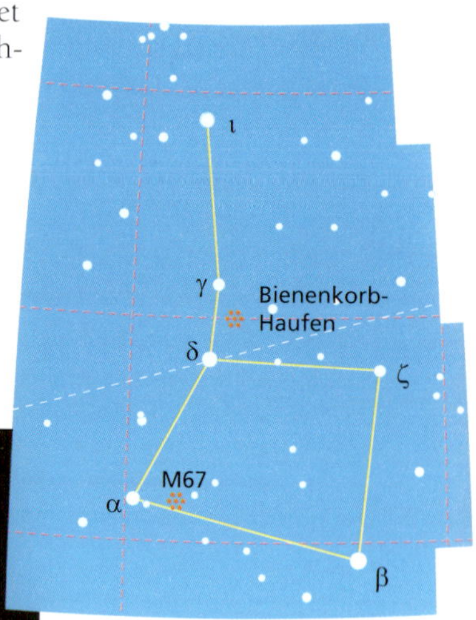

Der Bienenkorb
Im Fernglas gleicht dieser Sternhaufen einem Bienenschwarm; daher sein volkstümlicher Name.

Gemini *Zwillinge*

Breite

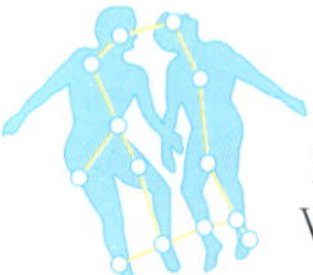

Die beiden hellen Sterne Castor (1,6 mag) und Pollux (1,2 mag), die die Köpfe der himmlischen Zwillingsbrüder markieren, sind am nördlichen Winterhimmel unverkennbar. Von der Region nahe Castor geht jeden Dezember der Geminiden-Meteorschauer (S. 74–75) aus.

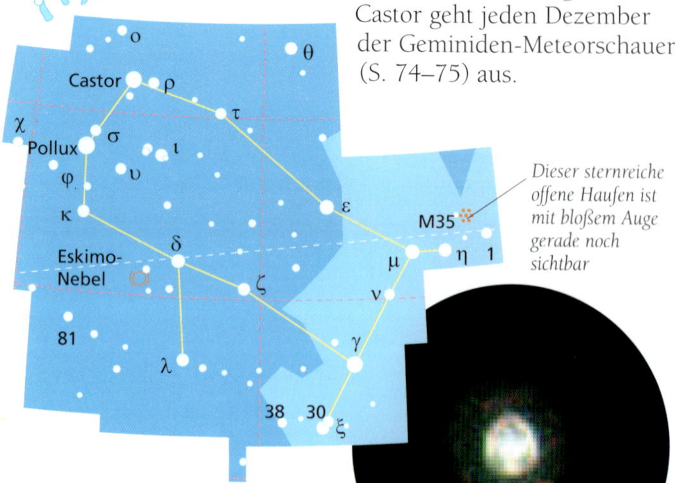

Dieser sternreiche offene Haufen ist mit bloßem Auge gerade noch sichtbar

Der Eskimo-Nebel
In einem kleinen Teleskop sieht man den planetarischen Nebel NGC 2392 als bläuliches Scheibchen.

LEGENDE DER NICHTSTELLAREN OBJEKTE: Milchstraße | Galaxie | Kugelhaufen | Offener Haufen | Emissionsnebel | Planetarischer Nebel

Taurus *Stier*

Breite

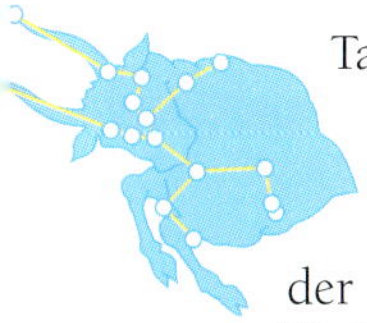

Taurus ist ein ausgezeichnetes Sternbild für Beobachtungen mit bloßem Auge oder Fernglas. Sein hellster Stern Aldebaran (0,85 mag), ein Roter Riese, wird manchmal »Auge des Stiers« genannt. Zwei der schönsten Sternhaufen liegen in Taurus: die Plejaden (Siebengestirn), die mehrere hundert Sterne enthalten, darunter eine Reihe von Doppelsternen, und die Hyaden, ein großer V-förmiger offener Haufen, der das Gesicht des Stiers bildet.

Der Krebs-Nebel
Dies ist der Überrest einer im Jahr 1054 beobachteten Supernova. Die krebsähnliche Gestalt ist im Teleskop erkennbar.

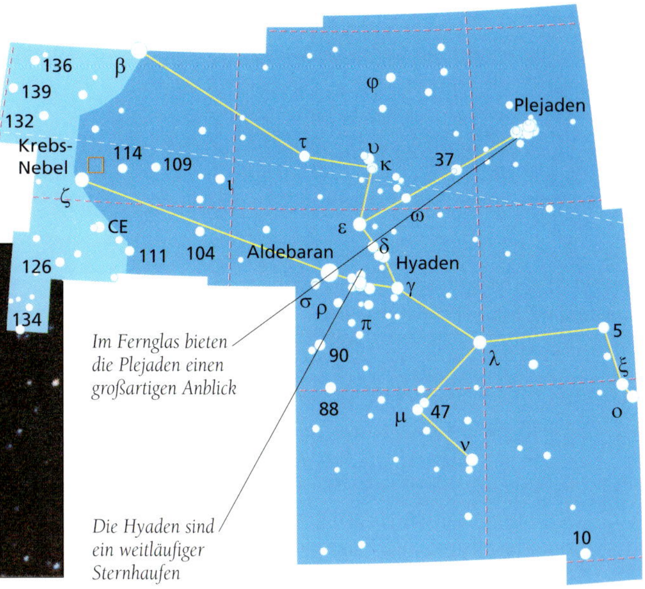

Aries *Widder*

Breite

Verglichen mit seinem Nachbarn Taurus ist Aries recht enttäuschend. Sein hellster Stern Alpha (α) oder Hamal (arab. »Schaf«), ist 2 mag hell und deutlich orangefarben. Zusammen mit Beta (β) und Gamma (γ) bildet er eine kleine Gruppe im Kopf des Widders, ein Stück weit rechts von den Plejaden (siehe oben). Hier findet man auch noch zahlreiche lichtschwächere Sterne. 2 davon sind Doppelsterne, die im Fernglas oder kleinen Teleskop getrennt werden können.

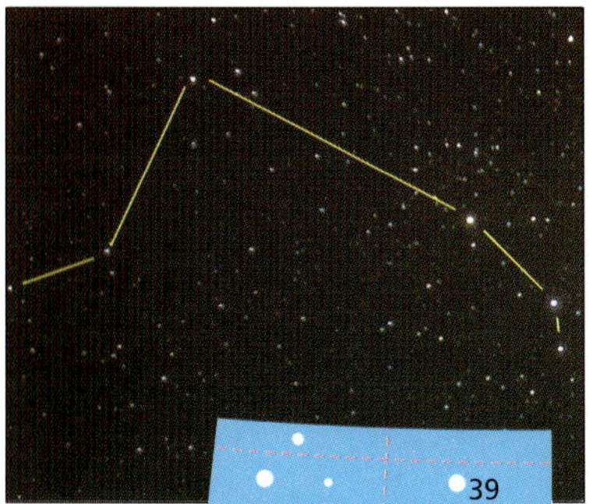

Sterne in Aries
Mit einiger Fantasie ist in den Sternen von Aries die Form eines liegenden Widders erkennbar. Die hellsten Sterne liegen rechts im Sternbild, wo Aries an die Konstellation Pisces grenzt.

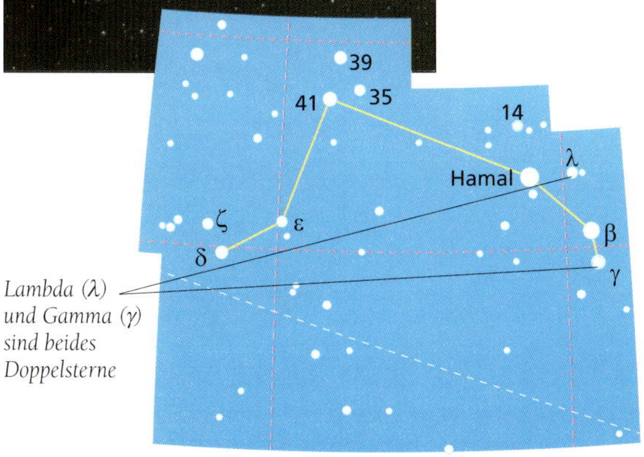

Pisces *Fische*

Breite

Pisces soll zwei mit einem Band verknüpfte Fische darstellen. Das unscheinbare Sternbild enthält zwar keine besonders hellen Sterne, aber eine interessante Sterngruppe: das sogenannte Ringlein, eine elliptische Konfiguration, die direkt südlich des Pegasus-Quadrats (S. 128) liegt.

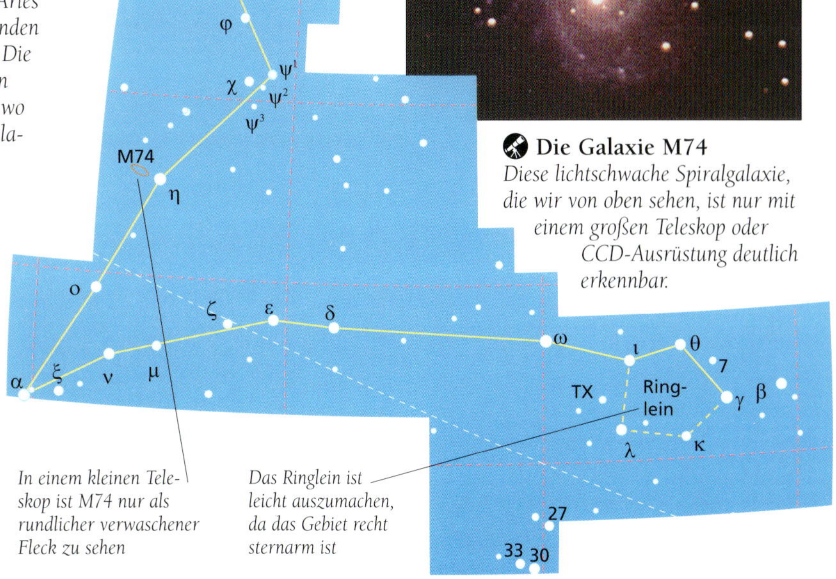

Die Galaxie M74
Diese lichtschwache Spiralgalaxie, die wir von oben sehen, ist nur mit einem großen Teleskop oder CCD-Ausrüstung deutlich erkennbar.

LEGENDE DER STERN-GRÖSSENKLASSEN: –1 · 0 · 1 · 2 · 3 · 4 · 5 · 6

Tierkreis-Sternbilder 2

Sagittarius, Scorpius und Virgo sind wohl die eindrucksvollsten Tierkreis-Konstellationen. Sie bieten sowohl fürs bloße Auge als auch für Fernglas und Teleskop helle Sterne und nichtstellare Objekte. (Alle hier beschriebenen Sternbilder finden Sie auf S. 110–131.)

Aquarius *Wassermann*

Breite

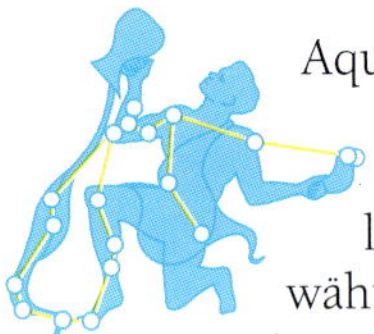

Aquarius enthält einige interessante planetarische Nebel (S. 88) und Kugelhaufen (S. 87). Der Helix-Nebel (NGC 7293) ist im Fernglas als lichtschwaches Nebelfleckchen zu sehen, während der Saturn-Nebel (NGC 7009) nur wie ein grünlicher Lichtpunkt erscheint und erst im Teleskop sein saturnähnliches Aussehen annimmt.

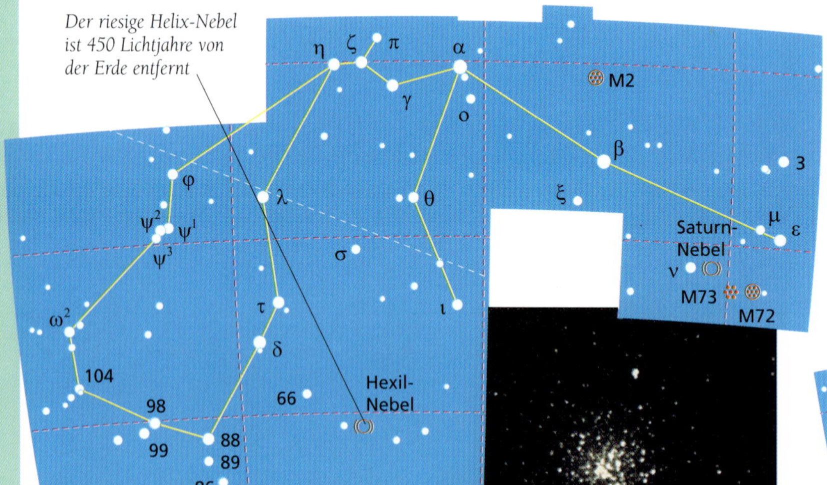

Der Kugelhaufen M72
Der lichtschwache Kugelhaufen kann nur mit einem Teleskop in einzelne Sterne aufgelöst werden.

Sagittarius *Schütze*

Breite

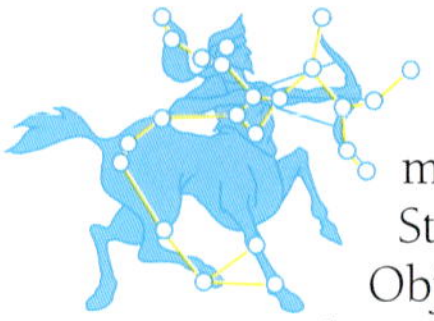

In Richtung Sagittarius blickt man ins dichte Zentrum unserer eigenen Galaxis mit seinem großen Reichtum an Nebeln und Sternhaufen. Zu den interessantesten dieser Objekte zählen der mit bloßem Auge sichtbare Lagunen-Nebel (M8), der Trifid-Nebel (M20) und der Omega-Nebel (M17) sowie die Sternhaufen M22, M21 und M23, die alle gut mit dem Fernglas zu beobachten sind.

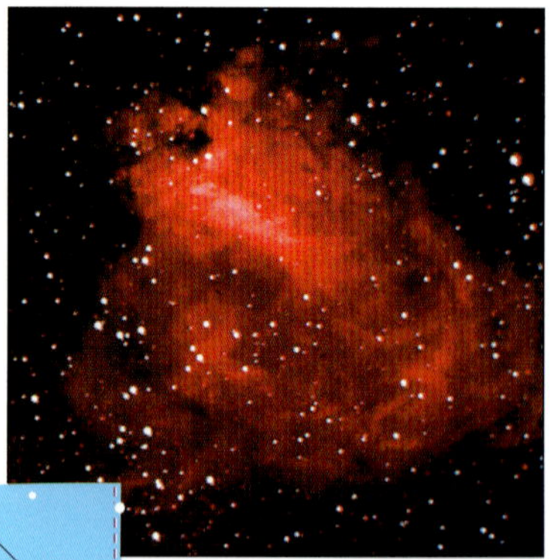

Der Omega-Nebel
Ein Teleskop zeigt die farbigen Gaswolken des Omega-Nebels.

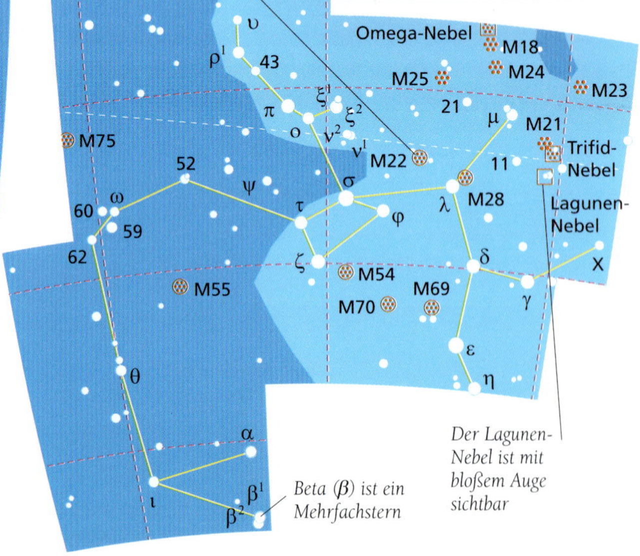

Capricornus *Steinbock*

Breite

Capricornus, das kleinste und mit das unauffälligste Tierkreis-Sternbild, soll einen Steinbock mit Fischschwanz darstellen. Es besitzt einen einzigen hellen Stern, Delta (δ) oder Deneb Algedi, und nur einen Kugelhaufen, M30. Scharfsichtige Beobachter können Alpha (α) als weiten Doppelstern mit 2 gelblichen Komponenten ausmachen.

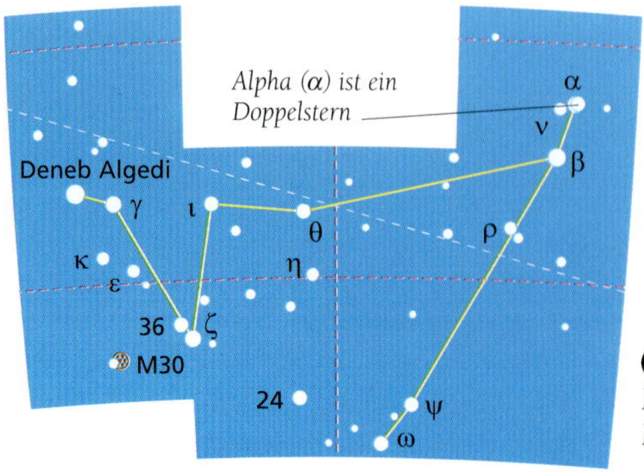

Der Kugelhaufen M30
Ein kleines Teleskop lässt den hellen Kern des Kugelhaufens erkennen.

LEGENDE DER NICHTSTELLAREN OBJEKTE — Milchstraße · Galaxie · Kugelhaufen · Offener Haufen · Emissionsnebel · Planetarischer Nebel

Scorpius *Skorpion*

Breite

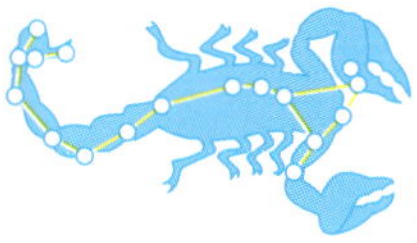

Wie Sagittarius liegt Scorpius in einem äußerst sternreichen Gebiet der Milchstraße. Schon mit bloßem Auge sind dichte Sternfelder und dunkle Staubstreifen (S. 92–93) zu erkennen. Hellster Stern in Scorpius ist Antares, ein roter Überriese, der den Kopf des Skorpions markiert. Ebenfalls mit bloßem Auge leicht auszumachen ist Graffias, der im Teleskop als Doppelstern erkennbar ist.

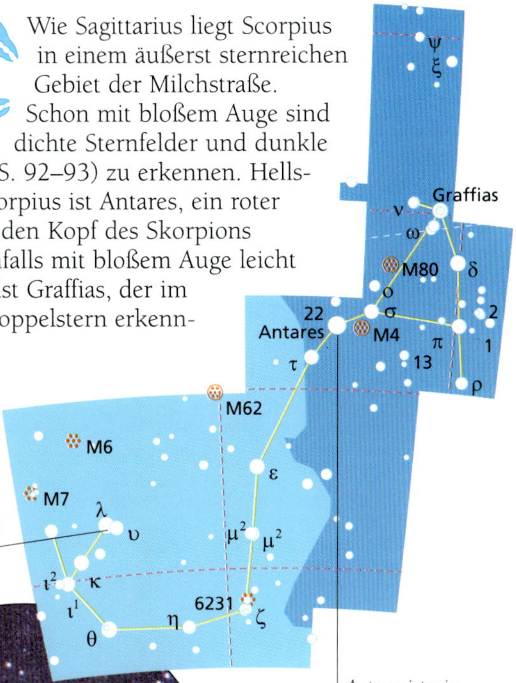

Diese Sterne markieren den Stachel am Schwanz des Skorpions

Antares ist mindestens 250-mal größer als die Sonne

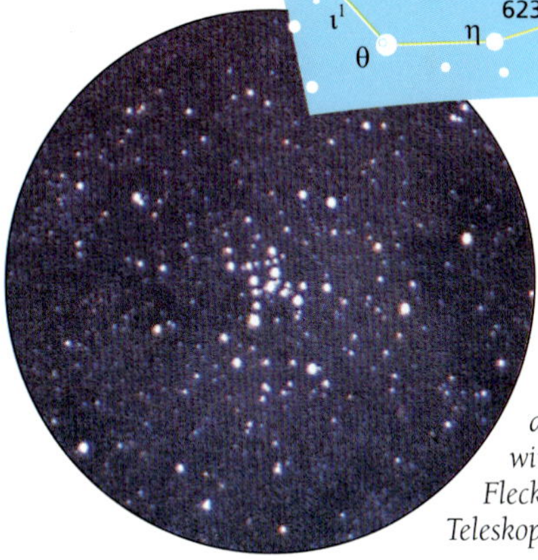

Der Sternhaufen M7
Dieser helle offene Haufen aus etwa 80 Sternen bedeckt rund 1° am Himmel. Mit bloßem Auge wirkt er wie ein verschwommener Fleck, doch mit dem Fernglas oder Teleskop sind einzelne Sterne erkennbar.

Libra *Waage*

Breite

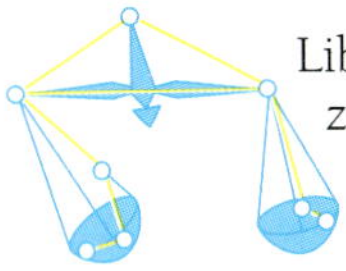

Libra liegt in einem relativ leeren Himmelsgebiet zwischen Scorpius und Virgo. Tatsächlich war es früher sogar ein Teil von Scorpius und stellte die Scheren des Skorpions dar, was heute noch an den arabischen Namen seiner Sterne zu erkennen ist: Alpha (α) heißt auch Zuben Elgenubi oder »Südliche Schere« und Beta (β) Zuben Elschemali oder »Nördliche Schere«. Letzterer sieht selbst mit bloßem Auge grünlich aus.

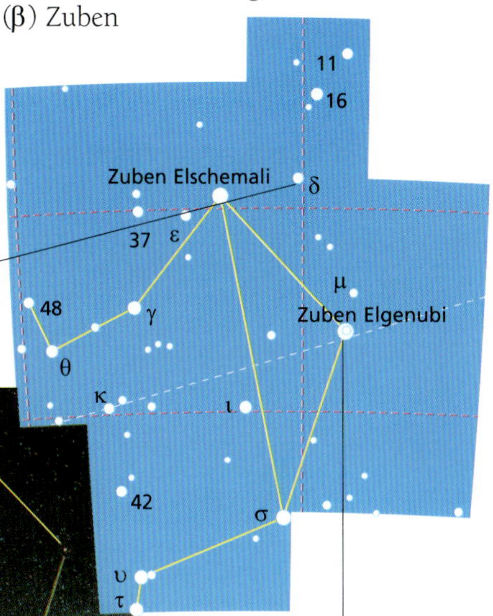

Delta (δ) ist ein Bedeckungsveränderlicher (S. 87)

Im Fernglas erkennt man Zuben Elgenubi als weiten Doppelstern

Sterne in Libra
Die Sterne Alpha (α), Beta (β) und Sigma (σ) rechts im Bild sind am leichtesten zu identifizieren.

Virgo *Jungfrau*

Breite

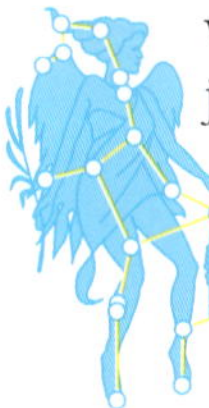

Virgo enthält mehr helle Galaxien als jedes andere Sternbild. Viele gehören zum Virgo-Haufen, einer Ansammlung von etwa 2500 Galaxien, die sich von Virgo bis Coma Berenices (S. 121) erstreckt. M84, M86 und M87 sind schon mit einem Fernglas sichtbar, besser allerdings mit dem Teleskop. Die hellste Galaxie, die aber nicht zum Haufen gehört, ist die Sombrero-Galaxie (M104), eines der massereichsten bekannten Sternsysteme.

Die Sombrero-Galaxie
Diese Spiralgalaxie, die wir in Kantenstellung sehen, bietet im Teleskop einen großartigen Anblick.

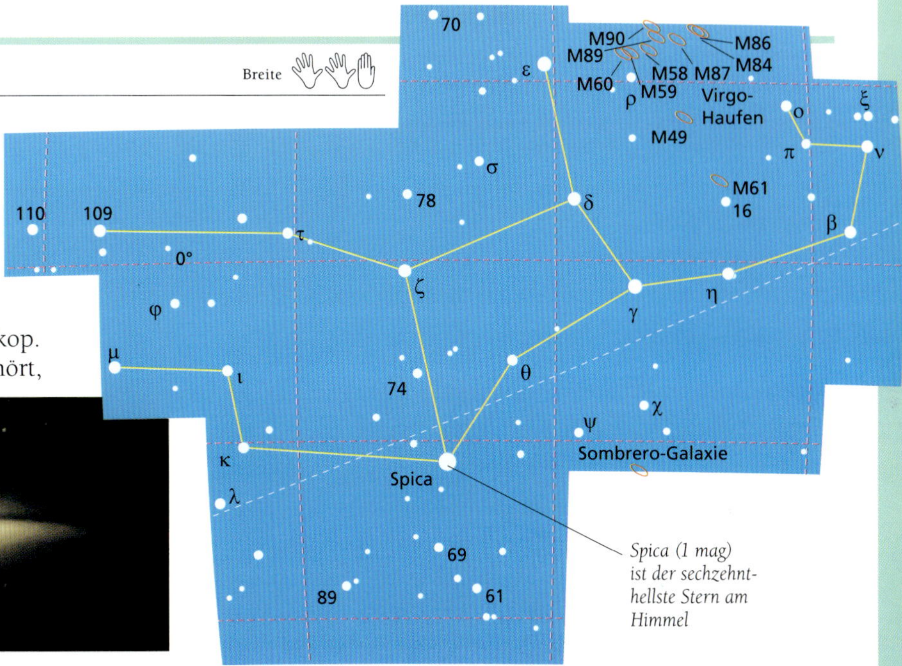

Spica (1 mag) ist der sechzehnthellste Stern am Himmel

LEGENDE DER STERN-GRÖSSENKLASSEN: –1, 0, 1, 2, 3, 4, 5, 6

Der Himmel im Januar/Februar

Der Nachthimmel bietet in diesen Monaten einen bestechenden Anblick. Am auffälligsten ist Sirius in Canis Major, der hellste Stern am ganzen Himmel. Gemini und Taurus (S. 106–107) markieren den nördlichsten Bereich des Tierkreises. Südlich von Taurus liegt der prächtige Orion, der überall auf der Erde ganz oder teilweise sichtbar ist. (Die wichtigsten Sternbilder finden Sie auf S. 112–113).

Auffinden der Sternbilder

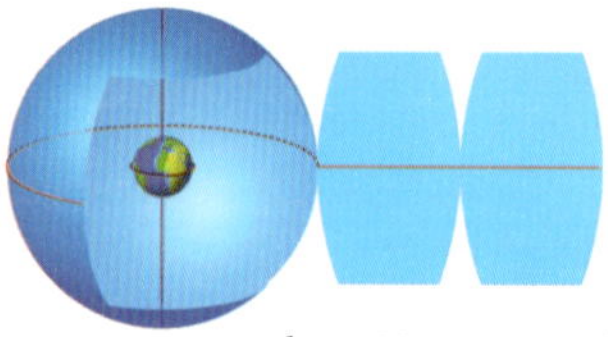

Stellen Sie mit Hilfe der Planisphäre fest, welche dieser Sternbilder bei Ihnen zu welcher Uhrzeit sichtbar sind. Für Beobachter auf der Nordhalbkugel steht Auriga im Zenit und Orion über dem Horizont. Auch auf der Südhalbkugel ist Orion gut zu sehen. Hier steht Canis Major im Zenit, also direkt über Ihnen.

Der Himmel im Januar und Februar
Zu Jahresbeginn prangen viele helle Sterne am Himmel, etwa in Orion, auf diesem Foto rechts. Haben sich Ihre Augen an die Dunkelheit gewöhnt, werden noch sehr viel mehr Sterne sichtbar.

M41 in Canis Major
Direkt südlich von Sirius liegt der Sternhaufen M41, der mit etwa 100 Millionen Jahren noch recht jung ist. Von seinen rund 80 Sternen sind viele im Fernglas sichtbar.

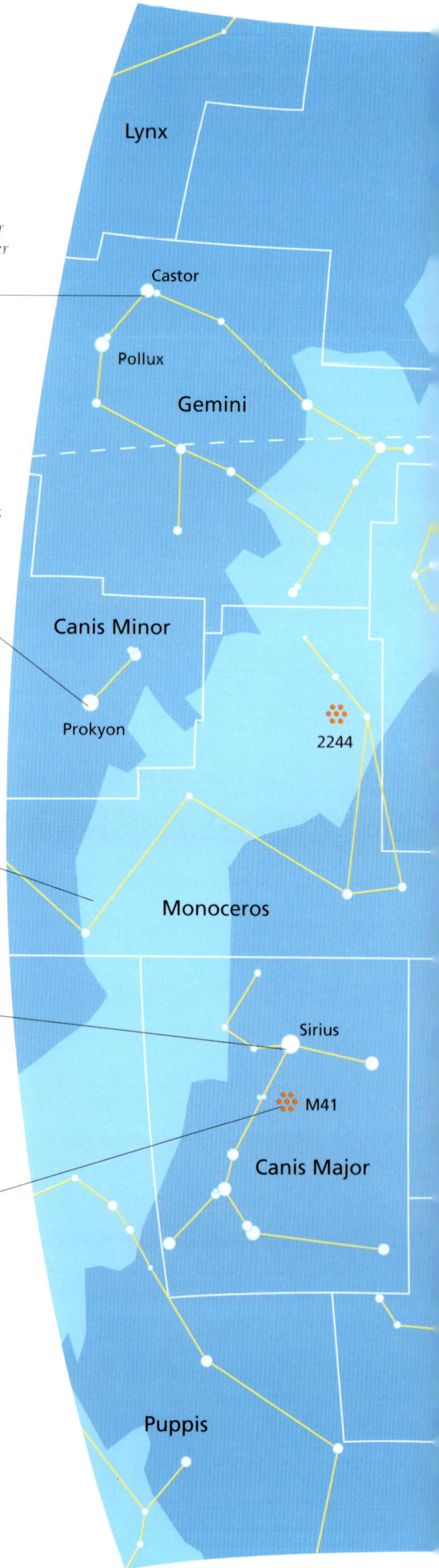

Das Sternbild Gemini mit seinen hellen Sternen Castor und Pollux ist für Beobachter nördlich von 55°S vollständig sichtbar

Prokyon lenkt die Aufmerksamkeit auf das Sternbild Canis Minor. Zusammen mit Sirius in Canis Major und Beteigeuze in Orion bildet er ein hell leuchtendes Dreieck

Sternbilder innerhalb der Milchstraße sind stets ein lohnendes Ziel für Beobachtungen mit dem Fernglas. Monoceros z. B. enthält viele schöne Sternhaufen

Sirius übertrifft alle anderen Sterne an Helligkeit. Sein Name kommt aus dem Griechischen und bedeutet »der Versengende«

LEGENDE DER NICHTSTELLAREN OBJEKTE: Milchstraße | Galaxie | Kugelhaufen | Offener Haufen | Emissionsnebel | Planetarischer Nebel

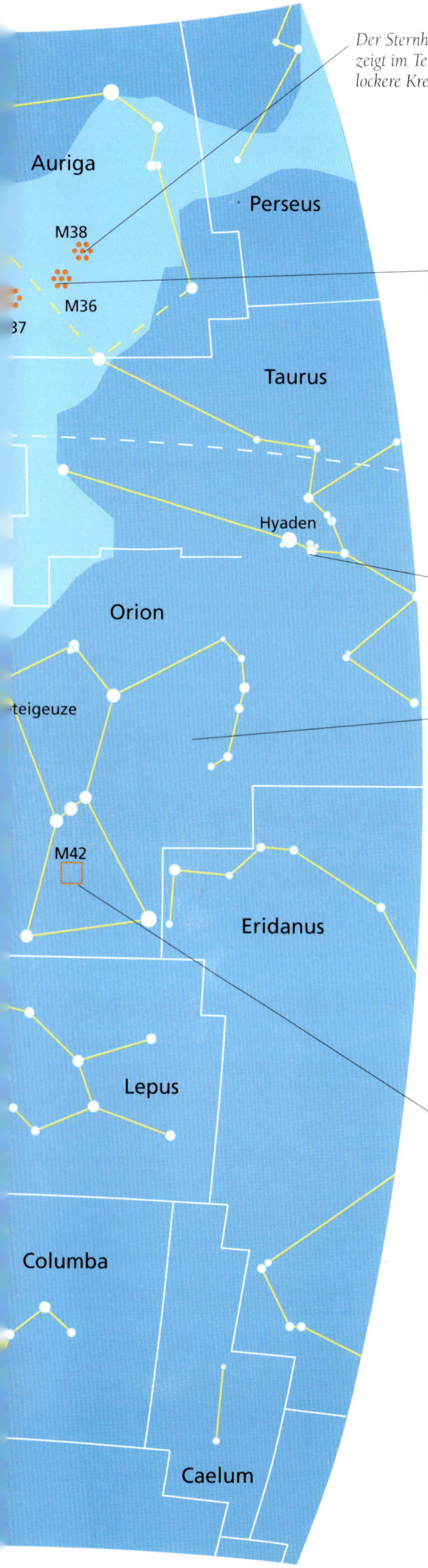

Der Sternhaufen M38 zeigt im Teleskop eine lockere Kreuzform

Die Hyaden, einer der schönsten Sternhaufen am nördlichen Winterhimmel, enthält Hunderte von Sternen. Über 100 sind heller als 9 mag

Quer durch Orion läuft der Himmelsäquator: Der Oberkörper des Großen Jägers gehört zur nördlichen Himmelshemisphäre, sein Gürtel und sein Unterkörper sind Teil der südlichen

Der Sternhaufen M36 in Auriga

Im Sternbild Auriga finden wir entlang der Milchstraße 3 Sternhaufen. M36 ist gut im Teleskop zu sehen, wo er in einzelne Sterne aufgelöst wird. Der hellste dieser Sterne hat 8 mag, die anderen sind mit nur etwa 13 mag sehr viel lichtschwächer.

Die Milchstraße

Die sternenübersäte Milchstraße umspannt den nördlichen Winterhimmel. Am besten ist sie in einer klaren, dunklen Nacht weitab von den Lichtern der Stadt zu sehen. Im Fernglas erkennt man Hunderte von Sternen.

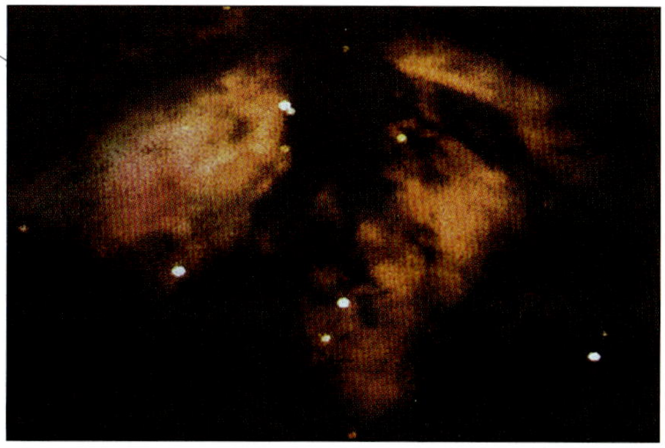

Der Flammen-Nebel in Orion

Das Sternbild Orion bietet zahlreiche Sehenswürdigkeiten. Dicht beim Orion-Nebel liegt der Flammen-Nebel, dessen Gas und Staub einen dunstigen Hintergrund für mehrere helle Sterne bilden. Die volle Schönheit dieses Nebelstreifens ist jedoch nur im Teleskop erkennbar.

TIPS FÜR BEOBACHTER

Der Orion-Nebel ist mit bloßem Auge sichtbar. Hat man Probleme, ihn auszumachen, kann möglicherweise die Technik des indirekten Sehens (S. 15) helfen.

Nicht bei Vollmond oder in der Nähe des Mondes nach lichtschwachen Objekten suchen. Sein Licht ist zu hell. Warten Sie ab, bis der Himmel so dunkel wie möglich ist.

Die auf den folgenden Seiten angegebene Größenklassenzahl für Sternhaufen bezieht sich auf die Gesamthelligkeit aller Sterne im Haufen.

LEGENDE DER STERN-GRÖSSENKLASSEN –1 0 1 2 3 4 5

Januar/Februar: Die wichtigsten Sternbilder

Die Hauptkonstellationen der Monate Januar und Februar enthalten eine Fülle heller Sterne und nichtstellarer Objekte. Die unverwechselbare Gestalt des Orion beherrscht den Nachthimmel. Dieses Sternbild ist eines der prächtigsten überhaupt. Puppis und Monoceros liegen beide im Band der Milchstraße, wo es reiche Sternfelder und interessante Objekte für Fernglas und Teleskop gibt. Viele davon stellen ausgezeichnete Motive für die Astrofotografie dar.

Orion *Orion, der Himmelsjäger*

Breite

Dieses auffällige Sternbild enthält zahlreiche helle Sterne und nichtstellare Objekte. Beteigeuze, ein roter Überriese (0,5 mag), markiert die rechte Schulter des Jägers, der bläulich weiße Rigel (0,1 mag) den linken Fuß. Bellatrix und Saiph bilden den restlichen Körper, 3 Sterne den Gürtel und der Orion-Nebel das Schwert. Mit bloßem Auge sieht man diese riesige Gas- und Staubwolke nur als blassen Nebelfleck. Ein Teleskop zeigt jedoch im Herzen des Nebels 4 Sterne.

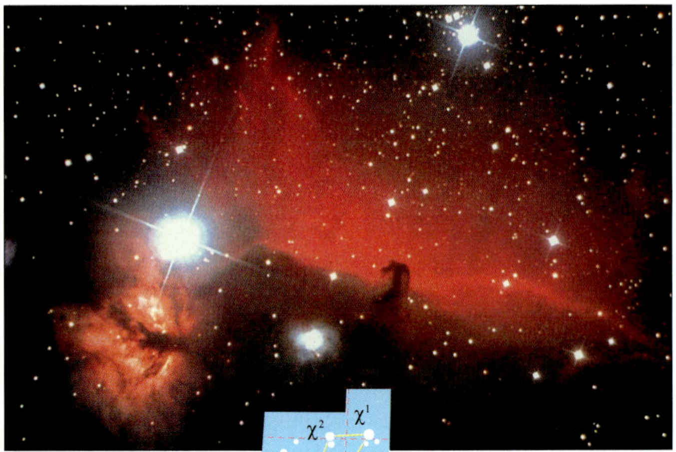

Der Pferdekopf-Nebel
Die Pferdekopfform dieses Dunkelnebels ist nur auf langbelichteten Teleskopaufnahmen zu erkennen.

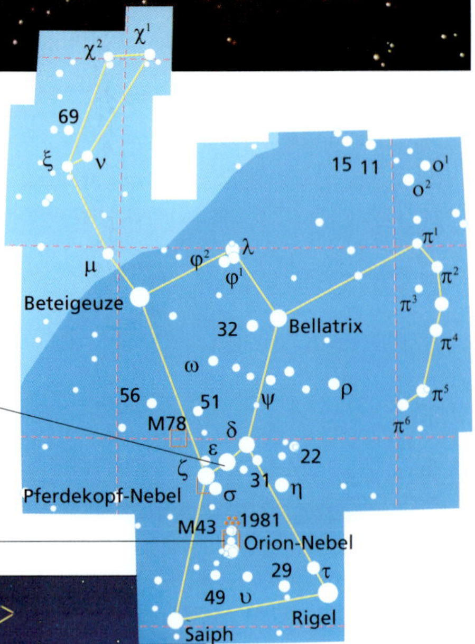

Sterne in Orion
Die hellen Sterne, die die Gestalt des Orion bilden, machen den Himmelsjäger zu einer der auffälligsten Konstellationen am Himmel.

Auriga *Fuhrmann*

Breite

Capella, der Hauptstern der Konstellation, ist mit 0,1 mag einer der hellsten am Nordhimmel und leicht auszumachen. Wo das Band der Milchstraße Auriga durchquert, liegen auf einer Linie 3 schöne offene Sternhaufen. Mit bloßem Auge gerade eben sichtbar, sind sie bereits in einem kleinen Fernglas leicht als neblige Fleckchen erkennbar.

Die Sternhaufen M36, M37 und M38
Von links nach rechts: M37, der größte, ist eine dichte Ansammlung von etwa 150 Sternen; M36 hat rund 60 und M38 etwa 100 Sterne.

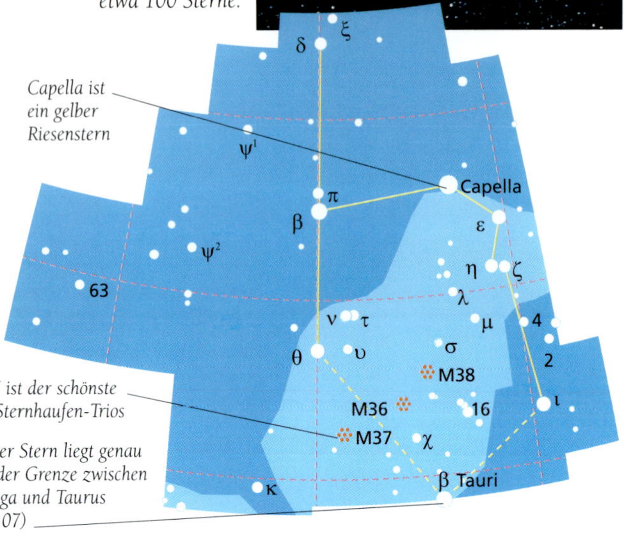

LEGENDE DER NICHTSTELLAREN OBJEKTE: Milchstraße · Galaxie · Kugelhaufen · Offener Haufen · Emissionsnebel · Planetarischer Nebel

Canis Major *Großer Hund*

Breite

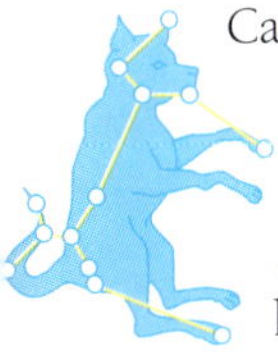

Canis Major, am Himmel nahe bei Orion gelegen, soll einen der Jagdhunde des Jägers darstellen. Das Sternbild und seine Nachbarschaft werden von dem strahlenden Sirius (–1,44 mag) beherrscht, der zwar der hellste Stern am Himmel, aber nur 25-mal leuchtkräftiger als die Sonne ist. Er leuchtet nur deshalb so hell, weil er relativ nahe zur Erde steht. Weitere helle Sterne sind der blaue Riese Adhara (1,5 mag) und der gelbe Überriese Wezen (1,9 mag). Unterhalb von Sirius steht, gerade noch mit bloßem Auge sichtbar, der herrliche offene Haufen M41.

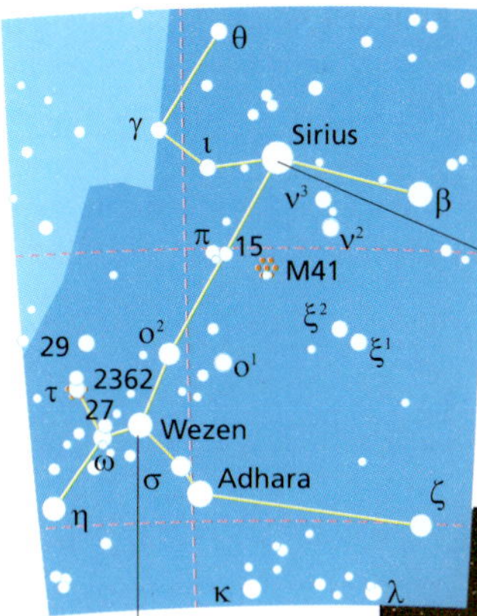

Sirius hat einen Begleiter, »Hündchen« genannt, der nur in einem großen Teleskop sichtbar ist

Wezen ist ein gelber Überriese

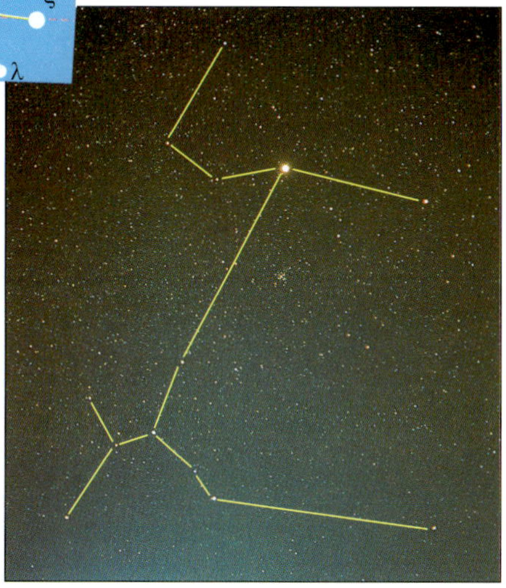

Sterne in Canis Major
Das Sternbild besitzt mehrere helle Sterne, darunter Sirius, der die Nase des Hundes markiert, und Adhara, der eines seiner Hinterbeine bildet.

Puppis *Hinterdeck*

Breite

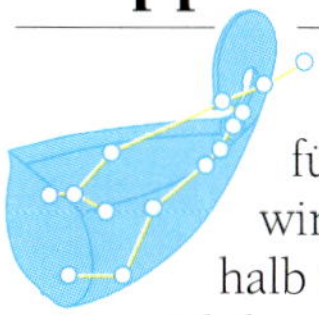

Das Sternbild besitzt zwar keine hellen Sterne für die Beobachtung mit bloßem Auge, aber es wird von der Milchstraße durchquert und ist deshalb reich an Sternhaufen, die schon im Fernglas sichtbar sind. Ein guter Ausgangspunkt ist M47, ein lockerer offener Haufen mit etwa 30 Sternen. Der Haufen NGC 2451 ist ebenfalls im Fernglas zu erkennen. Sein hellster Stern ist ein oranger Riese mit 3,6 mag.

Die Milchstraße
Die Milchstraße mit ihren reichen Sternfeldern und vielzähligen Sternhaufen läuft durch das Zentrum von Puppis.

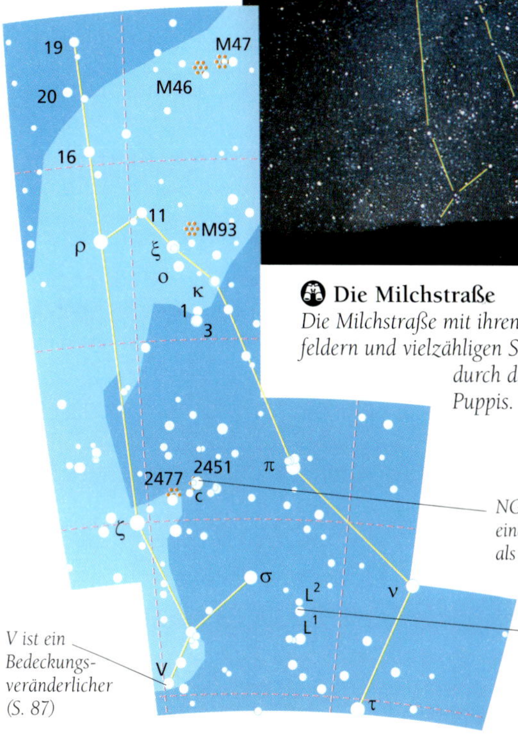

NGC 2451 überdeckt eine größere Fläche als der Vollmond

V ist ein Bedeckungsveränderlicher (S. 87)

L ist ein mit bloßem Auge sichtbarer weiter Doppelstern

Monoceros *Einhorn*

Breite

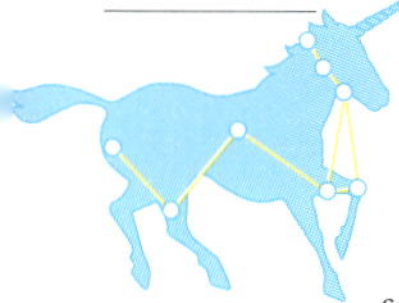

Da dieses Sternbild kaum über eigene helle Sterne verfügt, macht man es am besten mit Hilfe dreier hell strahlender Nachbarsterne ausfindig: Prokyon in Canis Minor, Beteigeuze in Orion und Sirius in Canis Major. In der Milchstraße gelegen, enthält Monoceros viele nichtstellare Objekte, darunter NGC 2244, einen im Fernglas sichtbaren Haufen mit etwa 30 Sternen. Der ihn umgebende Rosetta-Nebel ist nur in einem großen Teleskop zu sehen.

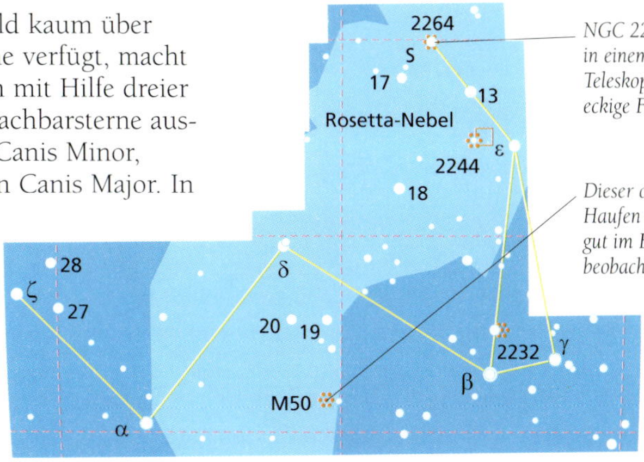

NGC 2264 zeigt in einem kleinen Teleskop eine dreieckige Form

Dieser offene Haufen lässt sich gut im Fernglas beobachten

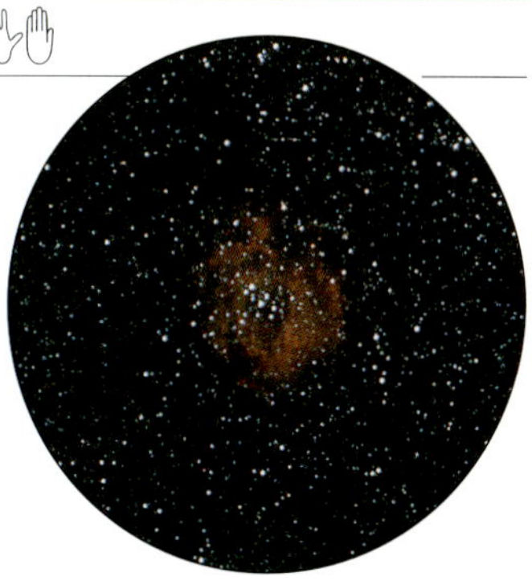

Der Rosetta-Nebel
Dieser Nebel um den zentralen Sternhaufen NGC 2244 verdankt seinen Namen seiner Blumengestalt.

LEGENDE DER STERN-GRÖSSENKLASSEN –1 0 1 2 3 4 5 6

Der Himmel im März/April

In dieser Zeit des Jahres fällt das Sternbild Leo (S. 106) besonders ins Auge. Auf der Nordhalbkugel kündigt es den Frühling, auf der Südhalbkugel den Herbst an. Der hellste Stern in Leo, Regulus, ist leicht mit bloßem Auge zu sehen. Am Südhimmel sind das in der Milchstraße gelegene auffällige Sternbild Vela und die gesamte Hydra zu bewundern. (Die wichtigsten Sternbilder finden Sie auf S. 116–117.)

Auffinden der Sternbilder

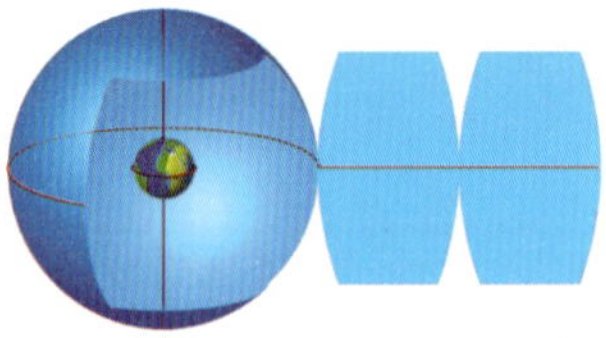

Stellen Sie mit Hilfe der Planisphäre fest, welche dieser Sternbilder an Ihrem Standort zu welcher Uhrzeit sichtbar sind. Auf der Nordhalbkugel stehen Leo und Cancer hoch am Himmel. Beobachter auf der Südhalbkugel sehen Vela und das sternreiche Band der Milchstraße direkt über sich im Zenit.

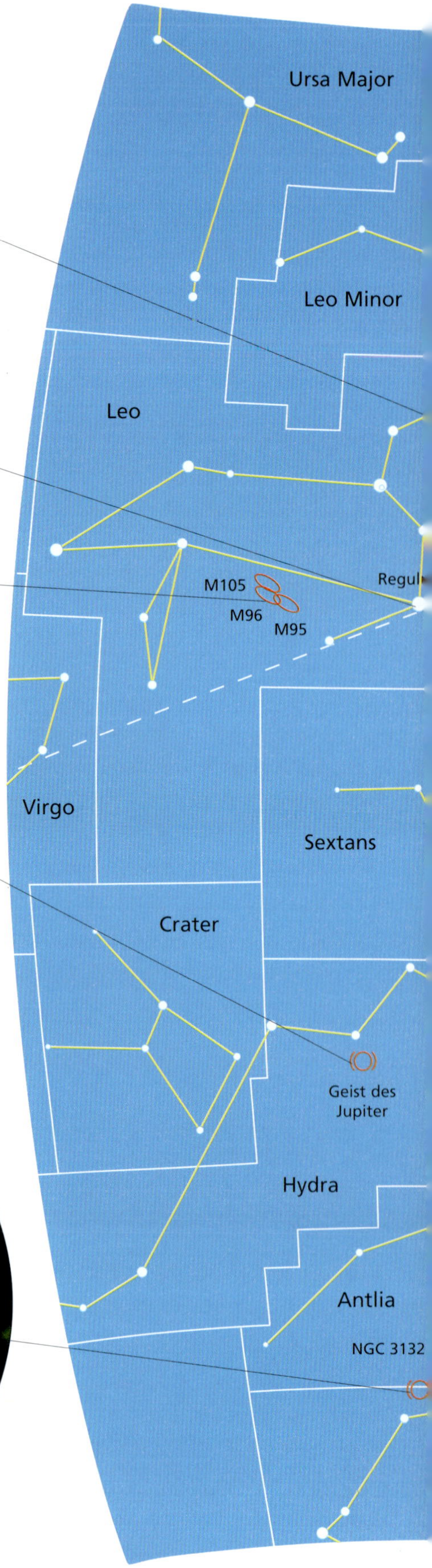

Dieses Sternmuster in Leo gleicht einem seitenverkehrten Fragezeichen oder einer Sichel

Der helle Stern Regulus in Leo liegt fast auf der Ekliptik

Das Galaxien-Dreieck M95, M96 und M105 ist in einem kleinen Teleskop zu sehen

Der »Geist des Jupiter« in Hydra
In einem großen Teleskop gleicht dieser planetarische Nebel, NGC 3242, eher einem menschlichen Auge. Seinen volkstümlichen Namen verdankt er jedoch dem planetenähnlichen Aussehen, das er in einem kleinen Teleskop zeigt.

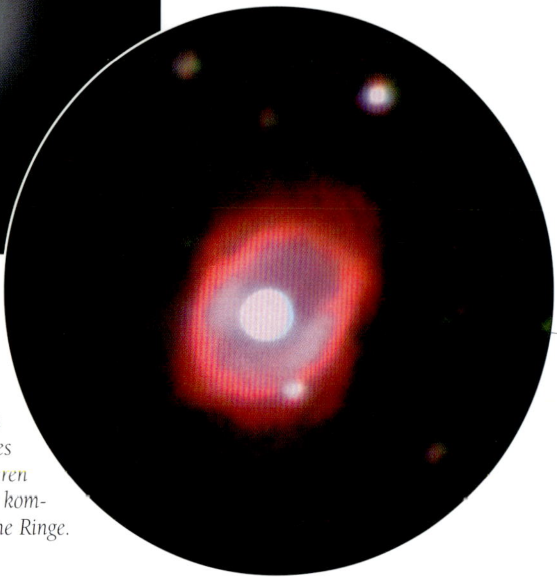

NGC 3132 in Vela
Dieser planetarische Nebel ist in einem kleinen Teleskop als rundliches Scheibchen zu sehen. In einem größeren Instrument erkennt man mehrere kompliziert ineinander verschlungene Ringe.

LEGENDE DER NICHTSTELLAREN OBJEKTE	Milchstraße	Galaxie	Kugelhaufen	Offener Haufen	Emissionsnebel	Planetarischer Nebel

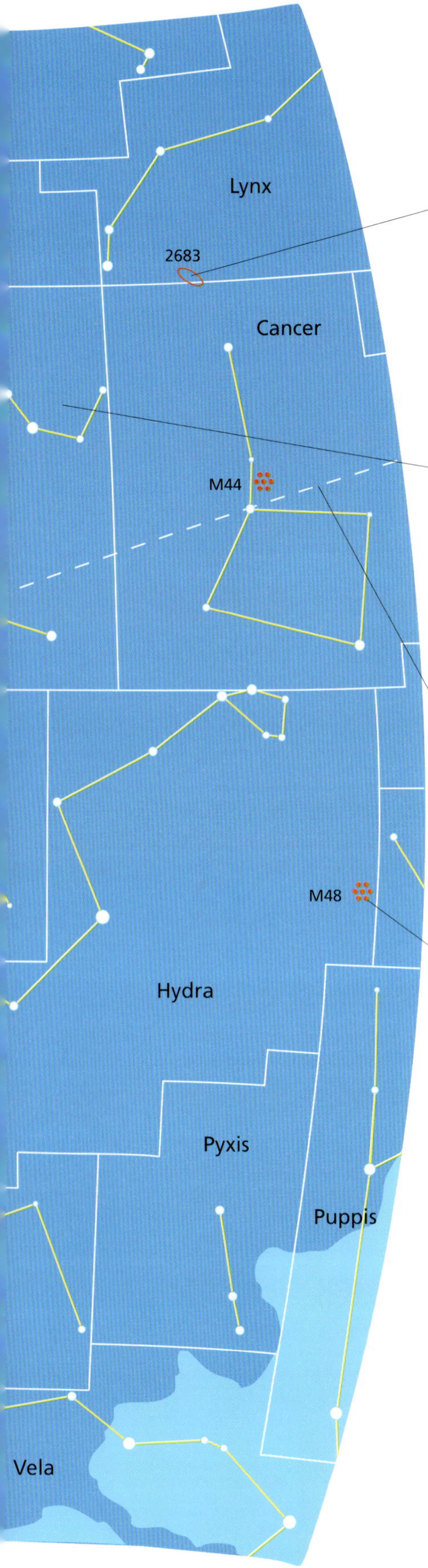

Die Bahn der Sonne verläuft durch das Tierkreis-Sternbild Cancer

NGC 2683 in Lynx

Die Balkenspiralgalaxie NGC 2683 bietet im Teleskop einen spektakulären Anblick. Da wir sie nahezu in Kantenstellung sehen, ist die schöne Spiralstruktur jedoch leider nur schwer erkennbar. Das helle Zentralgebiet ist der Galaxienkern mit seinen dichtgedrängten Sternen.

Leo und Leo Minor

Anhand der hellen Sterne, die den Umriss des Löwenkörpers bilden, ist dieses Sternbild leicht am Himmel zu lokalisieren. In der Mitte unten markiert der helle Stern Regulus die Brust des Löwen. Oberhalb von Leo liegen die lichtschwächeren Sterne von Leo Minor.

M48 in Hydra

Der Sternhaufen M48 liegt in einem relativ sternarmen Gebiet der Konstellation Hydra in einiger Entfernung zum Körper der Schlange. Die hellsten seiner rund 80 Sterne haben etwa 9 mag. Viele von ihnen sind im Fernglas oder kleinen Teleskop als Einzelsterne sichtbar.

TIPS FÜR BEOBACHTER

Ferngläser haben ein größeres Gesichtsfeld als Teleskope, so dass Sternhaufen wie M48 in Hydra im Fernglas ganz zu sehen sind, im Teleskop hingegen nur ausschnittweise.

Auch wenn ein Sternbild sich vollständig über dem Horizont befindet, sind möglicherweise einige seiner Sterne an einem bestimmten Breitengrad nicht zu sehen. Sie lassen sich nur ausmachen, wenn sie hoch am Himmel stehen, wo der Kontrast zwischen Sternenlicht und dunklem Himmel am stärksten ist.

LEGENDE DER STERN-GRÖSSENKLASSEN –1 0 1 2 3 4 5 6

März/April: Die wichtigsten Sternbilder

Die Hauptsternbilder am März- und Aprilhimmel sind sehr verschiedenartig. Vela ist, insbesondere dort, wo es die Milchstraße kreuzt, ausgesprochen sternenreich. Die weitläufige Hydra bietet auf ihrer gesamten Länge Sehenswürdigkeiten sowohl für Fernglas- als auch für Teleskopbeobachter. Leo Minor ist verglichen mit dem Tierkreis-Sternbild Leo eher unbedeutend. Sextans und Lynx präsentieren sich beide recht lichtschwach und sind deshalb nur unter guten Bedingungen mit bloßem Auge erkennbar.

Vela *Segel*

Breite

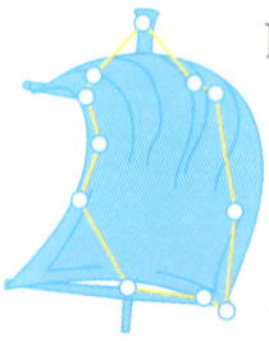

Das helle Band der Milchstraße verläuft durch Vela und schmückt das Sternbild mit einer Reihe offener Sternhaufen, die gut im Fernglas zu beobachten sind. Außerdem enthält es NGC 3132, einen der hellsten planetarischen Nebel am Himmel, der mit bloßem Auge als verwaschener rundlicher Lichtfleck zu sehen ist. Seine Scheibengestalt wird nur in einem Teleskop deutlich, die verschlungenen Ringe lassen lediglich auf Fotografien erkennen.

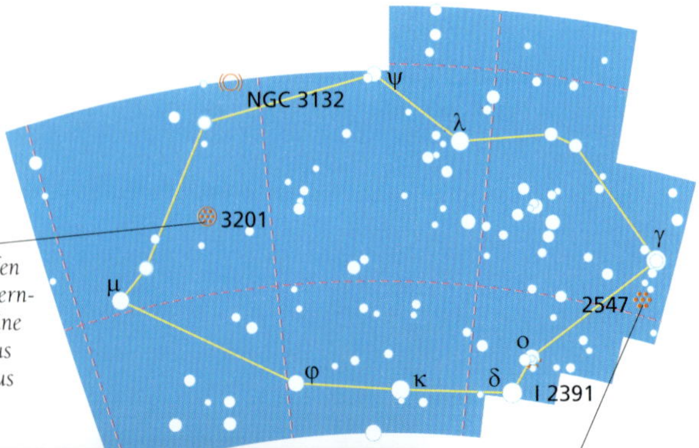

Dieser Kugelhaufen sieht im Fernglas wie eine Scheibe aus Sternen aus

Der offene Haufen NGC 2547 ist mit einem Fernglas sichtbar

Sterne in Vela
Beobachter auf der Südhalbkugel haben kein Problem, das Schiffssegel zu finden. Seine hellsten Sterne heben sich vor dem Band der Milchstraße ab.

Leo Minor *Kleiner Löwe*

Breite

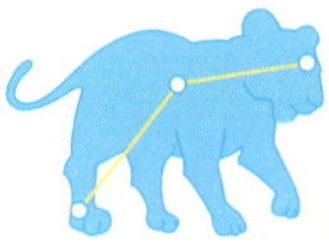

Das Sternbild Leo Minor ist sehr viel kleiner und weit weniger interessant als sein großes Gegenstück Leo. Es enthält keine hellen Sterne, und die Galaxien innerhalb seiner Grenzen sind mit Amateurinstrumenten nicht beobachtbar. Der Veränderliche R ist jedoch ein interessantes und lohnendes Objekt für Fernglasbeobachter. Über 372 Tage hinweg kann man verfolgen, wie seine Helligkeit zwischen 6,3 und 13,2 mag schwankt.

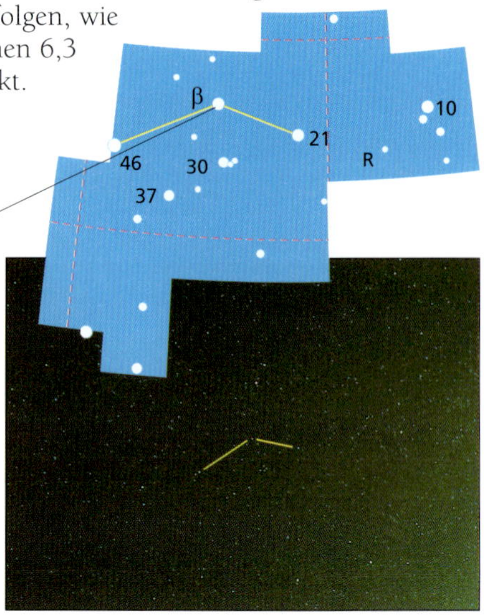

Der Doppelstern Beta (β) lässt sich mit bloßem Auge nicht trennen

Sterne in Leo Minor
Das Sternbild, das ein Löwenjunges darstellen soll, ist recht schwer am Himmel auszumachen.

Sextans *Sextant*

Breite

Das unmittelbar südlich von Leo auf dem Himmelsäquator (S. 14–15) gelegene Sternbild ist am Himmel schwierig auszumachen, da es keine wirklich hellen Sterne enthält – lediglich 5 sind heller als 5,5 mag. Hellster Stern ist mit 4,5 mag Alpha (α).

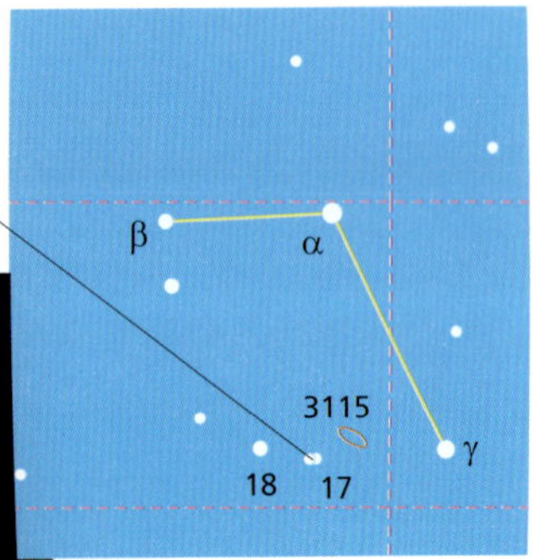

Dieses weite Sternpaar ist im Fernglas sichtbar

NGC 3115
Diese hübsche elliptische Galaxie trägt den Spitznamen »Die Spindel«.

LEGENDE DER NICHTSTELLAREN OBJEKTE	Milchstraße	Galaxie	Kugelhaufen	Offener Haufen	Emissionsnebel	Planetarischer Nebel

Hydra *Wasserschlange*

Breite

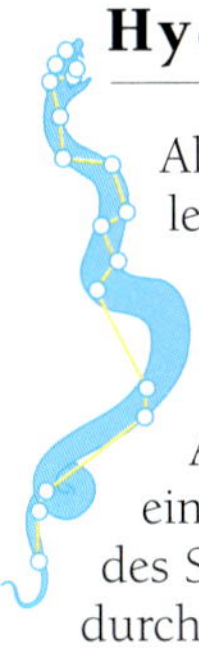

Als ausgedehntestes Sternbild am Himmel ist Hydra nicht leicht in seiner Gesamtheit zu beobachten, sondern wird besser Stück für Stück betrachtet. Den Schlangenkopf bildet eine kompakte Gruppe von sechs 3 und 4 mag hellen Sternen; den ersten Teil des Körpers markiert Alphard, mit 2 mag der hellste Stern der Konstellation; eine W-förmige Sterngruppe bildet den nächsten Abschnitt des Schlangenkörpers, der sich unter Crater und Sextans hindurchwindet und schließlich unterhalb von Virgo und Libra (S. 109) in einen geraden Schwanz ausläuft. Zu den interessanten Objekten zählt der im Fernglas sichtbare Sternhaufen M48, der ganz am Rande des Sternbild liegt.

Sterne in Hydra
Die Sterne im Kopf der Schlange sind die hellsten und mit bloßem Auge sichtbar. Dieser Teil von Hydra grenzt an das Tierkreis-Sternbild Cancer.

Die Spiralgalaxie M83
Die Gestalt der Galaxie ist nur in einem großen Teleskop erkennbar. Kleine Instrumente zeigen sie als Lichtfleck mit einem hellen Zentrum.

Lynx *Luchs*

Breite

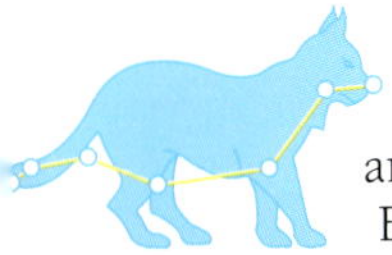

Mit 4 mag sind selbst die hellsten Sterne von Lynx, das in einem sternarmen Himmelsgebiet liegt, recht blass. Es enthält einige nichtstellare Objekte, von denen aber nur die Balkenspiralgalaxie NGC 2683 für Amateure leicht zu beobachten ist. Da wir sie in Kantenstellung sehen, ist ihre Spiralstruktur selbst in größeren Teleskopen nur schwer erkennbar.

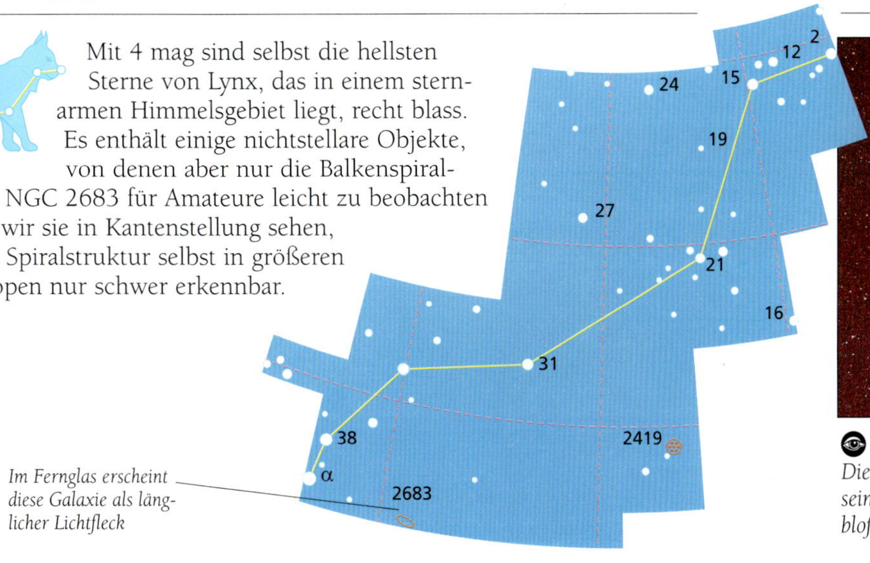

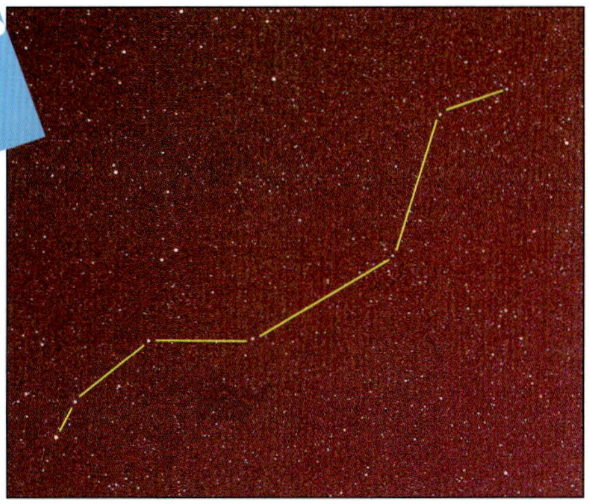

Sterne in Lynx
Dies ist ein sehr unauffälliges Sternbild. Alpha (α), sein hellster Stern, ist noch am leichtesten mit bloßem Auge zu erkennen.

LEGENDE DER STERN-GRÖSSENKLASSEN –1 0 1 2 3 4 5 6

Der Himmel im Mai/Juni

Nun beherrschen die Tierkreis-Sternbilder Virgo und Libra (S. 109) den Himmel. Ersteres ist relativ groß und unmittelbar nördlich der Ekliptik gelegen. Im Grenzgebiet zwischen Virgo und Coma Berenices befindet sich der Virgo-Coma-Haufen, eine enorme Ansammlung von Galaxien, die größtenteils von der Erde aus sichtbar sind. Die hellsten Sterne am Himmel sind Arktur in Bootes und Spica in Virgo. (Die wichtigsten Sternbilder finden Sie auf S. 120–121).

Auffinden der Sternbilder

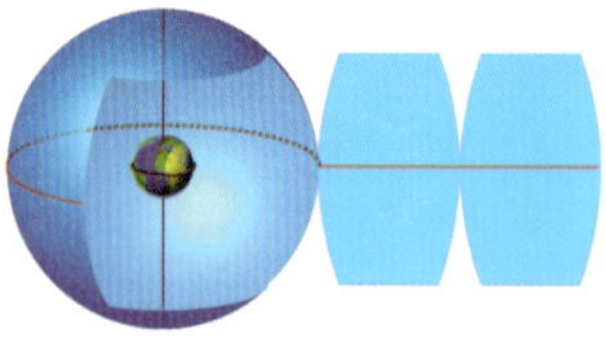

Stellen Sie mit Hilfe der Planisphäre fest, welche dieser Sternbilder an Ihrem Beobachtungsstandort zu welcher Uhrzeit sichtbar sind. Für Betrachter auf der Nordhalbkugel stehen Bootes und Corona Borealis weit oben, im Zenit. Am Südhimmel sind Corvus und Lupus jetzt besonders gut zu beobachten.

Am 1. Mai 1990 um 2.50 Uhr in Schottland beobachtetes Nordlicht
Nördlich von etwa 50°N sind mehrmals im Jahr Nordlichter (S. 72–73) zu sehen. Die Erscheinungen sind nicht leicht vorherzusagen, aber da sie an 2 oder 3 Nächten hintereinander stattfinden können, bestehen gute Chancen für die Beobachtung. Dieses Schauspiel hier war besonders schön und dauerte mehrere Stunden.

Obwohl »Nördliche Krone« genannt, ist Corona Borealis auch auf der Südhalbkugel, d. h. nördlich von 50°S, zu sehen

Dies ist die obere Hälfte von Serpens, dem einzigen Sternbild, das durch ein anderes, Ophiuchus, in zwei Teile geteilt wird

Virgo ist nur zwischen 68°N und 76°S vollständig sichtbar

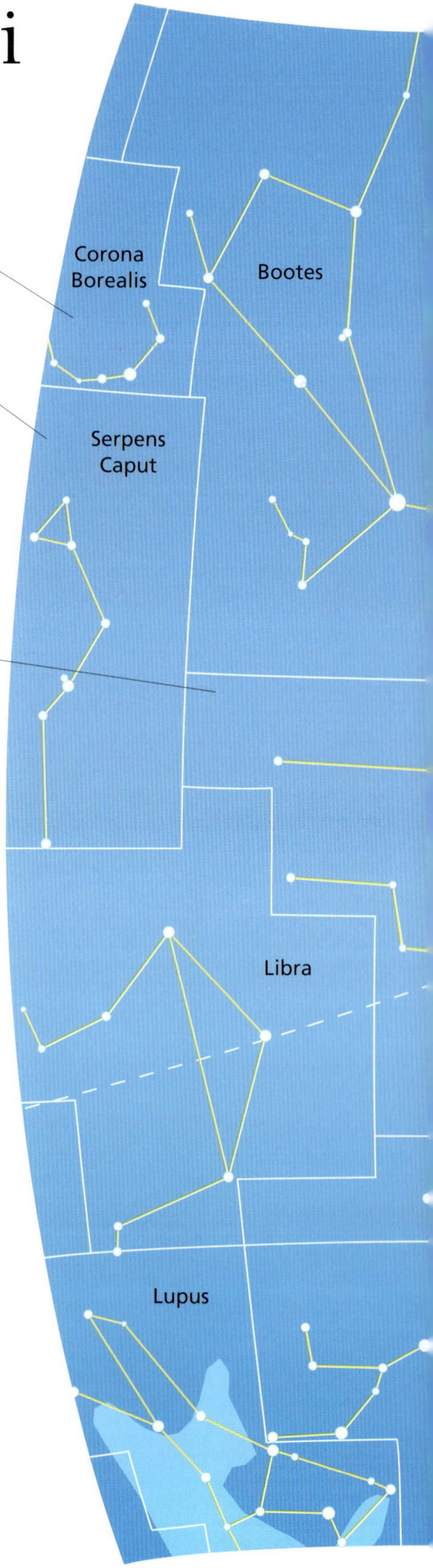

LEGENDE DER NICHTSTELLAREN OBJEKTE | Milchstraße | Galaxie | Kugelhaufen | Offener Haufen | Emissionsnebel | Planetarischer Nebel

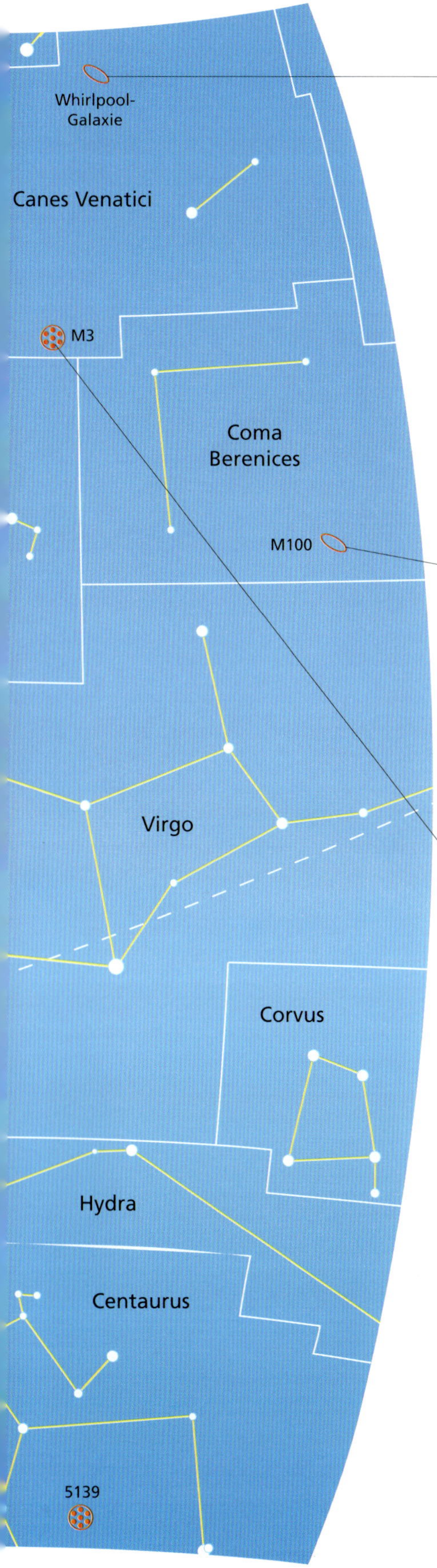

Die Whirlpool-Galaxie in Canes Venatici

Von der Erde aus schauen wir fast senkrecht von oben auf diese Galaxie (M51). Die meisten Ferngläser zeigen sie als runden Lichtfleck, doch in einem größeren Teleskop wird ihre feuerradähnliche Gestalt erkennbar. Über einen verlängerten Spiralarm ist eine irreguläre Begleitgalaxie, NGC 5195, mit ihr verbunden.

M100 in Coma Berenices

Die Spiralarme der Galaxie M100 sind nur mit einem großen Teleskop zu sehen. In einem kleineren Instrument wirkt dieses Mitglied des Virgo-Haufens (S. 109) wie ein runder Lichtfleck mit hellem Zentrum und könnte mit einem Kugelhaufen verwechselt werden.

M3 in Canes Venatici

Dieser Kugelhaufen, einer der hellsten am Himmel, enthält etwa eine halbe Million Sterne und ist im Fernglas als leuchtendes Wölkchen zu sehen. Um einzelne Sterne des Haufens auszumachen, ist ein Teleskop mit mindestens 100 mm Öffnung nötig.

TIPS FÜR BEOBACHTER

Man vergewissere sich beim Beobachten des Virgo-Haufens, welche Galaxie man gerade betrachtet, bevor man zur nächsten weitergeht, weil es bei der Vielzahl von Galaxien leicht zu Verwechslungen kommen kann.

Der lockere Sternhaufen, der das Haar in Coma Berenices (Haar der Berenike) bildet, bedeckt etwa 5° am Himmel. Daher ist er nur in Instrumenten mit geringer Vergrößerung und großem Gesichtsfeld als zusammengehöriger Haufen erkennbar.

LEGENDE DER STERN-GRÖSSENKLASSEN ● –1 ● 0 ● 1 ● 2 • 3 • 4 • 5

Mai/Juni: Die wichtigsten Sternbilder

Zwei dieser Sternbilder, Canes Venatici und Coma Berenices, enthalten zahlreiche Galaxien, von denen viele im Fernglas sichtbar sind. In Canes Venatici liegt die reizvolle Whirlpool-Galaxie, eine der schönsten am Himmel. Da wir sie direkt von oben sehen, ist ihre herrliche Spiralstruktur deutlich erkennbar. Coma Berenices bietet M64, eine Galaxie mit einer charakteristischen dunklen Staubwolke vor ihrem Zentrum.

Lupus *Wolf*

Breite

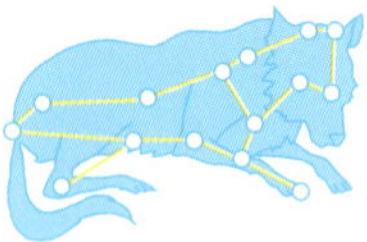

Die Gestalt des Wolfes, zwischen Scorpius (S. 109) und Centaurus (S. 102) gelegen, ist leicht auszumachen, sobald man diese beiden Sternbilder gefunden hat. Wo das Band der Milchstraße Lupus durchquert, findet man mehrere Sternhaufen. Der offene Haufen NGC 5822 mit seinen mehr als 100 Sternen ist wohl der attraktivste.

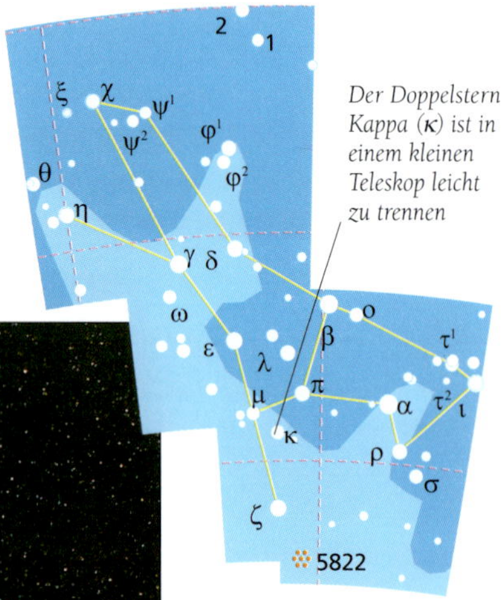

Der Sternhaufen NGC 5822
Dieser mit bloßem Auge sichtbare offene Haufen ist auch ein ideales Zielobjekt für Benutzer von Fernglas oder Teleskop.

Corona Borealis *Nördliche Krone*

Breite

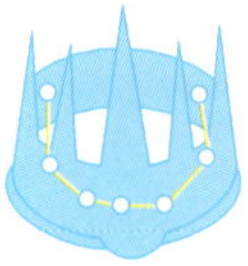

Dieses Sternbild ist zwar klein, aber wegen seiner charakteristischen Gestalt leicht zu finden. Der strahlend helle Stern Gemma bildet mit 2,2 mag das zentrale Juwel der Krone. Im Inneren des Halbkreises liegt der Veränderliche R, der zwischen 6 und 14 mag schwankt.

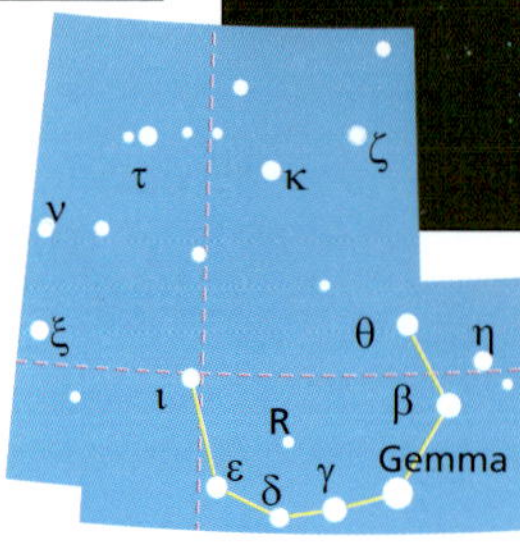

Bootes *Bärenhüter*

Breite

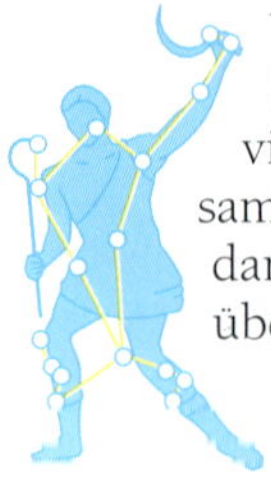

Der strahlend orangefarbene Arktur, mit 0 mag vierthellster Stern am Himmel, lenkt die Aufmerksamkeit auf dieses Sternbild, das einen Bärenhüter darstellen soll, der Ursa Major (den Großen Bären) über den Himmel treibt. Der Name Arktur ist griechisch und bedeutet ebenfalls »Bärenhüter«. Von einem bestimmten Gebiet in Bootes geht jedes Jahr im Januar der Quadrantiden-Meteorschauer (S. 74–75) aus.

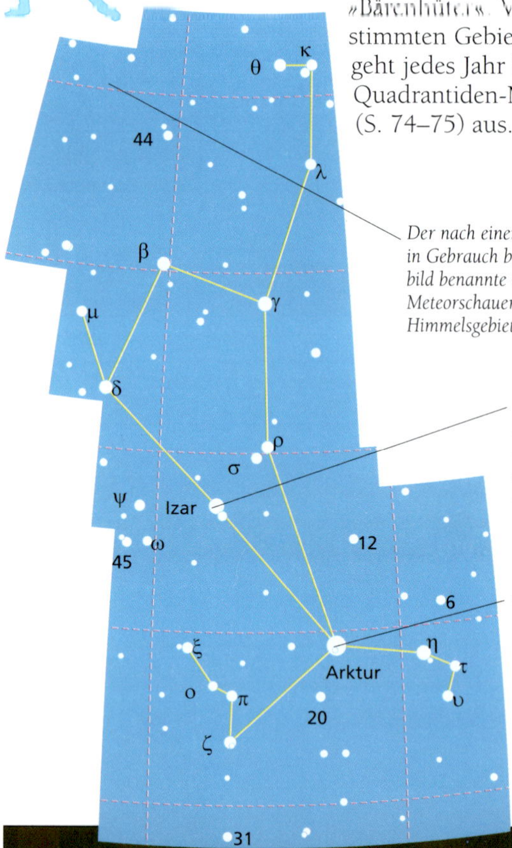

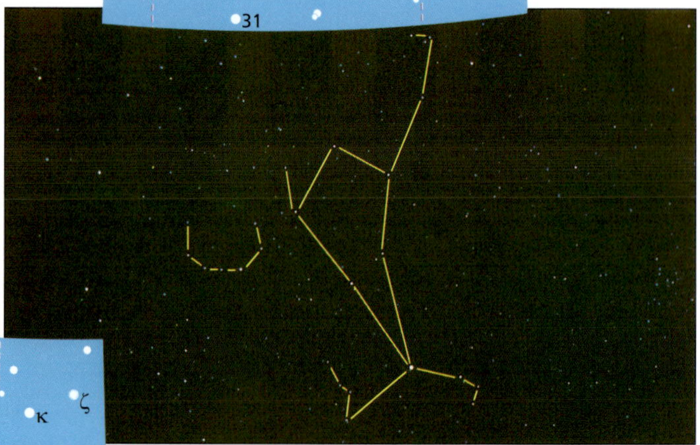

Sterne in Corona Borealis und Bootes
Der drachenähnliche Umriss von Bootes ist im Zentrum des Bildes auszumachen; die halbkreisförmige Sterngruppe links davon ist Corona Borealis.

LEGENDE DER NICHTSTELLAREN OBJEKTE: Milchstraße · Galaxie · Kugelhaufen · Offener Haufen · Emissionsnebel · Planetarischer Nebel

Corvus *Rabe*

Breite

Dieses kleine Sternbild in einem sternarmen Himmelsgebiet südlich von Virgo (S. 109) soll einen Raben darstellen, der auf dem Körper von Hydra (S. 117) hockt. Am Rand der Konstellation liegt ein Paar kollidierender Galaxien, die sogenannten Antennen-Galaxien, die in einem kleinen Teleskop wie ein angebissener Schmalzkringel aussehen.

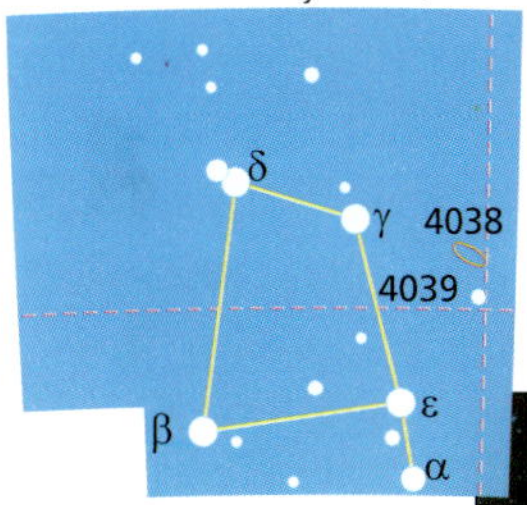

Sterne in Corvus
Die mit bloßem Auge sichtbaren hellen Sterne in Corvus bilden ein Trapez.

Serpens Caput *Haupt der Schlange*

Breite

Dies ist die eine Hälfte des Sternbilds Serpens, das von Ophiuchus (S. 105) zweigeteilt wird. Serpens Cauda, der Schwanz der Schlange, wird erst später im Jahr sichtbar (S. 125). Ein Sterndreieck markiert den Kopf und eine gewundene Linie die vordere Körperhälfte. In einer ansonsten recht öden Himmelsgegend liegt der auffällige Sternhaufen M5.

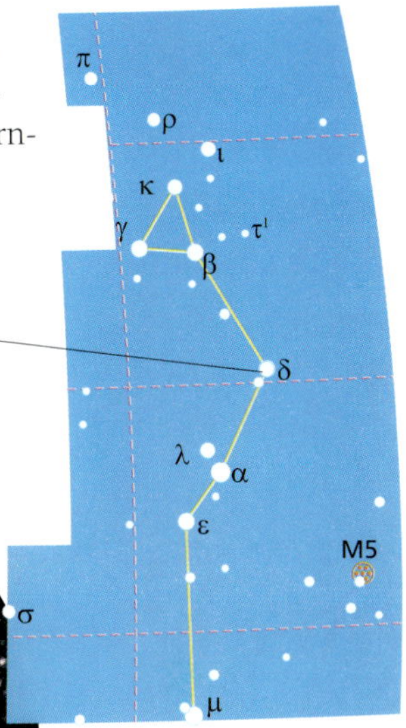

Die beiden Komponenten des Doppelsterns (S. 86) Delta (δ) sind in einem kleinen Teleskop erkennbar

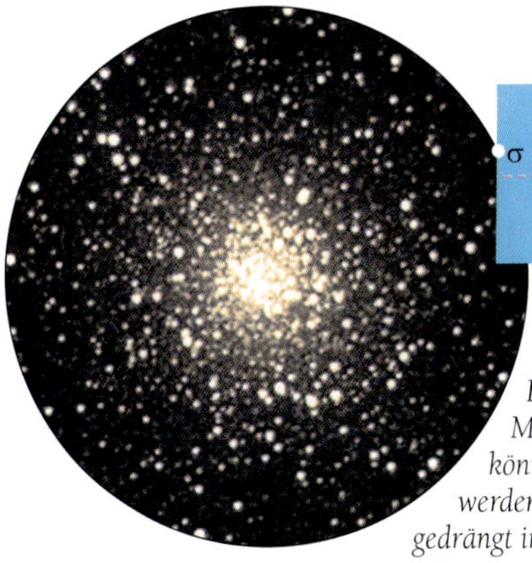

Der Kugelhaufen M5
Einige der rund einer halben Million Sterne dieses Haufens können in einem Teleskop aufgelöst werden. Die übrigen liegen dicht gedrängt in seinem Zentrum.

Canes Venatici *Jagdhunde*

Breite

Nur mit viel Fantasie sind die beiden Jagdhunde des Bootes auszumachen, in denen lediglich die beiden Sterne Cor Caroli und Beta (β) sofort zu erkennen sind, und zwar unter dem Schwanz von Ursa Major (S. 98). Cor Caroli, mit 2,9 mag der hellere der beiden, hat einen 5 mag hellen Begleiter. Zwei Spiralgalaxien, die Whirlpool-Galaxie und M94, wirken in einem kleinen Teleskop wie verwaschene runde Lichtfleckchen. Der Kugelhaufen M3 ist gerade noch mit bloßem Auge sichtbar.

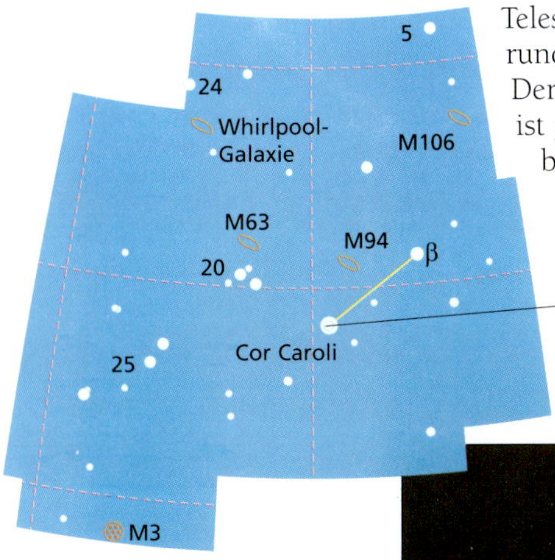

Cor Caroli ist ein in einem kleinen Teleskop leicht zu trennender Doppelstern

Sterne in Canes Venatici
Auf dieser Ansicht mit bloßem Auge sind die Sterne Alpha (α) und Beta (β) erkennbar. Alpha heißt auch Cor Caroli (Karls Herz), 1673 nach Charles I. von England benannt.

Coma Berenices *Haar der Berenike*

Breite

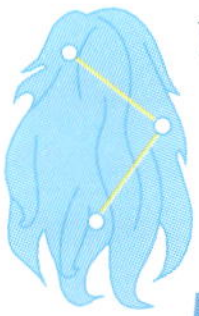

Das unscheinbare Sternbild mit nur wenigen beachtenswerten Sternen grenzt an Virgo (S. 109). Viele Galaxien des Virgo-Coma-Haufens liegen im Grenzgebiet zwischen diesen beiden Konstellationen. Am eindrucksvollsten ist wohl die Galaxie NGC 4565.

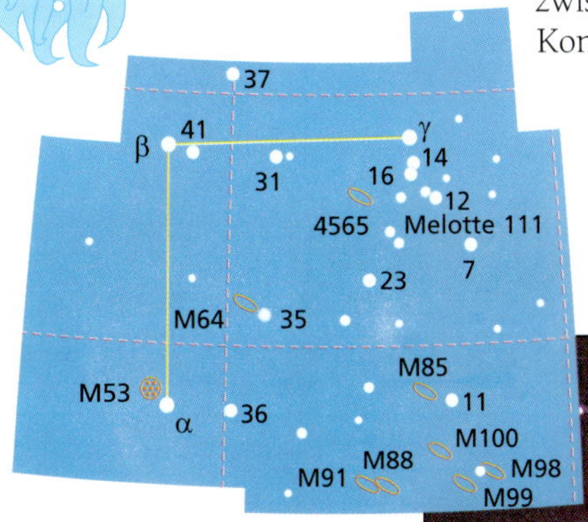

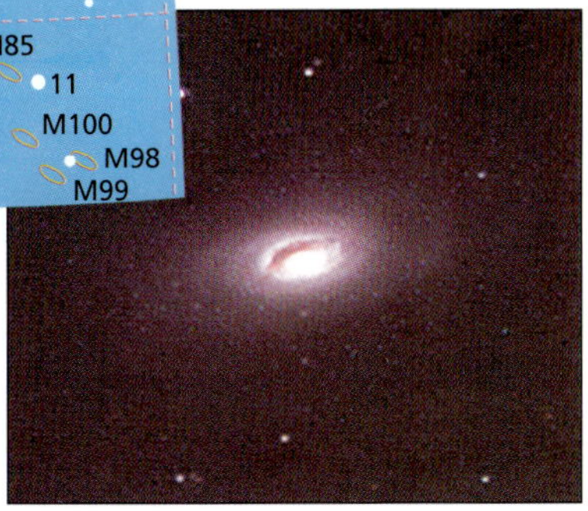

Die Spiralgalaxie M64
Die dunkle Staubwolke vor dem hellen Zentrum dieser Galaxie, die ihr im englischen Sprachraum den Namen »Schwarzes Auge« eingebracht hat, ist nur im Teleskop zu sehen.

LEGENDE DER STERN-GRÖSSENKLASSEN: –1, 0, 1, 2, 3, 4, 5, 6

JANUAR FEBRUAR MÄRZ APRIL MAI JUNI JULI AUGUST SEPTEMBER OKTOBER NOVEMBER DEZEMBER

Der Himmel im Juli/ August

Die prächtigen Tierkreis-Sternbilder Sagittarius und Scorpius beherrschen – insbesondere auf der Südhalbkugel – den Nachthimmel im Juli und August. Sie liegen in einem sternreichen Teil der Milchstraße und enthalten viele interessante Objekte. Auf der Nordhalbkugel sind Sagittarius und Scorpius nicht überall sichtbar, Hercules, Aquila und Lyra dafür umso besser. (Die wichtigsten Sternbilder finden Sie auf S. 124–125).

Auffinden der Sternbilder

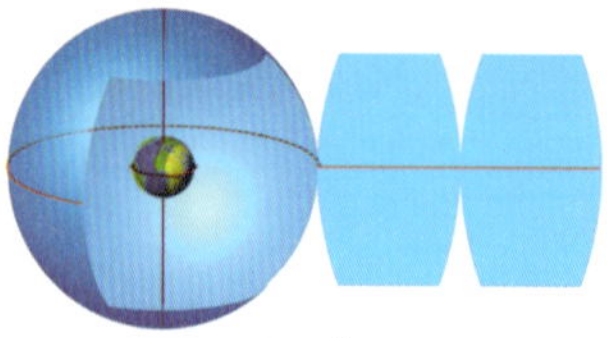

Stellen Sie mit Hilfe der Planisphäre fest, welche dieser Sternbilder an Ihrem Beobachtungsstandort zu welcher Uhrzeit sichtbar sind. Auf der Nordhalbkugel stehen Hercules und Hydra im Zenit. Beobachter auf der südlichen Hemisphäre sehen Scorpius und Sagittarius und den dichtesten Teil der Milchstraße.

M56 in Lyra
Am Rand des Sternbilds Lyra liegt der Kugelhaufen M56, der wie ein verwaschener Stern mit einem hellen Zentrum aussieht. Die Sterne in den Außenregionen des Haufens können mit einem 15-cm-Teleskop aufgelöst werden.

Der Wildenten-Haufen in Scutum
Der Sternhaufen M11 in Scutum trägt diesen Spitznamen, weil er angeblich einer Formation Wildenten gleicht. Er enthält Hunderte von Sternen, die größtenteils in einem kleinen Teleskop sichtbar sind.

Dieser planetarische Nebel in Lyra, der sogenannte Ring-Nebel, ist schon im Fernglas hübsch anzusehen

Lyra gehört zu den auffälligsten Sternbildern am Nordhimmel und ist für Beobachter nördlich von 42°S vollständig sichtbar

LEGENDE DER NICHTSTELLAREN OBJEKTE: Milchstraße | Galaxie | Kugelhaufen | Offener Haufen | Emissionsnebel | Planetarischer Nebel

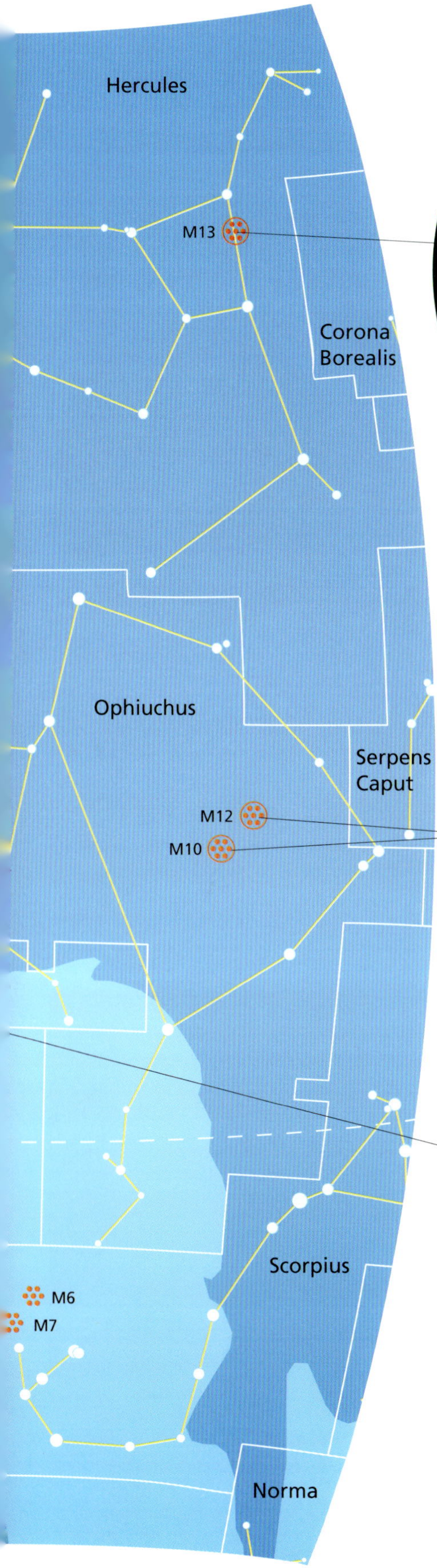

Die beiden Kugelhaufen M10 und M12 in Ophiuchus können gleichzeitig beobachtet werden; M12 ist der lockerere der beiden

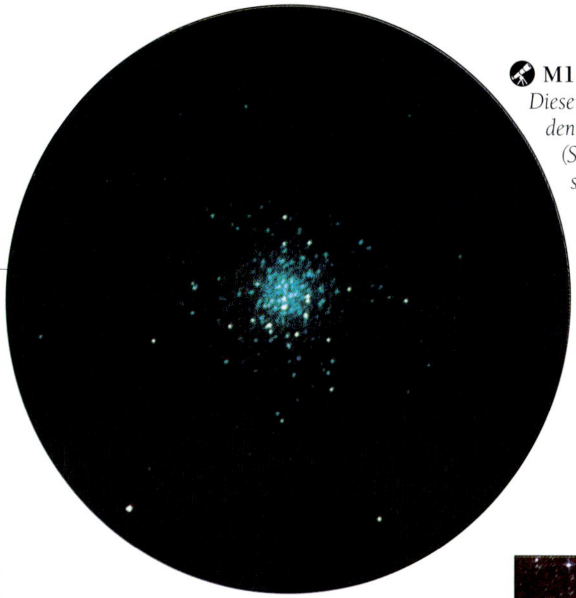

M13 in Hercules

Dieser Kugelhaufen mit seinen Hunderttausenden von Sternen zählt nach Omega Centauri (S. 101) und 47 Tucanae (S. 100) zu den schönsten am Himmel. Im Fernglas gleicht er einer verschwommenen Wolke mit etwa einem halben Vollmonddurchmesser, doch in einem Teleskop von mindestens 10 cm Öffnung sind viele seiner Sterne deutlich sichtbar.

Der Himmel in Sagitta

Die Pfeil-Gestalt des Sternbilds Sagitta ist im Fernglas meistens deutlich erkennbar. Manchmal jedoch, wie auf dieser Aufnahme, ist sie vor dem dichten Sternenhintergrund der Milchstraße kaum zu sehen.

M16 in Serpens und M17 in Sagittarius

Oben auf diesem Foto sieht man den vom Adler-Nebel umgebenen Sternhaufen M16 in Serpens Cauda, unten den Omega-Nebel (M17), der zu Sagittarius gehört.

TIPS FÜR BEOBACHTER

Der Wildenten-Haufen (M11) kann leicht fälschlich für einen Kugelhaufen gehalten werden, da seine Sterne dicht gedrängt liegen und im Fernglas wie ein nicht aufgelöster Kugelhaufen erscheinen.

Beim Beobachten des Omega-Nebels (M17) sieht man als erstes einen hellen Wolkenbalken. Um den lichtschwächeren Teil des Nebels zu erkennen, der sich von dem Balken weg krümmt, wende man die Technik des indirekten Sehens (S. 15) an.

LEGENDE DER STERN-GRÖSSENKLASSEN –1 0 1 2 3 4 5

Juli/August: Die wichtigsten Sternbilder

Die Hauptsternbilder im Juli und August reichen von sehr großen wie Hercules, dem Helden der griechischen Sage, bis zu sehr kleinen wie Sagitta. Alle aber bieten für jede Art von Beobachtungsinstrument interessante Objekte. Hercules enthält M13, den hellsten Kugelhaufen am Nordhimmel, und Sagitta einen interessanten kurzperiodischen Bedeckungsveränderlichen (S. 86). Die strahlende Wega und der hell leuchtende Atair in Lyra bzw. Aquila sind zu dieser Zeit des Jahres die beiden hellsten Sterne am Himmel. Zusammen mit Deneb in Cygnus (S. 129) bilden sie das charakteristische Sommerdreieck.

Sagitta *Pfeil*

Breite

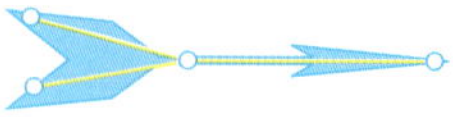

Sagitta, eines der kleinsten Sternbilder am Himmel, liegt in der Milchstraße südlich von Vulpecula und Cygnus und nördlich von Aquila. Es hat keine hellen Sterne, aber der lockere Kugelhaufen M71, in seiner Mitte halbwegs zwischen Gamma (γ) und Delta (δ) gelegen, ist ein lohnendes Objekt für Fernglas- oder Teleskopbeobachter.

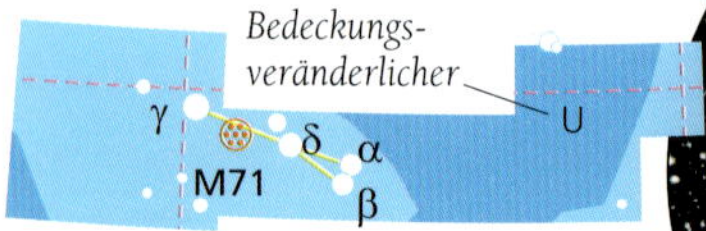

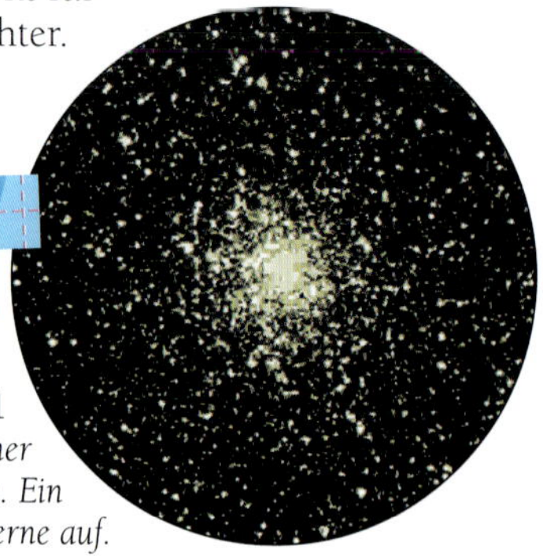

Der Sternhaufen M71
Obwohl M71 eher wie ein offener Haufen aussieht, ist er ein Kugelhaufen. Ein Teleskop löst ihn in seine einzelnen Sterne auf.

Hercules *Herkules*

Breite

Hercules ist das fünftgrößte Sternbild. Der Kopf des Helden weist zum Himmelssüdpol, seine Füße zeigen zum Himmelsnordpol. 4 helle Sterne bilden seinen kastenförmigen Rumpf, das charakteristische »Viereck«. Beta (β), ein 2,8 mag heller gelber Riese, ist der hellste Stern der Konstellation und markiert das Knie des Herkules. Der Veränderliche Ras Algethi, im Kopf gelegen, schwankt mit einer Periode von 90 Tagen zwischen 3 und 4 mag.

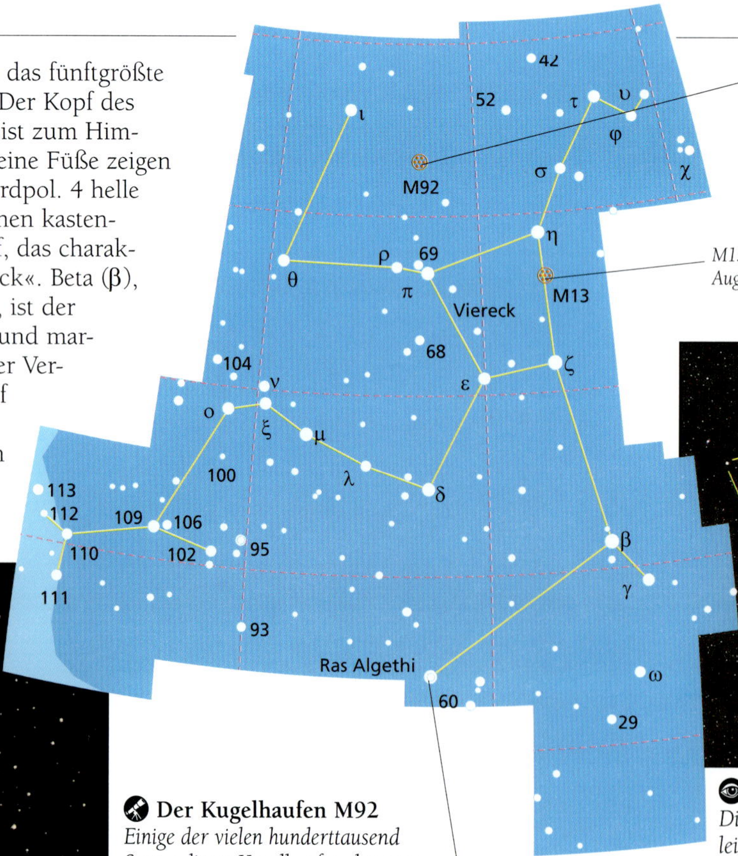

Der Kugelhaufen M92
Einige der vielen hunderttausend Sterne dieses Kugelhaufens können mit einem Teleskop von mindestens 10 cm Öffnung aufgelöst werden, doch die meisten bleiben nur ein verschwommener Lichtfleck.

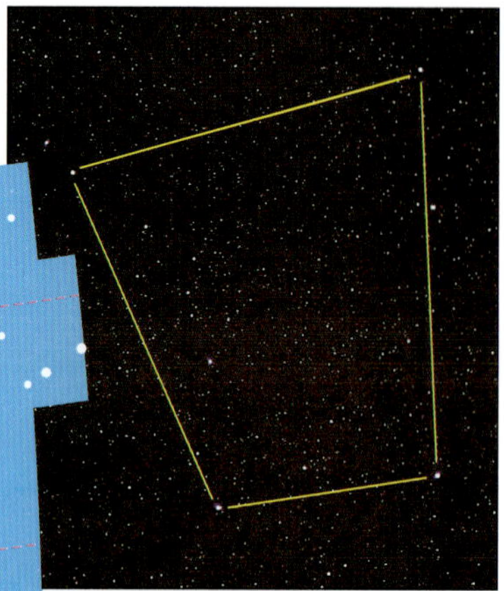

Sterne in Hercules
Die Figur des Hercules ist nicht leicht am Himmel auszumachen. Am besten geht man von den 4 Sternen des Vierecks aus, die den Rumpf bilden (hier zu sehen), und folgt von dort aus den einzelnen Gliedmaßen.

LEGENDE DER NICHTSTELLAREN OBJEKTE: Milchstraße | Galaxie | Kugelhaufen | Offener Haufen | Emissionsnebel | Planetarischer Nebel

Lyra *Leier*

Breite

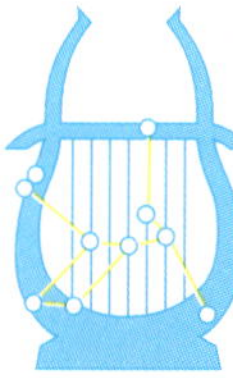

Durch die strahlend bläulich weiße Wega – mit 0 mag der fünfthellste Stern am Himmel – ist Lyra leicht zu finden. Doch auch die lichtschwächeren Sterne der Konstellation sind interessant. Der Veränderliche (S. 87) Sheliak schwankt, von einem nicht sichtbaren Begleiter umkreist, zwischen 3,4 und 4,3 mag. Epsilon (ε) ist ein Vierfachstern, und der berühmte planetarische Nebel M57, der Ring-Nebel, gleicht einem Ring aus Zigarettenrauch.

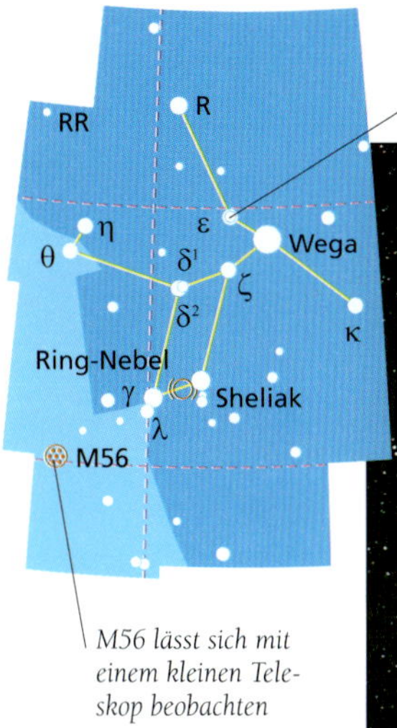

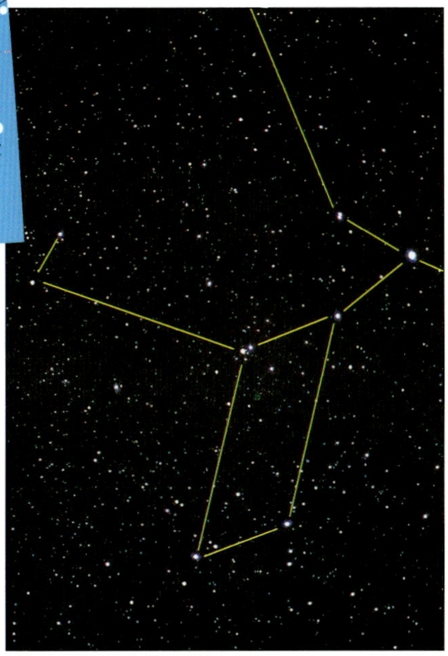

Sterne in Lyra
Die helle Wega markiert eine der Saiten, die lichtschwächeren Sterne den Körper des Musikinstruments.

Serpens Cauda *Schwanz der Schlange*

Breite

Der Kopf des durch Ophiuchus (S. 105) zweigeteilten Sternbilds Serpens wird auf S. 121 besprochen. Serpens Cauda, der Schwanz, ist weniger auffällig, wird aber von der Milchstraße durchquert. Hier liegt der Sternhaufen M16 mit seinem umgebenden Emissionsnebel (S. 88–89), der wegen der charakteristischen Form seines zentralen Staubbandes Adler-Nebel genannt wird. In einem Fernglas mit entsprechenden Filtern sind die Gaswolken zu sehen.

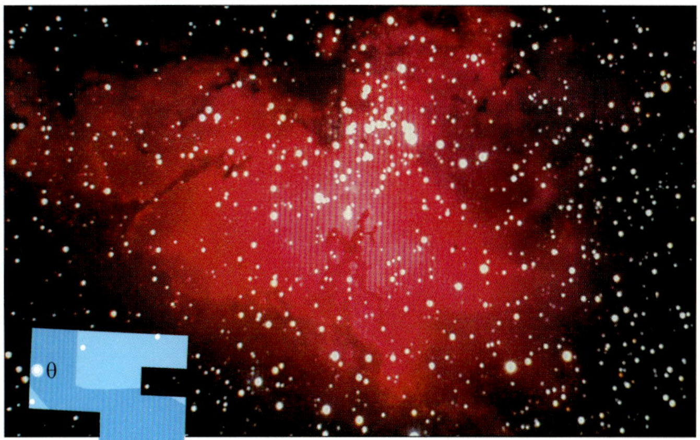

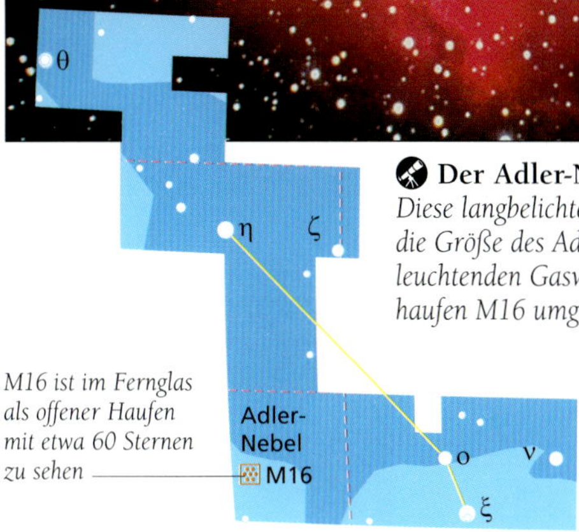

Der Adler-Nebel und M16
Diese langbelichtete Aufnahme zeigt die Größe des Adler-Nebels mit seiner leuchtenden Gaswolke, die den Sternhaufen M16 umgibt.

Aquila *Adler*

Breite

In der griechischen Sage war Aquila der Adler, der die Blitze des Gottes Zeus trug. Der Name des hellsten Sterns der Konstellation, Atair, ist arabisch und bedeutet »fliegender Adler«. Der Stern bildet zusammen mit Deneb in Cygnus und Wega in Lyra das helle Sommerdreieck. Ein Teil von Aquila liegt in der Milchstraße, die dort, insbesondere an der Grenze zu Scutum, dichte Sternfelder aufweist.

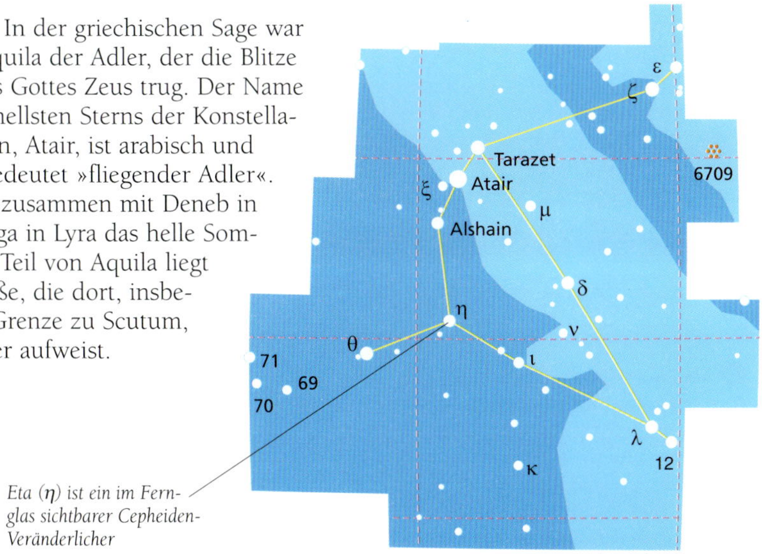

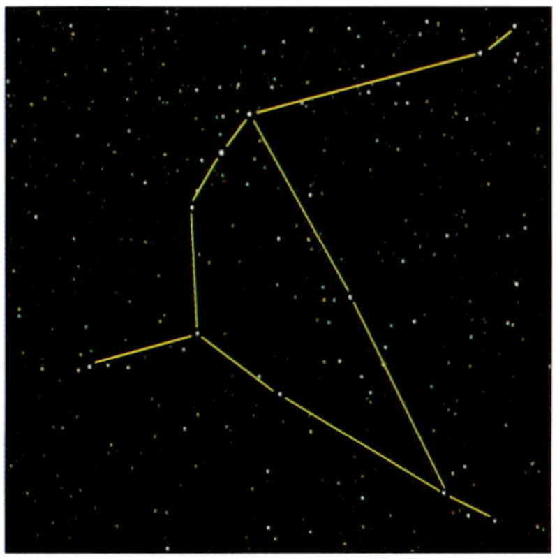

Sterne in Aquila
Der strahlend helle Atair ist in der oberen Mitte der Figur leicht auszumachen. Er wird flankiert von den hellen Sternen Alshain und Tarazet.

LEGENDE DER STERN-GRÖSSENKLASSEN: –1, 0, 1, 2, 3, 4, 5, 6

Der Himmel im September/ Oktober

Herausragende Sternbilder in dieser Zeit des Jahres sind die Tierkreis-Sternbilder Capricornus und Aquarius (S. 108). Aquarius, das nördlichere der beiden, steht überall auf der Erde ganz oder teilweise über dem Horizont, während Capricornus nur südlich von 62°N zu sehen ist. Pegasus kündigt Beobachtern auf der Nordhalbkugel den herannahenden Herbst, auf der Südhalbkugel den Frühling an.

Auffinden der Sternbilder

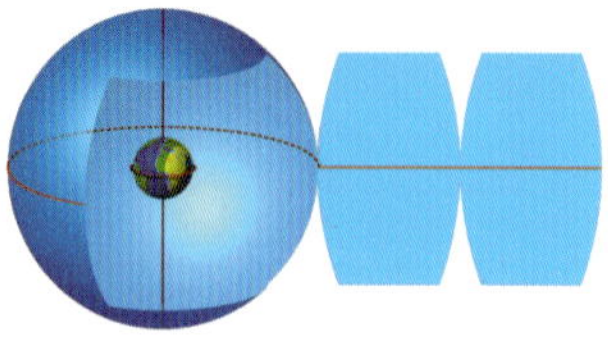

Stellen Sie mit Hilfe der Planisphäre fest, welche dieser Sternbilder bei Ihnen zu welcher Uhrzeit sichtbar sind. Beobachter auf der Nordhalbkugel sehen Cygnus und die Milchstraße hoch über sich im Zenit. Auf der Südhalbkugel hingegen steht die große Konstellation Pegasus am nördlichen Horizont.

Stephans Quintett in Pegasus
Dieses Galaxien-Quintett ist nur im Teleskop sichtbar. Zusammen haben die fünf eine mittlere Helligkeit von 13 mag und sind als verschwommene Lichtflecke zu sehen. Ihre unterschiedliche Gestalt wird nur in großen Instrumenten erkennbar.

Piscis Austrinus und Aquarius am Nachthimmel
Das Foto zeigt Piscis Austrinus (unten rechts) mit seinem hellen Stern Fomalhaut. Über ihm steht Aquarius, zu dessen Linken Pisces, und darunter ist ein Teil von Cetus zu sehen.

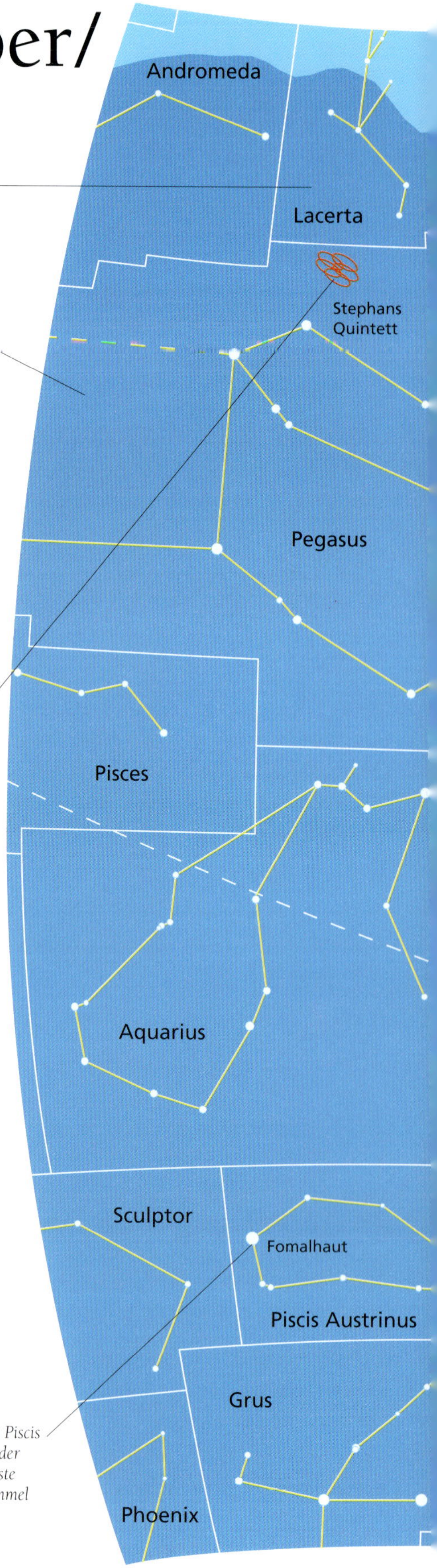

Lacerta ist nur für Beobachter nördlich von 33°S sichtbar

Das leicht erkennbare Pegasus-Quadrat steht auf der Nordhalbkugel hoch am Himmel

Fomalhaut in Piscis Austrinus ist der achtzehnthellste Stern am Himmel

LEGENDE DER NICHTSTELLAREN OBJEKTE: Milchstraße | Galaxie | Kugelhaufen | Offener Haufen | Emissionsnebel | Planetarischer Nebel

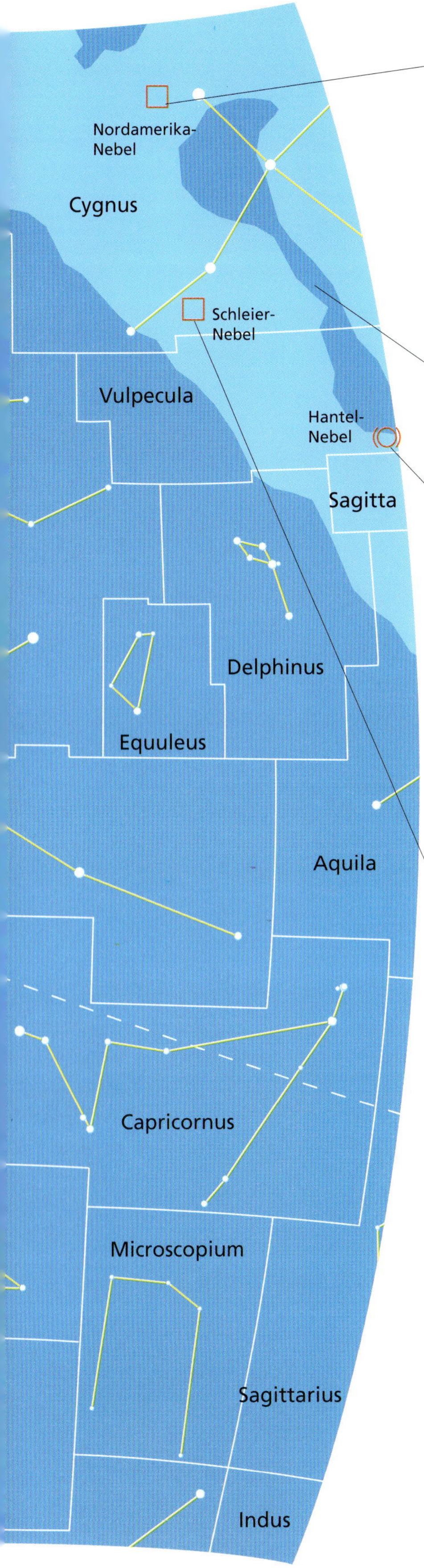

Ein als Cygnus-Spalt bekannter dunkler Staubstreifen teilt das helle Band der Milchstraße

Der Nordamerika-Nebel in Cygnus
Dieser bemerkenswerte Nebel (NGC 7000), dessen Form an den nordamerikanischen Kontinent erinnert, ist am besten auf langbelichteten Teleskopaufnahmen zu sehen. Wegen der hellen Milchstraße im Hintergrund ist der Nebel nicht leicht mit bloßem Auge auszumachen.

Der Hantel-Nebel in Vulpecula
Den Anblick dieses prächtigen Nebels (M27) vergisst man nicht so leicht. Er zählt zu den schönsten planetarischen Nebeln überhaupt und ist schon im Fernglas sichtbar. Um seine Hantelform und Farbe zu erkennen, ist jedoch ein Teleskop nötig.

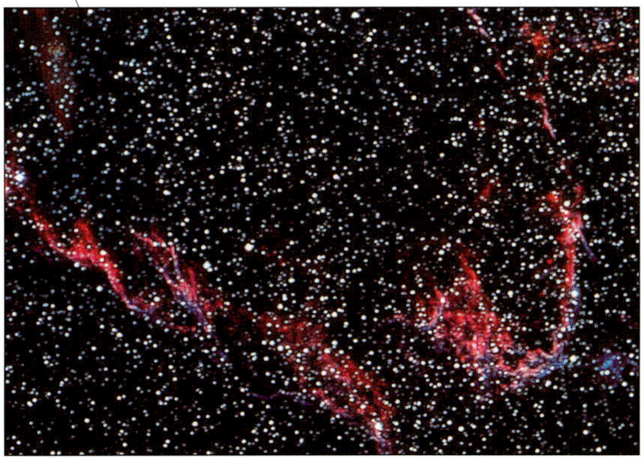

Der Schleier-Nebel in Cygnus
Die über dieses Sternfeld verstreuten hellen Gas- und Staubfetzen sind die Überreste eines Sterns, der am Ende seines Lebens als Supernova (S. 89) explodierte. Einige der hellsten Streifen sind im Fernglas sichtbar.

TIPS FÜR BEOBACHTER

Um die sanduhrförmige Gestalt des herrlichen Hantel-Nebels M27 in Vulpecula und seine reizvolle blaugrüne Farbe zu erkennen, braucht man mindestens ein 15-cm-Teleskop.

Der Helix-Nebel (NGC 7293) in Aquarius erscheint so groß am Himmel, weil er der uns am nächsten gelegene planetarische Nebel ist. Da sich sein Licht über eine so große Fläche verteilt, ist er am besten im Fernglas und nicht in einem Teleskop mit seinem kleineren Gesichtsfeld zu sehen.

LEGENDE DER STERN-GRÖSSENKLASSEN –1 0 1 2 3 4 5

September/Oktober: Die wichtigsten Sternbilder

Im letzten Quartal des Jahres dominiert das Pegasus-Quadrat den Himmel. In der Nähe des hellen Sterns Enif, der die Nase des Pferdes markiert, liegt der prächtige Kugelhaufen M15. Cygnus identifizieren nördliche Beobachter rasch, da dieses Sternbild an einen die Milchstraße entlang fliegenden Schwan erinnert. Auch Delphinus ist wegen seiner Kaulquappen-Gestalt leicht zu erkennen. Fomalhaut in Piscis Austrinus zählt zu den hellsten Sternen am Himmel, und in Vulpecula liegt der herrliche Hantel-Nebel.

Delphinus *Delfin*

Breite

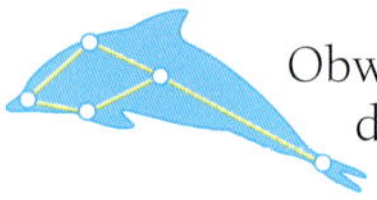

Obwohl seine Hauptsterne nicht sehr hell sind, ist dieses Sternbild leicht anhand seiner charakteristischen Gestalt zu erkennen. Seine beiden hellsten Sterne, Sualocin und Rotanev, haben nur 3,8 bzw. 3,6 mag. Der Kugelhaufen NGC 6934 (9 mag) ist im Fernglas gerade noch sichtbar.

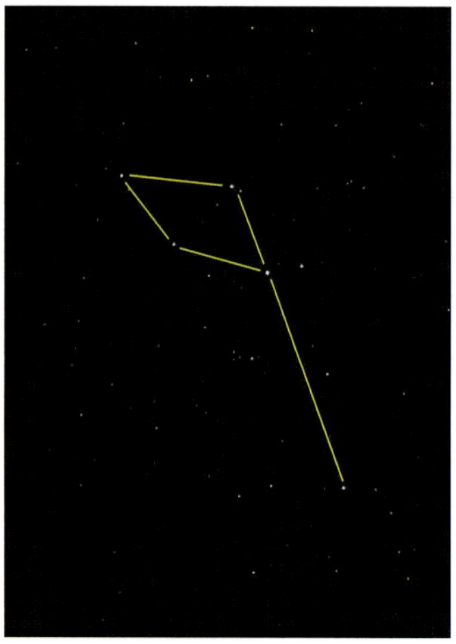

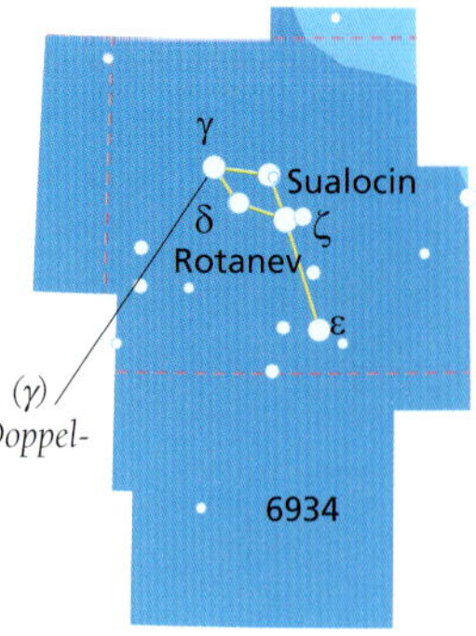

Gamma (γ) ist ein Doppelstern

Sterne in Delphinus
Die charakteristische Form von Delphinus ist gut mit bloßem Auge zu beobachten. Die 4 Sterne des Kopfes heißen auch »Jobs Sarg«.

Pegasus *Pegasus*

Breite

Dieses große Sternbild, das Kopf und Vorderleib des geflügelten Pferdes aus der griechischen Sage darstellen soll, ist durch das charakteristische Pegasus-Quadrat leicht zu finden. Zu den 4 Sternen dieser Figur zählt auch Alpheratz, der früher Pegasus und Andromeda gemeinsam gehörte, heute aber offiziell Andromeda (S. 132) zugerechnet wird. Die große Spiralgalaxie NGC 7331 ist im Fernglas sichtbar, andere Galaxien wie Stephans Quintett sind nur im Teleskop auszumachen.

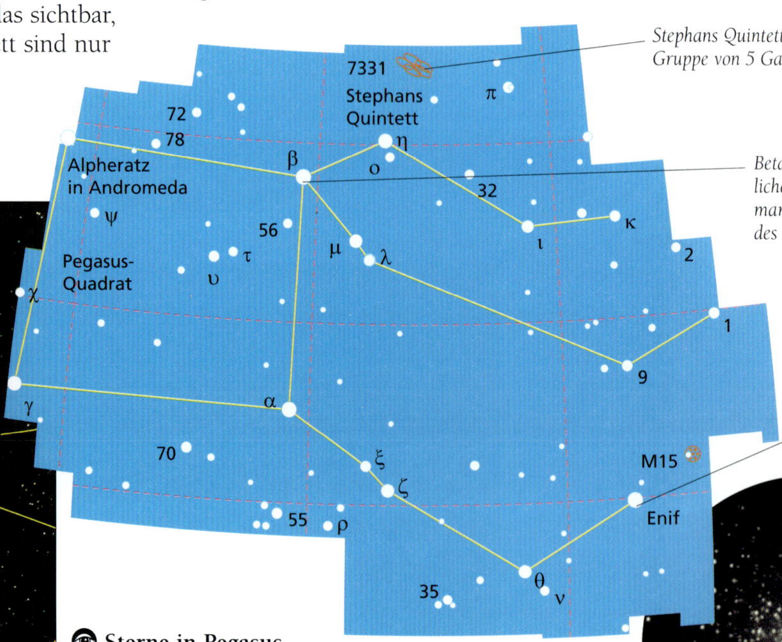

Stephans Quintett ist eine Gruppe von 5 Galaxien

Beta (β), ein Veränderlicher Roter Riese, markiert einen Eckpunkt des Pegasus-Quadrats

Enif ist ein Doppelstern mit 2 und 9 mag hellen Komponenten

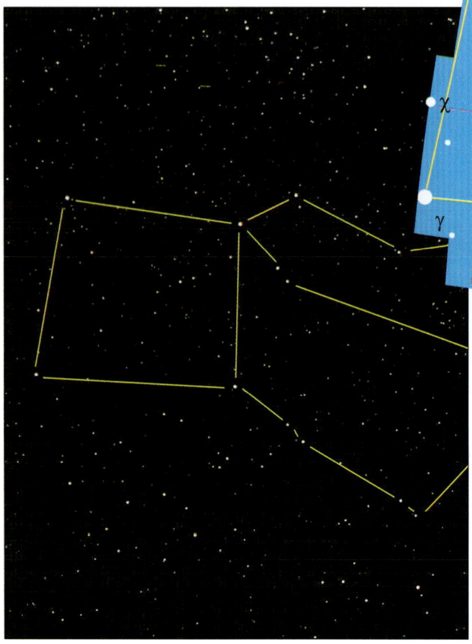

Sterne in Pegasus
Auf den ersten Blick wirkt der Himmel innerhalb des Pegasus-Quadrats leer, doch je nach Sichtbedingungen sind darin 30 bis 50 Sterne mit bloßem Auge sichtbar.

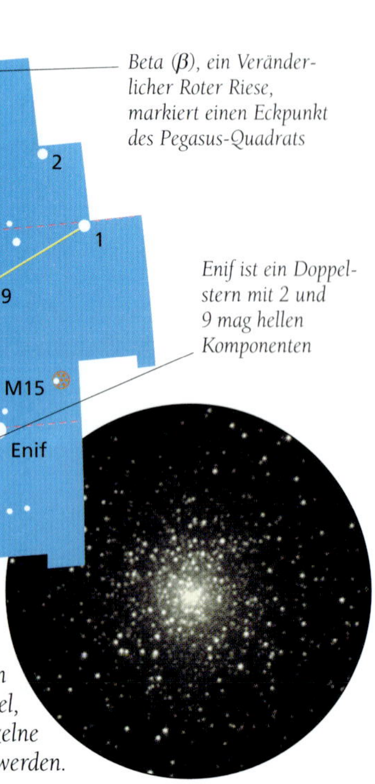

Der Kugelhaufen M15
M15, einer der schönsten Kugelhaufen am Himmel, kann im Teleskop in einzelne Sterne aufgelöst werden.

LEGENDE DER NICHTSTELLAREN OBJEKTE: Milchstraße | Galaxie | Kugelhaufen | Offener Haufen | Emissionsnebel | Planetarischer Nebel

Cygnus *Schwan*

Breite

5 kreuzförmig angeordnete Sterne machen Cygnus zu einem leicht identifizierbaren Sternbild. Der Schwan liegt im Band der Milchstraße, so dass es für Fernglasbeobachter viel zu sehen gibt. Der planetarische Nebel NGC 6826 wird oft auch Blinkender planetarischer Nebel genannt. NGC 6992 ist Teil des Schleier-Nebels (S. 88), eines Supernova-Überrests.

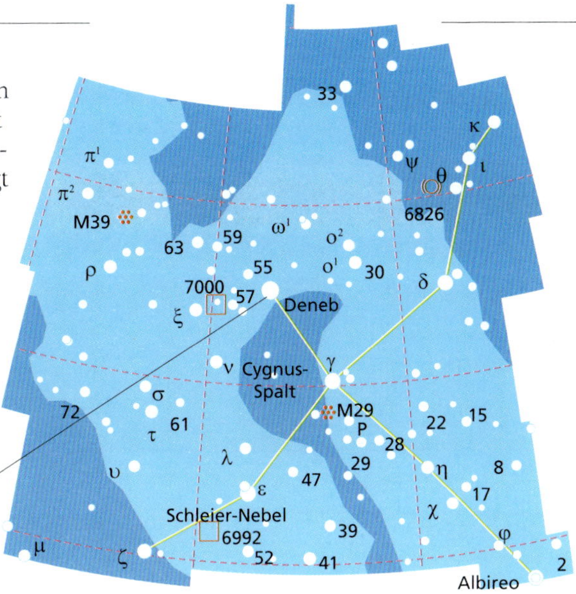

Deneb ist einer der 3 Sterne des Sommerdreiecks (S. 124)

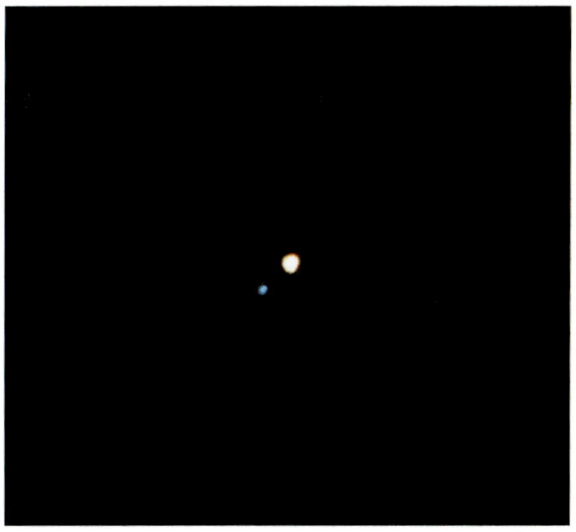

Albireo
Dieser Doppelstern lässt sich im Teleskop leicht trennen, und die unterschiedlichen Farben der beiden Komponenten, gelb und blaugrün, sind deutlich erkennbar.

Piscis Austrinus *Südlicher Fisch*

Breite

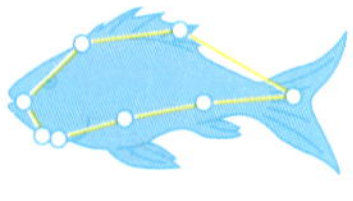

Durch den strahlend hellen Fomalhaut (arab. »Fischmaul«), der zu den 20 hellsten Sternen zählt, ist Piscis Austrinus leicht am Himmel auszumachen. Die restlichen Sterne der Konstellation sind alle sehr viel lichtschwächer.

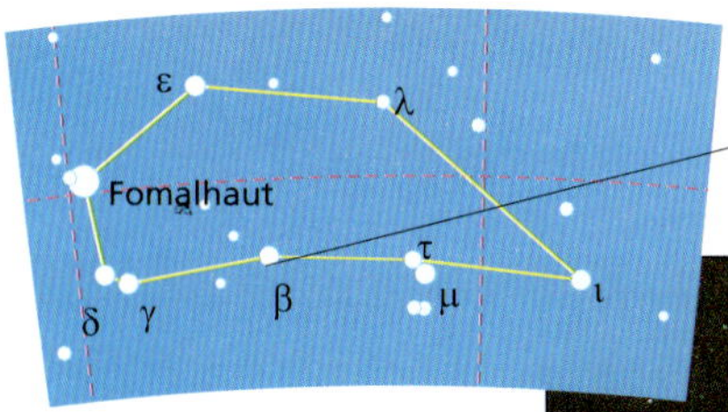

Beta (β) ist ein weiter Doppelstern

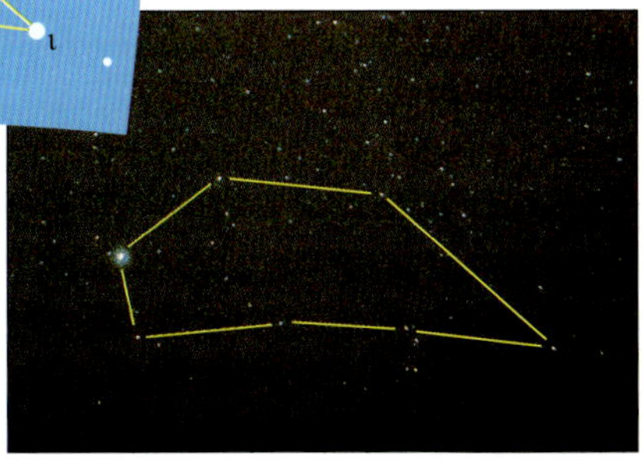

Sterne in Piscis Austrinus
Fomalhaut hebt sich deutlich vom Rest des Sternbilds und den benachbarten Sternen ab.

Lacerta *Eidechse*

Breite

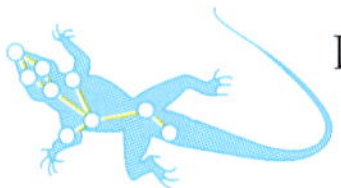

Das kleine, unbedeutende Sternbild enthält außer den beiden im Fernglas sichtbaren offenen Sternhaufen NGC 7243 und NGC 7209 keine nennenswerten Objekte. Im letzten Jahrhundert sind in Lacerta 3 mit bloßem Auge sichtbare helle Novae (S. 98) ausgebrochen, die einiges Interesse erregten.

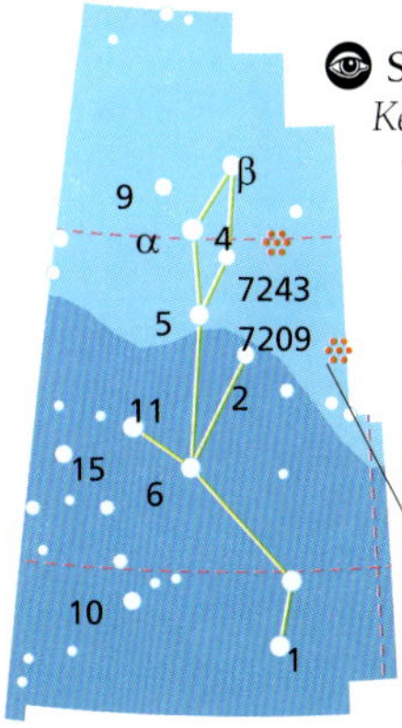

Sterne in Lacerta
Kein Stern in Lacerta ist heller als 4 mag, so dass das Sternbild schwer auszumachen ist.

Die Sterne dieses Haufens lassen sich in einem Teleskop beobachten

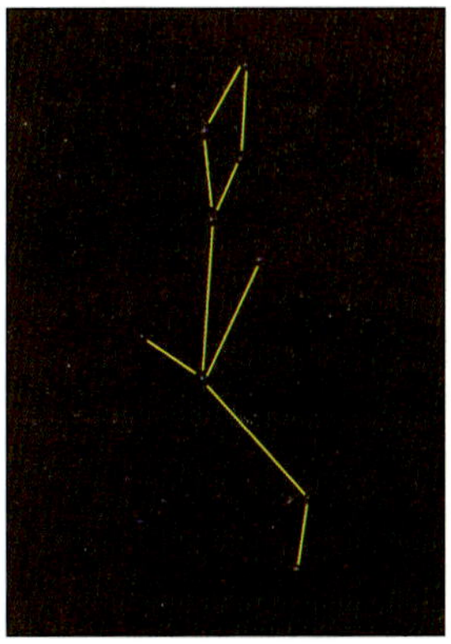

Vulpecula *Fuchs*

Breite

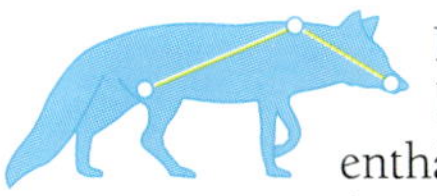

Das Sternbild ist nicht leicht zu finden, doch es enthält einen bemerkenswerten planetarischen Nebel, den sogenannten Hantel-Nebel (M27). Der Name rührt von der Doppelkegelform der Gaswolke her, die von einem sterbenden Stern ausgestoßen wurde. Die Kegel sind jedoch nur in einem großen Teleskop deutlich zu sehen.

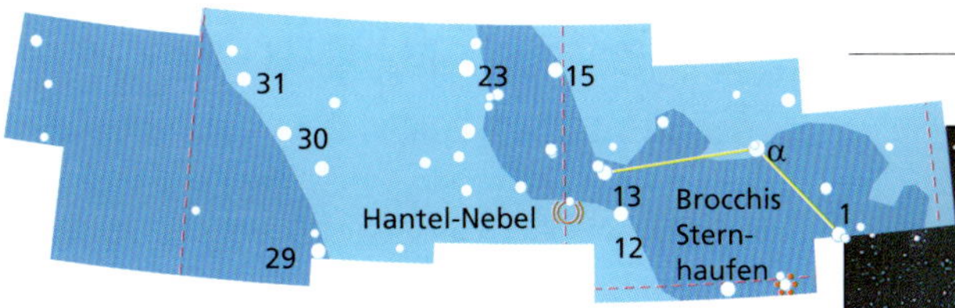

Brocchis Sternhaufen
Dieser offene Haufen hat die Form eines Kleiderbügels und ist leicht mit einem Fernglas zu beobachten.

LEGENDE DER STERN-GRÖSSENKLASSEN –1 0 1 2 3 4 5 6

Der Himmel im November/ Dezember

Die Tierkreis-Sternbilder Aries und Pisces (S. 107) sind recht unscheinbar, aber Perseus, Andromeda und Triangulum enthalten viele helle Sterne und nichtstellare Objekte. Cetus und Eridanus sind sehr ausgedehnte Konstellationen und nur für Beobachter auf der Südhalbkugel vollständig sichtbar. (Die wichtigsten Sternbilder finden Sie auf S. 132–133.)

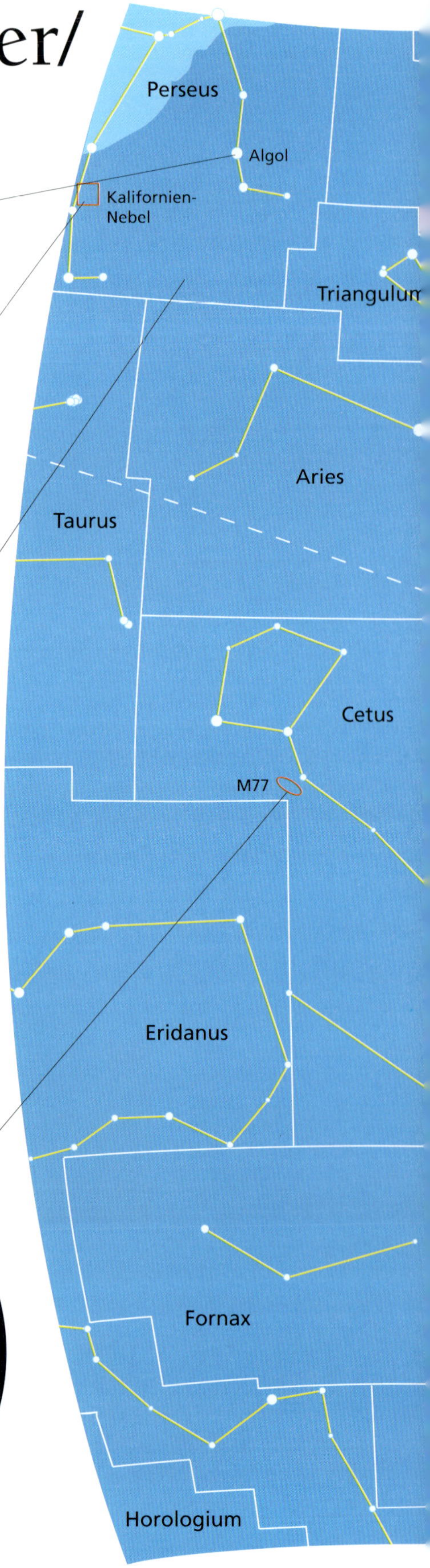

Auffinden der Sternbilder

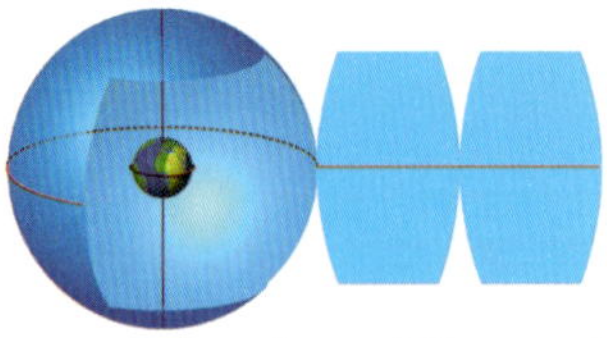

Stellen Sie mit Hilfe der Planisphäre fest, welche dieser Sternbilder bei Ihnen zu welcher Uhrzeit sichtbar sind. Auf der Nordhalbkugel stehen Andromeda und Perseus hoch am Himmel, Beobachter auf der Südhalbkugel sehen zuerst Cetus und später dann Eridanus im Zenit.

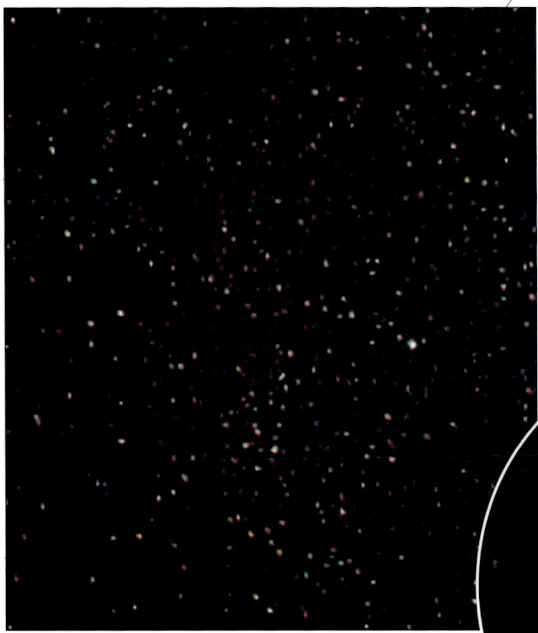

Der Kalifornien-Nebel in Perseus
Mit viel Geduld kann man diesen Nebel (NGC 1499), der wie der US-amerikanische Bundesstaat Kalifornien geformt ist, im Fernglas ausmachen. Die Gas- und Staubwolke des Nebels ist 6 mag hell, doch da sich ihr Licht über eine große Fläche verteilt, beträgt die Flächenhelligkeit nur rund 14 mag.

M77 in Cetus
Das helle Zentrum der 9 mag hellen Galaxie M77 und ihre Spiralarme sind nur im Teleskop sichtbar. Im Fernglas erscheint sie als blasser, runder Nebelfleck.

LEGENDE DER NICHTSTELLAREN OBJEKTE: Milchstraße | Galaxie | Kugelhaufen | Offener Haufen | Emissionsnebel | Planetarischer Nebel

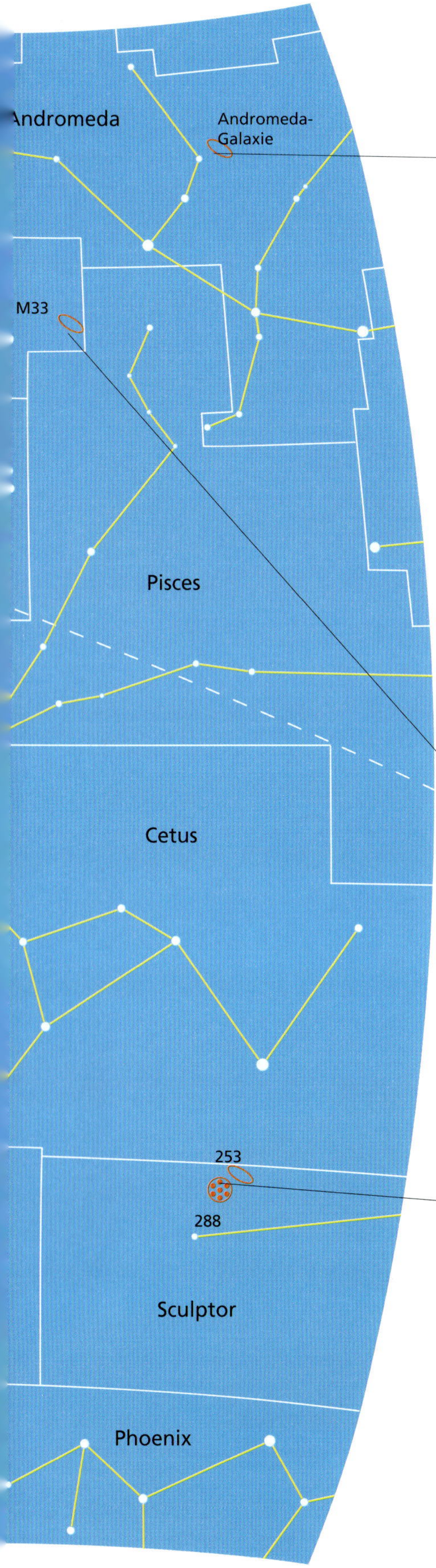

Die Andromeda-Galaxie
Die wunderschöne Andromeda-Galaxie (M31), eine Riesenspiralgalaxie, ist mit bloßem Auge sichtbar, wenn auch keine einzelnen Sterne auszumachen sind. Im Teleskop oder auf einer langbelichteten Aufnahme ist ihre Spiralstruktur jedoch deutlich erkennbar. M31 hat 2 kleine elliptische Begleitgalaxien: NGC 205 (rechts im Bild) und M32 (unten links).

M33 in Triangulum
Diese langbelichtete Aufnahme zeigt Einzelheiten und Ausdehnung von M33, manchmal auch Triangulum-Galaxie genannt. Das helle Zentrum besteht aus einer dichten Sternansammlung, von der spiralförmig Arme aus Gas und Sternen ausgehen. Die hellen Punkte sind Gas- und Sternkonzentrationen in den Armen.

NGC 253 und NGC 288 in Sculptor
Das Sternbild Sculptor ist südlich von 50°N sichtbar, doch seine größten Sehenswürdigkeiten, die Spiralgalaxie NGC 253 (rechts) und der Kugelhaufen NGC 288 (links), sind am besten auf der Südhalbkugel zu beobachten.

TIPS FÜR BEOBACHTER

Die mit 6,5 mag angegebene Helligkeit von M33 wird nicht punktförmig wie von einem Einzelstern abgestrahlt, sondern ist über 1° Himmelsfläche verteilt. Aus diesem Grund beobachtet man sie am besten in einem Fernglas mit großem Gesichtsfeld beziehungsweise in einem Teleskop bei geringer Vergrößerung.

Cetus gilt traditionsgemäß als Walfisch, doch manche Beobachter erkennen in diesem Sternbild eher einen Liegestuhl.

LEGENDE DER STERN GRÖSSENKLASSEN: -1, 0, 1, 2, 3, 4, 5

November/Dezember: Die wichtigsten Sternbilder

Die benachbarten Sternbilder Andromeda und Triangulum sind beide wohlbekannt, allerdings nicht wegen heller Sterne, sondern jeweils wegen einer Galaxie: Andromeda enthält die wunderschöne Andromeda-Galaxie (M31) und Triangulum die Triangulum-Galaxie (M33). M31 ist das entfernteste mit bloßem Auge sichtbare Objekt am Himmel und eine Nachbargalaxie unserer eigenen Galaxis, der Milchstraße.

Eridanus *Fluß Eridanus*

Breite

Eridanus mäandert über den Himmel und verbindet dabei zwei helle Sterne: Rigel in Orion (S. 112) am oberen Ende und Achernar in Eridanus am unteren. Achernar, dessen Name im Arabischen »Ende des Flusses« bedeutet, ist der neunthellste Stern am Himmel. Zwischen diesen beiden hell strahlenden Sternen windet sich ein Fluss aus lauter lichtschwächeren. Da Eridanus nahe am Himmelsäquator beginnt und nach Süden bis fast 60°S »fließt«, sehen viele Beobachter nur einen Teil seines Laufs.

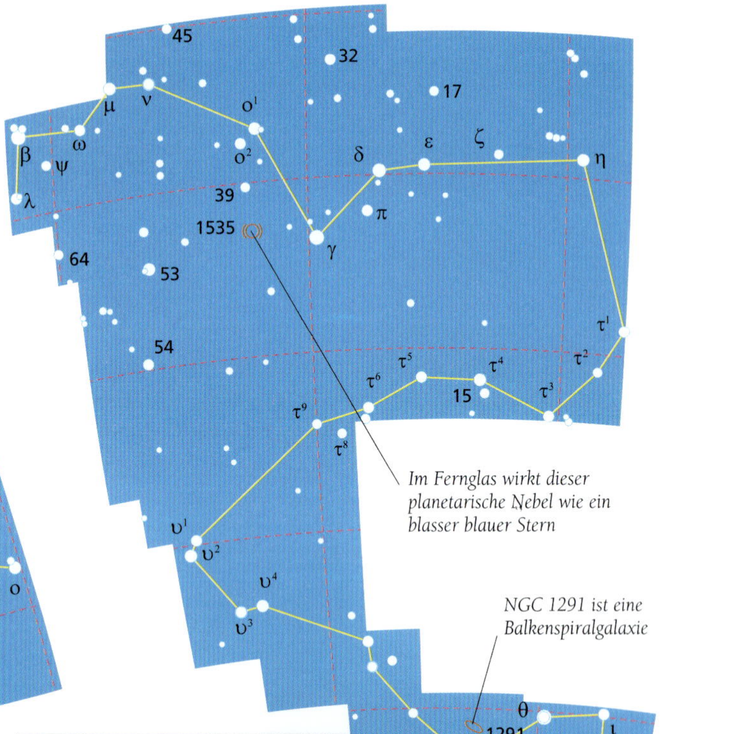

Sterne in Eridanus
Der Lauf von Eridanus ist mit bloßem Auge zu erkennen. Hier sieht man das südliche Ende mit Achernar knapp über dem Horizont. Chi (χ) und Phi (φ) liegen unterhalb und links der Mitte.

Andromeda *Andromeda*

Breite

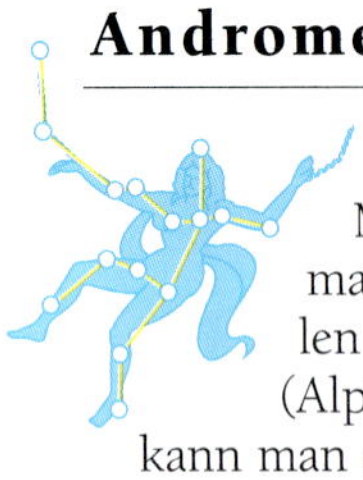

Die Sterne in Andromeda bilden kein auffälliges Muster. Am besten findet man sie daher, indem man das Pegasus-Quadrat (S. 128) mit seinen 4 hellen Sternen lokalisiert, von denen einer, Alpheratz (Alpha, α), zu Andromeda gehört. Von diesem Stern kann man eine Linie ziehen zu Mirach (Beta, β), in dessen Nähe die mit bloßem Auge als schwacher Nebelfleck sichtbare Andromeda-Galaxie (M31) liegt.

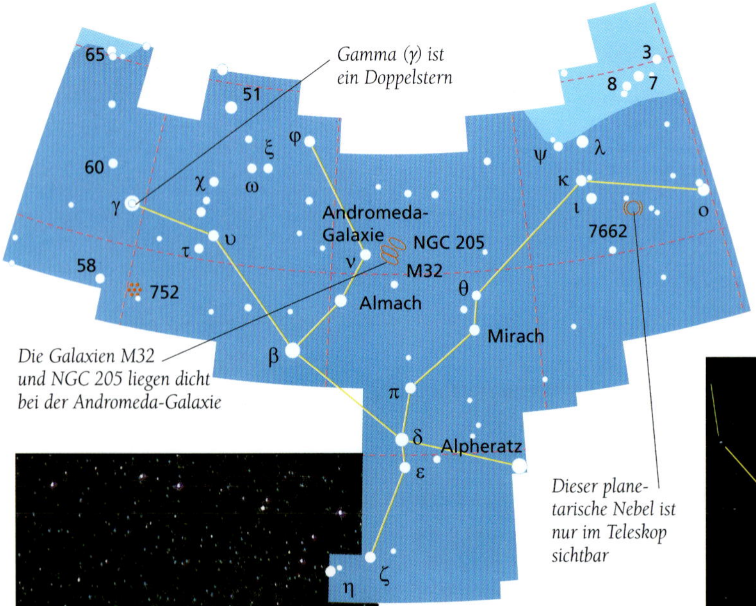

Die Andromeda-Galaxie
Im Fernglas erkennt man die Spiralstruktur der Galaxie. Ihr dichter Kern ist als hell leuchtender zentraler Fleck zu sehen.

LEGENDE DER NICHTSTELLAREN OBJEKTE: Milchstraße · Galaxie · Kugelhaufen · Offener Haufen · Emissionsnebel · Planetarischer Nebel

Triangulum *Dreieck*

Breite

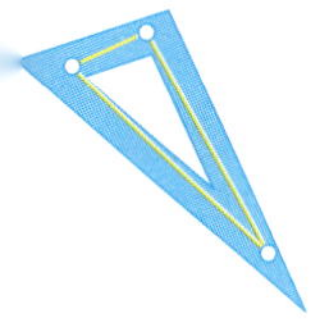

Die hellen Sterne in Triangulum bilden ein einfaches Dreieck, das leicht am Himmel auszumachen ist. Das Sternbild enthält viele Galaxien, die aber zumeist nicht mit Amateurinstrumenten beobachtbar sind. Eine Ausnahme ist die Triangulum-Galaxie (M33). Nach der Andromeda-Galaxie und unserer eigenen Galaxis ist sie das drittgrößte Sternsystem der Lokalen Gruppe.

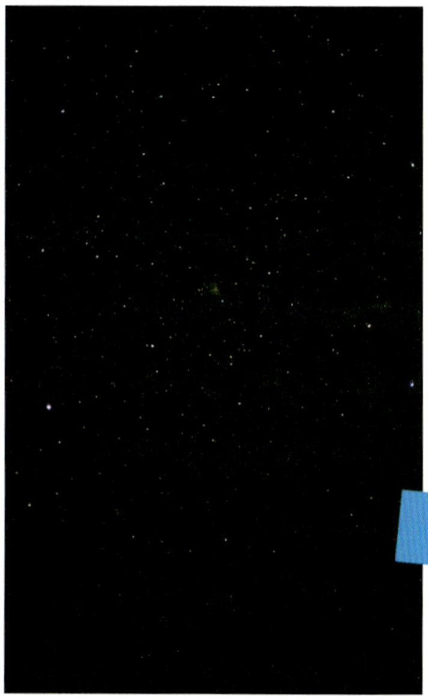

M33 (Triangulum-Galaxie)
Diese Spiralgalaxie ist zwar schwer auszumachen, doch gut im Fernglas zu beobachten.

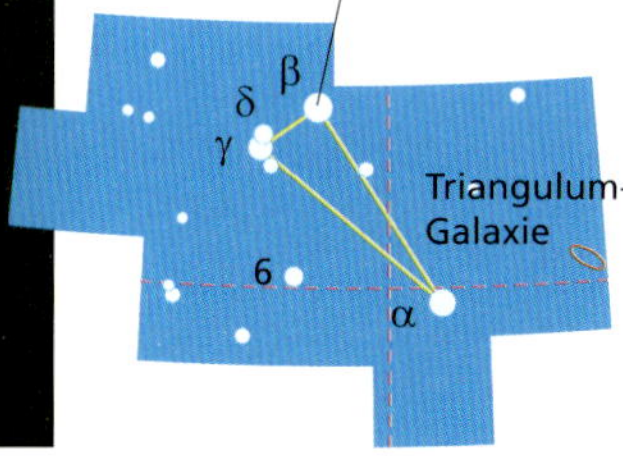

Beta (β) ist mit 3 mag der hellste Stern

Perseus *Perseus*

Breite

Perseus, Held der griechischen Sage, enthauptete das Ungeheuer Medusa. Der Hauptstern in Perseus – Algol, das schreckliche Auge der Medusa – ist ein berühmter Bedeckungsveränderlicher (S. 87), der mit einer Periode von knapp 3 Tagen zwischen 2,1 und 3,5 mag schwankt. Vom Sternbild Perseus geht auch jedes Jahr im August der Perseiden-Meteorschauer (S. 74–75) aus.

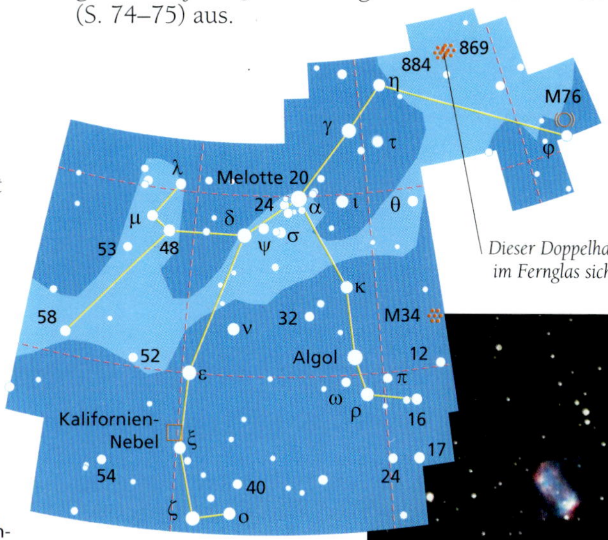

Dieser Doppelhaufen ist im Fernglas sichtbar

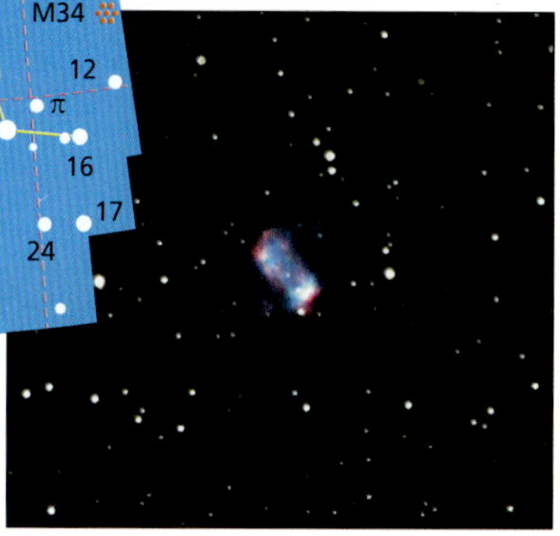

Der planetarische Nebel M76
M76, wegen seiner Ähnlichkeit zu M27 (S. 127) auch »Kleine Hantel« genannt, ist nur im Teleskop zu sehen.

Cetus *Walfisch*

Breite

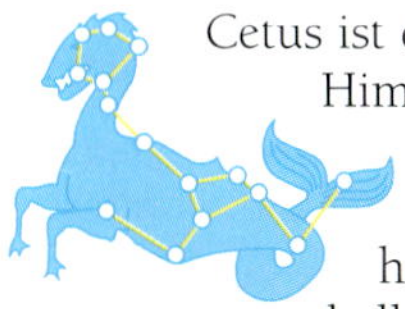

Cetus ist das viertgrößte Sternbild am Himmel. Sein Kopf liegt an der nördlichen, sein Körper an der südlichen Himmelshemisphäre. Es enthält keine hellen Sterne und nur einen, der von Interesse ist: Mira, einen pulsierenden Roten Riesen. Die meiste Zeit ist dieser Veränderliche (S. 87) nicht mit bloßem Auge sichtbar, doch im Maximum erreicht er 3 mag.

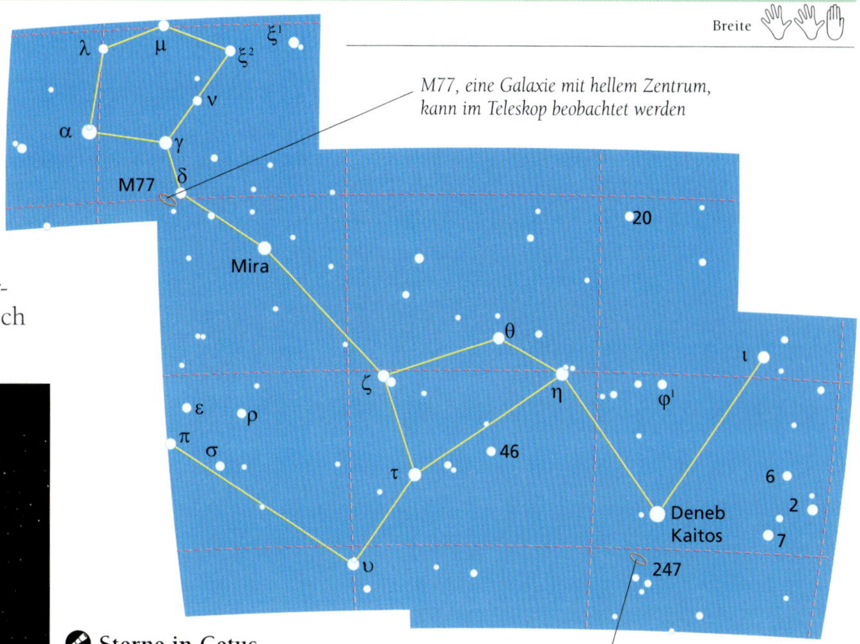

M77, eine Galaxie mit hellem Zentrum, kann im Teleskop beobachtet werden

Sterne in Cetus
Ein Kreis aus Sternen markiert den Kopf des Wals; den Schwanz erkennt man an Deneb Kaitos, dem hellen Stern unten rechts.

Die Galaxie NGC 247 (9 mag) gehört zur Sculptor-Gruppe und ist nur im Teleskop zu sehen

LEGENDE DER STERN-GRÖSSENKLASSEN: –1, 0, 1, 2, 3, 4, 5, 6

Beobachtungskalender

Dieser Terminkalender weist auf Objekte und Ereignisse hin, die nur oder am besten zu bestimmten Zeiten zu sehen sind. Er gilt für jedes Jahr, in nördlichen sowie südlichen Breiten. Stellen Sie mit Hilfe der Planisphäre fest, ob und zu welcher Zeit die Objekte an Ihrem Himmel stehen, und überprüfen Sie anhand der Sonnenauf- und -untergangszeiten, wann der Himmel dunkel ist.

Aufsetzen des Teleskops auf das Stativ

JANUAR

Die wichtigsten Objekte

M42, der Orion-Nebel im Schwert des Jägers Orion (S. 112), ist ein auffälliger Emissionsnebel, der am besten mit bloßem Auge zu sehen ist, wenn er hoch am Himmel steht.
Die Plejaden und Hyaden (Taurus) sind mit bloßem Auge sichtbar.

Ebenfalls sichtbar

Aldebaran (Taurus); Castor und Pollux (Gemini); Sirius (Canis Major); Prokyon (Canis Minor); M36, M37 und M38 (Auriga); M41 (Canis Major); M44, Bienenkorb-Haufen (Cancer)

Meteorschauer

Auf der Nordhalbkugel sind Anfang Januar die Quadrantiden sichtbar, die vom nördlichen Teil des Sternbild Bootes (S.120) ausgehen und am besten nach Mitternacht zu beobachten sind.

FEBRUAR

Die wichtigsten Objekte

M41 (Canis Major) ist unter guten Beobachtungsbedingungen mit bloßem Auge sichtbar.
NGC 2244 ist ein Sternhaufen im Zentrum des Rosetta-Nebels (Monoceros).
Die hellen Sterne **Beteigeuze** (Orion), **Prokyon** (Canis Minor) und **Sirius** (Canis Major) bilden am Nordhimmel das Winterdreieck. Es ist auch auf der Südhalbkugel sichtbar, wo aber Sommer herrscht.

Ebenfalls sichtbar

Aldebaran (Taurus); Castor und Pollux (Gemini); Rigel (Orion); M36, M37 und M38 (Auriga); M44, Bienenkorb-Haufen (Cancer); Hyaden und Plejaden (Taurus); M42, Orion-Nebel (Orion); NGC 3372, Eta-Carinae-Nebel (Carina)

MÄRZ

Die wichtigsten Objekte

M44, der Bienenkorb-Haufen (Cancer), ist unter guten Beobachtungsbedingungen mit bloßem Auge sichtbar. Im Fernglas sieht man ihn als Schwarm lichtschwacher Sterne.
NGC 3372, der Eta-Carinae-Nebel (Carina), liegt im Band der Milchstraße und ist mit bloßem Auge als heller Fleck zu sehen.
Der Kohlensack (Crux), ein Dunkelnebel in der Milchstraße, der die hinter ihm liegenden Sterne verbirgt, wirkt wie ein Loch am Himmel.

Ebenfalls sichtbar

Castor und Pollux (Gemini); Rigel und Beteigeuze (Orion); Sirius (Canis Major); Prokyon (Canis Minor); Regulus (Leo); Spica (Virgo); M36, M37 und M38 (Auriga); M41 (Canis Major); NGC 4755 (Crux); M42, Orion-Nebel (Orion); NGC 2244 (Monoceros)

JULI

Die wichtigsten Objekte

M22 (Sagittarius) ist einer der schönsten Kugelhaufen am Himmel. Dem bloßem Auge erscheint er nur wie ein verschwommener Stern, im Fernglas ist er jedoch sehr viel besser zu sehen.
Das sogenannte **Sommerdreieck** besteht aus 3 hellen Sternen, die zu unterschiedlichen Sternbildern gehören: **Wega** (Lyra), **Deneb** (Cygnus) und **Atair** (Aquila).
Der Cygnus-Spalt (Cygnus) ist ein mitten im Band der Milchstraße gelegener Dunkelnebel (S. 88–89).

Ebenfalls sichtbar

Arktur (Bootes); Spica (Virgo); Antares (Scorpius); M13 (Hercules); M6 und M7 (Scorpius); M27, planetarischer Nebel (Vulpecula)

AUGUST

Die wichtigsten Objekte

M8, der Lagunen-Nebel (Sagittarius), ist bei dunklem Himmel mit bloßem Auge sichtbar. Der Name des Nebels rührt von dem dunklen Staubstreifen in seinem Zentrum her. Unmittelbar daneben ist im Fernglas auch ein Schwarm lichtschwacher Sterne zu sehen.
Albireo (Cygnus) ist ein in einem kleinen Teleskop leicht zu trennender Doppelstern.

Ebenfalls sichtbar

Wega (Lyra); Deneb (Cygnus); Atair (Aquila); Antares (Scorpius); Fomalhaut (Piscis Austrinus); M13 (Hercules); M22 (Sagittarius); NGC 104 (Tucana); M27, planetarischer Nebel (Vulpecula)

Meteorschauer

Der reichste Meteorschauer des Jahres, die Perseiden, erreicht Mitte August sein Maximum, ist aber fast den ganzen Monat zu sehen.

SEPTEMBER

Die wichtigsten Objekte

Der planetarische Nebel **M27**, wegen seiner Form auch Hantel-Nebel genannt, ist schon im Fernglas auszumachen. Seine charakteristische Gestalt ist aber nur im Teleskop erkennbar. Er eignet sich gut für CCD-Aufnahmen.
Delta Cephei ist ein kurzperiodisch pulsierender Veränderlicher. Im Teleskop erkennt man außerdem noch einen lichtschwachen Begleiter.
47 Tucanae (NGC 104, Tucana), der zweitschönste Kugelhaufen am Himmel, sieht mit bloßem Auge wie ein verschwommener Stern aus.

Ebenfalls sichtbar

Wega (Lyra); Deneb (Cygnus); Atair (Aquila); Fomalhaut (Piscis Austrinus); NGC 869 und NGC 884, Doppelhaufen (Perseus); M31, Andromeda-Galaxie (Andromeda); Cygnus-Spalt (Cygnus)

Beobachtung des Nachthimmels mit dem Fernglas

APRIL

Die wichtigsten Objekte

Das Schmuckkästchen, NGC 4755 (Crux), steht auf der Südhalbkugel spätabends hoch am Himmel. Dem bloßem Auge erscheint der Sternhaufen wie ein verschwommener Stern, während man im Fernglas oder Teleskop seine verschiedenfarbigen Sterne wie Edelsteine leuchten sieht.

Ebenfalls sichtbar

Arktur (Bootes); Spica (Virgo); Regulus (Leo); Prokyon (Canis Minor); M44 (Cancer); NGC 2244 (Monoceros); NGC 5139, Omega Centauri (Centaurus); Kohlensack (Crux); NGC 3372, Eta-Carinae-Nebel (Carina)

Meteorschauer

Um den 21. April gehen von einem Punkt nahe Wega in Lyra die Lyriden aus.

MAI

Die wichtigsten Objekte

Omega Centauri (NGC 5139), der schönste Kugelhaufen am Himmel, ist auf der Südhalbkugel spätabends gut zu beobachten und mit bloßem Auge deutlich als verschwommener Fleck erkennbar.

Ebenfalls sichtbar

Arktur (Bootes); Spica (Virdo); Regulus (Leo); Antares (Scorpius); Wega (Lyra); M6 und M7 (Scorpius); M44 (Cancer); NGC 4755 (Crux); M13 (Hercules); NGC 3372, Eta-Carinae-Nebel (Carina)

Meteorschauer

Auf der Südhalbkugel sind von Ende April bis Ende Mai die vom Sternbild Aquarius ausgehenden Eta-Aquariden zu sehen. Ihr Maximum erreichen sie um den 5. Mai.

JUNI

Die wichtigsten Objekte

M13 in Hercules (S. 124), der schönste Kugelhaufen am Nordhimmel, steht spätabends hoch über dem Horizont. Bei dunklem Himmel ist er mit bloßem Auge deutlich zu erkennen.
Die beiden eindrucksvollen Sternhaufen **M6 und M7** in Scorpius (S. 109) sind zwar mit bloßem Auge vor dem Hintergrund der Milchstraße sichtbar, am besten aber im Fernglas zu bewundern.

Ebenfalls sichtbar

Arktur (Bootes); Spica (Virgo); Antares (Scorpius); Wega (Lyra); M22 (Sagittarius); NGC 5139, Omega Centauri (Centaurus); M8, Lagunen-Nebel (Sagittarius); M27, planetarischer Nebel (Vulpecula)

OKTOBER

Die wichtigsten Objekte

M31, die ferne Andromeda-Galaxie (Andromeda), ist mit bloßem Auge sichtbar.
Das Pegasus-Quadrat, gebildet aus 3 Sternen in Pegasus und 1 in Andromeda, ist sowohl am Nord- als auch am Südhimmel gut zu beobachten.

Ebenfalls sichtbar

Fomalhaut (Piscis Austrinus); Achernar (Eridanus); NGC 104 (Tucana); Hyaden und Plejaden (Taurus); NGC 869 und NGC 884 (Perseus); Cygnus-Spalt (Cygnus)

Meteorschauer

In der zweiten Monatshälfte sind die vom nördlichen Orion (S. 112) ausgehenden Orioniden zu sehen. Sie erreichen um den 21. Oktober ihr Maximum und sind dann am besten nach Mitternacht zu beobachten.

NOVEMBER

Die wichtigsten Objekte

Die beiden in einem Spiralarm der Milchstraße gelegenen offenen Haufen **NGC 869 und NGC 884** (Doppelhaufen in Perseus) sind schon mit bloßem Auge sichtbar, aber im Fernglas deutlicher zu erkennen.

Ebenfalls sichtbar

Beteigeuze und Rigel (Orion); Aldebaran (Taurus); Capella (Auriga); Achernar (Eridanus); Hyaden und Plejaden (Taurus); M36, M37 und M38 (Auriga); M41 (Canis Major); NGC 2070, Tarantel-Nebel (Dorado); M42, Orion-Nebel (Orion); M31, Andromeda-Galaxie (Andromeda)

Meteorschauer

Die von Ende Oktober bis Ende November sichtbaren Tauriden erreichen ihr Maximum Anfang November. Um den 17. November gehen von Leo die Leoniden aus.

DEZEMBER

Die wichtigsten Objekte

Die schon im Fernglas sichtbaren Sternhaufen **M36, M37 und M38** (Auriga) werden im Teleskop in ihre einzelnen Sterne aufgelöst.
Die Große Magellansche Wolke (Dorado), eine Begleitgalaxie der Milchstraße, ist schon mit bloßem Auge als Nebelfleck zu sehen und im Fernglas deutlich erkennbar.

Ebenfalls sichtbar

Beteigeuze und Rigel (Orion); Aldebaran (Taurus); Capella (Auriga); Achernar (Eridanus); Prokyon (Canis Minor); Canopus (Carina); M41 (Canis Major); M44, Bienenkorb-Haufen (Cancer); M42, Orion-Nebel (Orion)

Meteorschauer

Der reiche Geminiden-Schauer, der von einem Punkt in der Nähe des hellen Sterns Castor (Gemini) ausgeht, erreicht sein Maximum um den 13. Dezember.

Astronomische Daten

Die Sternbilder

Die Himmelssphäre ist in 88 Sternbilder unterteilt, deren Grenzen von der Internationalen Astronomischen Union festgelegt wurden. In dieser Tabelle sind alle 88 mit ihrem lateinischen Namen, dessen Genitiv (der häufig Bestandteil der Namen kosmischer Objekte ist) sowie dem deutschen Sternbildnamen angegeben.

Name	Genitiv	Deutscher Name
Andromeda	Andromedae	Andromeda
Antlia	Antliae	Luftpumpe
Apus	Apodis	Paradiesvogel
Aquarius	Aquarii	Wassermann
Aquila	Aquilae	Adler
Ara	Arae	Altar
Aries	Arietis	Widder
Auriga	Aurigae	Fuhrmann
Bootes	Bootis	Bärenhüter
Caelum	Caeli	Grabstichel
Camelopardalis	Camelopardalis	Giraffe
Cancer	Cancri	Krebs
Canes Venatici	Canum Venaticorum	Jagdhunde
Canis Major	Canis Majoris	Großer Hund
Canis Minor	Canis Minoris	Kleiner Hund
Capricornus	Capricorni	Steinbock
Carina	Carinae	Schiffskiel
Cassiopeia	Cassiopeiae	Cassiopeia
Centaurus	Centauri	Kentaur
Cepheus	Cephei	Cepheus
Cetus	Ceti	Walfisch
Chamaeleon	Chamaeleonis	Chamäleon
Circinus	Circini	Zirkel
Columba	Columbae	Taube
Coma Berenices	Comae Berenicis	Haar der Berenike
Corona Australis	Coronae Australis	Südliche Krone
Corona Borealis	Coronae Borealis	Nördliche Krone
Corvus	Corvi	Rabe
Crater	Crateris	Becher
Crux	Crucis	Kreuz des Südens
Cygnus	Cygni	Schwan
Delphinus	Delphini	Delfin
Dorado	Doradus	Gold- oder Schwertfisch
Draco	Draconis	Drache
Equuleus	Equulei	Füllen
Eridanus	Eridani	Fluss Eridanus
Fornax	Fornacis	Chemischer Ofen
Gemini	Geminorum	Zwillinge
Grus	Gruis	Kranich
Hercules	Herculis	Herkules
Horologium	Horologii	Pendeluhr
Hydra	Hydrae	Wasserschlange
Hydrus	Hydri	Südliche Wasserschlange
Indus	Indi	Indianer
Lacerta	Lacertae	Eidechse
Leo	Leonis	Löwe
Leo Minor	Leonis Minoris	Kleiner Löwe
Lepus	Leporis	Hase
Libra	Librae	Waage
Lupus	Lupi	Wolf
Lynx	Lyncis	Luchs
Lyra	Lyrae	Leier
Mensa	Mensae	Tafelberg
Microscopium	Microscopii	Mikroskop
Monoceros	Monocerotis	Einhorn
Musca	Muscae	Fliege
Norma	Normae	Winkelmaß
Octans	Octantis	Oktant
Ophiuchus	Ophiuchi	Schlangenträger
Orion	Orionis	Orion
Pavo	Pavonis	Pfau
Pegasus	Pegasi	Pegasus
Perseus	Persei	Perseus
Phoenix	Phoenicis	Phönix
Pictor	Pictoris	Malerstaffelei
Pisces	Piscium	Fische
Piscis Austrinus	Piscis Austrini	Südlicher Fisch
Puppis	Puppis	Hinterdeck
Pyxis	Pyxidis	Kompass
Reticulum	Reticuli	Netz
Sagitta	Sagittae	Pfeil
Sagittarius	Sagittarii	Schütze
Scorpius	Scorpii	Skorpion
Sculptor	Sculptoris	Bildhauer
Scutum	Scuti	Schild
Serpens	Serpentis	Schlange
Sextans	Sextantis	Sextant
Taurus	Tauri	Stier
Telescopium	Telescopii	Teleskop
Triangulum	Trianguli	Dreieck
Triangulum Australe	Trianguli Australis	Südliches Dreieck
Tucana	Tucanae	Tukan
Ursa Major	Ursae Majoris	Großer Bär
Ursa Minor	Ursae Minoris	Kleiner Bär
Vela	Velorum	Segel
Virgo	Virginis	Jungfrau
Volans	Volantis	Fliegender Fisch
Vulpecula	Vulpeculae	Fuchs

Sonnenauf- und -untergangszeiten

	15. Januar		15. Februar		15. März		15. April		15. Mai		15. Juni	
Geogr. Breite	Aufgang	Untergang	Aufgang	Untergang	Aufgang	Untergang	Aufgang	Untergang	Aufgang	Untergang	Aufgang	Untergang
60°N	08.50	15.30	07.40	16.50	06.20	18.00	04.40	19.20	03.20	20.30	02.40	21.20
40°N	07.20	17.00	06.50	17.40	06.10	18.10	05.20	18.40	04.40	19.10	04.30	19.30
20°N	06.40	17.40	06.30	18.00	06.10	18.10	05.40	18.20	05.20	18.30	05.20	18.40
0°	06.10	18.10	06.10	18.20	06.10	18.10	06.00	18.00	05.50	18.00	06.00	18.00
20°S	05.30	18.50	05.50	18.40	06.00	18.20	06.10	17.50	06.20	17.30	06.30	17.30
40°S	04.50	19.30	05.30	19.00	06.00	18.20	06.30	17.30	07.00	17.00	07.20	16.40

	15. Juli		15. August		15. September		15. Oktober		15. November		15. Dezember	
Geogr. Breite	Aufgang	Untergang	Aufgang	Untergang	Aufgang	Untergang	Aufgang	Untergang	Aufgang	Untergang	Aufgang	Untergang
60°N	03.00	21.10	04.10	19.50	05.30	18.20	06.40	16.50	08.00	15.30	09.00	14.50
40°N	04.40	19.30	05.10	17.00	05.40	18.10	06.10	17.20	06.50	16.40	07.10	16.40
20°N	05.30	18.40	05.40	18.30	05.50	18.00	05.50	17.40	06.10	17.20	06.30	17.20
0°	06.00	18.10	06.00	18.10	05.50	18.00	05.40	17.50	05.40	17.50	05.50	18.00
20°S	06.40	17.40	06.20	17.50	06.00	18.00	05.30	18.00	05.10	18.20	05.20	18.40
40°S	07.20	16.50	06.50	17.20	06.00	17.50	05.10	18.20	04.40	18.50	04.30	19.20

Die Messier-Objekte

Viele der in diesem Buch erwähnten nichtstellaren Objekte sind Messier-Objekte. Sie sind durch den Buchstaben »M« und eine nachfolgende Nummer identifiziert. Mit diesen Nummern bezeichnete Ende des 18. Jahrhunderts der französische Astronom Charles Messier etwas mehr als 100 nebelartige Objekte, die er in einem Katalog auflistete, um eine Verwechslung mit Kometen zu vermeiden. Heute stellt der Messier-Katalog praktisch eine Aufzählung der schönsten Galaxien, Sternhaufen und Nebel dar.

Nr.	Sternbild	Beschreibung
1	Taurus	Supernova-Überrest
2	Aquarius	Kugelhaufen
3	Canes Venatici	Kugelhaufen
4	Scorpius	Kugelhaufen
5	Serpens	Kugelhaufen
6	Scorpius	Offener Haufen
7	Scorpius	Offener Haufen
8	Sagittarius	Emissionsnebel
9	Ophiuchus	Kugelhaufen
10	Ophiuchus	Kugelhaufen
11	Scutum	Offener Haufen
12	Ophiuchus	Kugelhaufen
13	Hercules	Kugelhaufen
14	Ophiuchus	Kugelhaufen
15	Pegasus	Kugelhaufen
16	Serpens	Offener Haufen
17	Sagittarius	Emissionsnebel
18	Sagittarius	Offener Haufen
19	Ophiuchus	Kugelhaufen
20	Sagittarius	Emissionsnebel
21	Sagittarius	Offener Haufen
22	Sagittarius	Kugelhaufen
23	Sagittarius	Offener Haufen
24	Sagittarius	Sternfeld
25	Sagittarius	Offener Haufen
26	Scutum	Offener Haufen
27	Vulpecula	Planetarischer Nebel
28	Sagittarius	Kugelhaufen
29	Cygnus	Offener Haufen
30	Capricornus	Kugelhaufen
31	Andromeda	Spiralgalaxie
32	Andromeda	Elliptische Galaxie
33	Triangulum	Spiralgalaxie
34	Perseus	Offener Haufen
35	Gemini	Offener Haufen
36	Auriga	Offener Haufen
37	Auriga	Offener Haufen
38	Auriga	Offener Haufen
39	Cygnus	Offener Haufen
40	Ursa Major	Lichtschwacher Doppelstern
41	Canis Major	Offener Haufen
42	Orion	Emissionsnebel
43	Orion	Emissionsnebel
44	Cancer	Offener Haufen
45	Taurus	Offener Haufen
46	Puppis	Offener Haufen
47	Puppis	Offener Haufen
48	Hydra	Offener Haufen
49	Virgo	Elliptische Galaxie
50	Monoceros	Offener Haufen
51	Canes Venatici	Spiralgalaxie
52	Cassiopeia	Offener Haufen
53	Coma Berenices	Kugelhaufen
54	Sagittarius	Kugelhaufen
55	Sagittarius	Kugelhaufen
56	Lyra	Kugelhaufen
57	Lyra	Planetarischer Nebel
58	Virgo	Spiralgalaxie
59	Virgo	Elliptische Galaxie
60	Virgo	Elliptische Galaxie
61	Virgo	Spiralgalaxie
62	Ophiuchus	Kugelhaufen
63	Canes Venatici	Spiralgalaxie
64	Coma Berenices	Spiralgalaxie
65	Leo	Spiralgalaxie
66	Leo	Spiralgalaxie
67	Cancer	Offener Haufen
68	Hydra	Kugelhaufen
69	Sagittarius	Kugelhaufen
70	Sagittarius	Kugelhaufen
71	Sagitta	Kugelhaufen
72	Aquarius	Kugelhaufen
73	Aquarius	Kleine Sterngruppe
74	Pisces	Spiralgalaxie
75	Sagittarius	Kugelhaufen
76	Perseus	Planetarischer Nebel
77	Cetus	Spiralgalaxie
78	Orion	Emissionsnebel
79	Lepus	Kugelhaufen
80	Scorpius	Kugelhaufen
81	Ursa Major	Spiralgalaxie
82	Ursa Major	Irreguläre Galaxie
83	Hydra	Spiralgalaxie
84	Virgo	Elliptische Galaxie
85	Coma Berenices	Elliptische Galaxie
86	Virgo	Elliptische Galaxie
87	Virgo	Elliptische Galaxie
88	Coma Berenices	Spiralgalaxie
89	Virgo	Elliptische Galaxie
90	Virgo	Spiralgalaxie
91	Coma Berenices	Spiralgalaxie
92	Hercules	Kugelhaufen
93	Puppis	Offener Haufen
94	Canes Venatici	Spiralgalaxie
95	Leo	Spiralgalaxie
96	Leo	Spiralgalaxie
97	Ursa Major	Planetarischer Nebel
98	Coma Berenices	Spiralgalaxie
99	Coma Berenices	Spiralgalaxie
100	Coma Berenices	Spiralgalaxie
101	Ursa Major	Spiralgalaxie
102	identisch mit M101, oben	
103	Cassiopeia	Offener Haufen
104	Virgo	Spiralgalaxie
105	Leo	Elliptische Galaxie
106	Canes Venatici	Spiralgalaxie
107	Ophiuchus	Kugelhaufen
108	Ursa Major	Spiralgalaxie
109	Ursa Major	Spiralgalaxie

Kometen 1999 bis 2010

Name des Periodischen Kometen	Beobachtungsdatum	Wiederkehr (Jahre)	Sternbild, in dem er am besten zu sehen ist	Größenklasse
Tempel 2	09.1999	5,47	Scorpius	8,5
Schwassmann-Wachmann 3	01.2001	5,36	Ophiuchus	7,0
Honda-Mrkos-Pajdusakova	03.2001	5,25	Aries	9,0
Borelly	09.2001	6,86	Cancer	9,5
Encke	12.2003	3,30	Aquila	7,0
Tempel 1	06.2005	5,51	Virgo	9,5
Chernykh	10.2005	13,9	Cetus	10
Schwassmann-Wachmann 3	05.2006	5,36	Hercules	1,5
Honda-Mrkos-Pajdusakova	06.2006	5,25	Aries	10
Faye	11.2006	7,55	Pisces	10
Tuttle	01.2008	13,6	Pisces	5,0
Kopff	07.2009	6,44	Aquarius	9,0
Wild 2	03.2010	6,42	Virgo	8,5
Tempel 2	07.2010	5,37	Cetus	8,0
Hartley	10.2010	6,47	Gemini	5,0

Planetenmonde mit mehr als 3000 Kilometer Durchmesser

Monde	Planeten	Mittlere Entfernung zum Planeten (km)	Umlauf-Periode (Tage)	Durchmesser km	Größte Helligkeit (mag)
Ganymede	Jupiter	1 070 000	7,2	5262	4,6
Titan	Saturn	1 221 800	15,9	5150	8,4
Kallisto	Jupiter	1 883 000	16,7	4800	5,6
Io	Jupiter	422 000	1,8	3630	5,0
Mond	Erde	384 500	27,3	3476	–12,5
Europa	Jupiter	670 900	3,5	3138	5,3

Umrechnung von Weltzeit in Ortszeit

Der Zeitpunkt eines Ereignisses ist in Weltzeit (Universal Time, UT) angegeben. Dieses für astronomische Zwecke benutzte Zeitsystem beruht auf der Greenwich-Zeit, d. h. der Ortszeit bei 0° geogr. Länge (Greenwich, England). Um Weltzeit in Ihre Ortszeit umwandeln zu können, müssen Sie wissen, in welcher Zeitzone Sie leben. Eine Zeitzone umfasst gewöhnlich 15 geogr. Breitengrade und entspricht einem Zeitunterschied von 1 Stunde. Um die Ortszeit eines Ereignisses zu berechnen, addieren oder subtrahieren Sie Ihre Zeitzonendifferenz von der Weltzeit. (Östlich von Greenwich addieren, westlich von Greenwich subtrahieren.) Falls bei Ihnen zum Zeitpunkt der Beobachtung Sommerzeit herrscht, müssen Sie die Uhrzeit um 1 Stunde korrigieren. Die Planisphäre (S.22–23) beruht auf der Ortszeit, ebenso die Sonnenauf- und –untergangszeiten (S.136). Hier müssen Sie gegebenenfalls nur 1 Stunde für die Sommerzeit addieren.

Glossar

Absolute Helligkeit
Maß für die wahre Leuchtkraft eines Objekts, definiert als die scheinbare Helligkeit, die das Objekt in einer Standardentfernung von der Erde hätte.

Achse
Gedachte Linie, um die ein kosmisches Objekt rotiert.

Asteroid
Kleiner felsiger Körper, der die Sonne umkreist.

Auflösen
Details erkennen, z. B. einzelne Sterne in einem Haufen oder Krater auf dem Mond.

Bedeckung (Verfinsterung)
Ereignis, bei dem ein Himmelsobjekt ein anderes ganz oder teilweise verdeckt.

Bedeckungsveränderlicher
Zwei Sterne, die einander umkreisen, wobei der eine von der Erde aus gesehen periodisch vor dem anderen vorüberzieht und dessen Licht verdeckt.

Cepheiden-Veränderlicher
Regelmäßig pulsierender Veränderlicher, dessen Periode (einige Tage bis Wochen) in Relation zu seiner mittleren Leuchtkraft steht. Benannt nach Delta Cephei, dem Prototyp dieser Sternklasse.

Charge-Coupled Device (CCD)
Äußerst lichtempfindlicher elektronischer Detektor, der statt eines fotografischen Films zum Aufnehmen von Bildern von Himmelsobjekten verwendet wird und selbst sehr lichtschwache Objekte noch nachweisen kann.

Deklination
Koordinate an der Himmelssphäre, entsprechend der geographischen Breite auf der Erde. Die Deklination ist der Winkel zwischen einem Himmelsobjekt und dem Himmelsäquator und wird vom Himmelsäquator (0°) aus bis zu den Himmelspolen (90° Nord oder Süd) gezählt.

Doppelstern
Zwei Sterne, die von der Erde aus gesehen sehr dicht beieinander stehen. Siehe auch *Echter Doppelstern* und *Optischer Doppelstern*.

Dunkelnebel
Eine Wolke aus interstellarem Gas und Staub, die das Licht von dahinter liegenden Sternen oder anderen Objekten verdeckt. Beispiele sind der Pferdekopf-Nebel in Orion und der Kohlensack.

Echter Doppelstern
Durch Schwerkraft gebundenes Sternpaar, das einen gemeinsamen Schwerpunkt umkreist. Siehe auch *Bedeckungsveränderlicher*.

Ekliptik
Auf die Himmelssphäre projizierte Bahnebene der Erde. Die scheinbare Bewegung der Sonne entlang der Ekliptik beruht auf der Umlaufbewegung der Erde um die Sonne. Die Planeten liegen stets in der Nähe der Ekliptik.

Elongation
Von der Erde aus beobachteter Winkel zwischen einem Planeten und der Sonne oder zwischen einem Mond und seinem Planeten.

Emissionsnebel
Helle Gaswolke, die durch Sterne in ihrem Inneren zum Leuchten angeregt wird.

Extragalaktisch
Bezeichnung für kosmische Objekte außerhalb unserer eigenen Galaxis.

Finsternis
Ereignis, bei dem ein Himmelsobjekt von der Erde aus gesehen in den Schatten eines anderen eintritt.

Galaxie
Ansammlung von Millionen oder Milliarden von Sternen, die durch Schwerkraft aneinander gebunden sind.

Galaxis
Unsere Heimatgalaxie. Siehe auch *Milchstraße*.

Größenklasse (Magnitude, mag)
Maß für die scheinbare Helligkeit eines kosmischen Objekts, angegeben mittels einer Zahlenskala, nach der helle Objekte niedrige oder sogar negative und lichtschwache Objekte hohe Werte erhalten.

Himmelsäquator
Gedachter Großkreis an der Himmelssphäre, der diese in eine nördliche und eine südliche Hemisphäre teilt. Er entspricht dem Erdäquator und liegt direkt über diesem.

Himmelssphäre
Imaginäre unendlich große Kugel um die Erde, auf der die Himmelsobjekte zu liegen scheinen.

Komet
Ein mehrere Kilometer großer Körper aus gefrorenem Gas und Staub, der die Sonne umkreist und in ihrer Nähe Kopf und Schweif ausbildet.

Konjunktion
Stellung, bei der zwei Körper im Sonnensystem (z. B. die Sonne und ein Planet) von der Erde aus gesehen dieselbe »ekliptikale Länge« haben, also sehr nahe beieinander stehen. Siehe auch *Obere Konjunktion* und *Untere Konjunktion*.

Kugelhaufen
Kugelförmige Ansammlung aus Tausenden bis Hunderttausenden von Sternen. Derartige Haufen enthalten einige der ältesten bekannten Sterne.

Leuchtkraft
Energie, die ein Himmelsobjekt pro Sekunde abstrahlt. Ein Maß für die Leuchtkraft ist die *Absolute Helligkeit*.

Lichtjahr
Keine Zeit-, sondern eine Entfernungseinheit. 1 Lichtjahr (LJ) ist die Strecke, die Licht in 1 Jahr zurücklegt: 9 460 700 000 000 km.

Lokale Gruppe
Galaxienhaufen mit über 30 Galaxien, von denen die beiden größten die Andromeda-Galaxie und unsere eigene *Milchstraße* sind.

Meteor (Sternschnuppe)
Leuchtspur am Himmel, verursacht durch ein kleines Staub- oder Gesteinsteilchen aus dem Weltraum, das beim Eindringen in die Erdatmosphäre verglüht.

Meteorit
Bruchstück eines Asteroiden oder Kometen, das auf die Oberfläche eines Planeten oder Mondes gefallen ist.

Milchstraße
Nebliges Lichtband, bestehend aus Milliarden ferner Sterne unserer eigenen *Galaxie*, das in dunklen Nächten den Himmel überspannt; volkstümlicher Name für die Galaxis als Ganzes.

Mira-Veränderlicher
Roter Riese oder Überriese, der mit einer Periode von Monaten oder Jahren pulsiert und dadurch in seiner Helligkeit um bis zu 11 Größenklassen schwankt. Benannt nach Mira (Omikron Ceti), dem Prototyp dieser Sternklasse.

Nebel
Wolke aus Gas und Staub, gewöhnlich in den Spiralarmen einer *Galaxie* gelegen. Einige Nebel sind hell, weil sie von Sternen in ihrem Inneren zum Leuchten gebracht werden, andere sind dunkel und nur als Silhouette vor einem hellen Hintergrund zu sehen. Siehe auch *Emissionsnebel, Dunkelnebel, Planetarischer Nebel*.

Nichtstellares Objekt
Begriff für Objekte außerhalb des Sonnensystems wie Sternhaufen, Nebel und Galaxien.

Nova
Stern, der vorübergehend um bis zu 10 Größenklassen heller wird. Novae treten in engen Doppelsternsystemen auf, deren eines Mit-

glied ein *Weißer Zwerg* ist. Vom Begleiter strömt Gas auf die Oberfläche des Weißen Zwergs und verursacht dort eine Kernexplosion, die zu dem Helligkeitsanstieg führt.

Obere Konjunktion
Stellung, in der Merkur oder Venus von der Erde aus gesehen hinter der Sonne steht.

Öffnung (Apertur)
Die Öffnung, durch die Licht in ein astronomisches Instrument fällt, und der Durchmesser der Hauptlinse oder des Hauptspiegels eines Teleskops.

Offener Haufen
Unregelmäßig geformte, lockere Ansammlung aus einigen Dutzend bis mehreren hundert relativ jungen Sternen, gewöhnlich in den Spiralarmen von Galaxien gelegen.

Opposition
Stellung, in der ein Körper im Sonnensystem von der Erde aus gesehen der Sonne gegenübersteht und daher die ganze Nacht sichtbar ist.

Optischer Doppelstern
Zwei Sterne, die am Himmel (scheinbar) sehr nahe beieinander stehen, tatsächlich aber unterschiedlich weit von der Erde entfernt sind.

Parallaxe
Positionsverschiebung eines Objekts, wenn es von zwei verschiedenen Standorten aus beobachtet wird. Die Größe der Verschiebung hängt von der Entfernung des Objekts und vom Abstand zwischen den Beobachtungsstandorten ab. Nahe Sterne zeigen aufgrund des Umlaufs der Erde um die Sonne eine leichte Parallaxenverschiebung, aus der sich ihre Entfernung berechnen läßt.

Phase
Der von der Erde aus gesehene beleuchtete Anteil einer Planeten- oder Mondscheibe.

Planet
Relativ großer Körper, der die Sonne oder einen anderen Stern umkreist und deren Licht reflektiert.

Planetarischer Nebel
Leuchtende Gashülle um einen Stern, die dieser in einer späten Entwicklungsphase abgestoßen hat. In einem kleinen Teleskop kann die Hülle einer Planetenscheibe gleichen – daher der Name.

Radiant
Punkt am Himmel, von dem die Meteore eines Schauers auszugehen scheinen.

Rechtläufige Bewegung
Für Objekte im Sonnensystem übliche Bewegungsrichtung:
(1) Die von der Erde aus gesehene scheinbare West-Ost-Bewegung eines Objekts vor dem Sternhintergrund.
(2) Die gegen den Uhrzeigersinn gerichtete Bahnbewegung eines Körpers um die Sonne oder eines Mondes um einen Planeten (von oberhalb des Nordpols des Körpers aus gesehen).
(3) Die Rotation eines Körpers gegen den Uhrzeigersinn (von oberhalb seines Nordpols aus gesehen).

Reflektor (Spiegelteleskop)
Teleskop, bei dem das Licht von einem Spiegel gesammelt und fokussiert wird.

Refraktor (Linsenteleskop)
Teleskop, bei dem das Licht von einer Linse gesammelt und fokussiert wird.

Rektaszension
Koordinate an der Himmelssphäre, entsprechend der geographischen Länge auf der Erde. Sie wird ostwärts entlang des Himmelsäquators gemessen (in Stunden), ausgehend von dem Punkt, an dem die Sonne jeden März den Himmelsäquator kreuzt (Frühlingspunkt).

Riesenstern
Großer, leuchtkräftiger Stern in einer späten Entwicklungsphase. Riesen sind mindestens 10-mal so groß wie die Sonne und tausendmal leuchtkräftiger.

Rückläufige (retrograde) Bewegung
Bewegung entgegengesetzt zur normalen, *rechtläufigen Bewegung* im Sonnensystem:
(1) Die von der Erde aus gesehene scheinbare Ost-West-Bewegung eines Objekts vor dem Sternhintergrund.
(2) Die im Uhrzeigersinn gerichtete Bahnbewegung eines Körpers um die Sonne oder eines Mondes um einen Planeten (von oberhalb des Nordpols des Körpers aus gesehen).
(3) Die Rotation eines Körpers im Uhrzeigersinn (von oberhalb seines Nordpols aus gesehen).

Scheinbare Helligkeit
Maß für die Helligkeit, mit der ein kosmisches Objekt dem Beobachter erscheint. Siehe auch *Größenklasse*.

Schmidt-Cassegrain-Teleskop
Spiegelteleskop mit einer Korrektionslinse (Korrektorplatte) zur Beseitigung von Abbildungsfehlern.

Sonnensystem
Die Sonne und die verschiedenen Körper, die sie umkreisen. Dazu zählen die 9 Planeten nebst ihren Monden sowie Asteroiden, Kometen und kleinere Trümmerstücke.

Sternbild (Konstellation)
Ursprünglich ein Sternmuster; heute definiert als ein Himmelsgebiet, dessen Grenzen von der Internationalen Astronomischen Union festgelegt wurden. Die Himmelssphäre ist in 88 Sternbilder unterteilt.

Sterngruppe
Muster aus Sternen eines oder mehrerer Sternbilder. Beispiel sind der Große Wagen, der Teil von Ursa Major ist, oder das Pegasus-Quadrat, das von Sternen in Pegasus und Andromeda gebildet wird.

Supernova
Explosion und Zerstörung eines massereichen Sterns am Ende seines Lebens und der damit verbundene plötzliche Helligkeitsanstieg auf das Milliardenfache seiner ursprünglichen Leuchtkraft, der einige Monate anhalten kann.

Supernova-Überrest
Die expandierende Gashülle, die bei einer *Supernova*explosion abgestoßen wurde.

Tierkreis
Zone an der Himmelssphäre beiderseits der Ekliptik, in der sich die Sonne und die Planeten bewegen. Seit den Anfängen der Himmelsbeobachtung in 12 Tierkreis-Sternbilder eingeteilt. Aufgrund neuzeitlicher Änderungen der Sternbildgrenzen durchlaufen Sonne und Planeten mittlerweile noch ein 13. Sternbild: Ophiuchus.

Überriesen
Größte und leuchtkräftigste Sternart, entstanden aus Sternen mit mindestens 10-facher Sonnenmasse, die sich in späten Entwicklungsstadien aufgebläht haben und heller geworden sind.

Universal Time, UT
Zeitmaß, verknüpft mit der scheinbaren täglichen Bewegung der Sonne; dient als Grundlage der bürgerlichen Zeitmessung.

Universum
Alles, was existiert: alle Materie, Raum und Zeit.

Untere Konjunktion
Stellung, in der Merkur oder Venus zwischen Sonne und Erde steht.

Veränderlicher Stern
Stern, dessen Helligkeit schwankt, gewöhnlich aufgrund periodischer Änderungen des Durchmessers (Pulsationen); einige Veränderliche sind jedoch enge Doppelsterne, bei denen der eine Stern den anderen periodisch verdeckt. Siehe auch *Bedeckungsveränderlicher, Cepheiden-Veränderlicher, Mira-Veränderlicher*.

Weißer Zwerg
Kleiner, sehr dichter Stern mit einer Masse ähnlich der Sonne, aber einem hundertmal kleineren Durchmesser. Weiße Zwerge sind die geschrumpften Überreste von Sternen, die ihren gesamten nuklearen Brennstoff verbraucht haben.

Zirkumpolarer Stern
Stern, der von einem bestimmten Ort auf der Erde aus gesehen immer über dem Horizont bleibt und einen der Himmelspole umkreist.

Register

Danksagung

Autor und Verlag danken folgenden Personen für ihre unschätzbare Hilfe: Robin Scagell für Ratschläge zur Fotografie; den Mitarbeitern von Her Majesty's Nautical Almanac Office, Cambridge (insbesondere Catherine Hohenkerk und Andrew Sinclair) für die Erstellung der Sternkarten und Diagramme der Planetenpositionen; Jonathan Shanklin für Informationen über Kometen, Ian Ridpath für fachlichen Rat sowie David Hughes.

Dorling Kindersley dankt auch Broadhurst Clarkson & Fuller Ltd Telescope House, 63 Farringdon Road, London EC1M 3JB für zur Verfügung gestellte Ferngläser und Teleskope und insbesondere Peter Gallon für seine wertvollen Ratschläge zum Gebrauch dieser Instrumente; Francesca Agati, Noel Dockstader David Douglas, Chacasta Pritlove, Ellen Hughes, Owen Hughes, Lara Maiklem, Simon Oon, Ben Raven und Richard Shellabear für ihre Mitwirkung als Fotomodelle.

Die Autorin dankt den vielen Menschen, die bei der Herstellung des vorliegenden Buches halfen. Besonderer Dank geht an Heather Jones und Vanessa Hamilton für ihr unermüdliches Interesse, ihre Sorgfalt und Mühen sowie an den Ehemann der Autorin, David, und ihre Kinder Ellen und Owen für ihre Liebe und Unterstützung.

Illustrationen
Sämtliche Sternbildkarten wurden gezeichnet von Her Majesty's Nautical Almanac Office, Royal Greenwich Observatory.
Illustrationen von:
Julian Baum
Gavin Dunn
John Egan
Jason Little
Shadric Toop
Martin Woodward

Bildnachweise
Der Verlag dankt folgenden Personen und Institutionen für die freundliche Genehmigung zur Reproduktion ihrer Fotografien:

o=oben; M=Mitte; u=unten; l=links; r=rechts; go=ganz oben

Anglo-Australian Observatory: 89 Mro, 89 Mo, 90–91, Royal Observatory, Edinburgh 91 gor; Bruce Coleman Ltd: Keith Nels Swenson 73 gol; Robert Dalby: 97 Mro; Galaxy Picture Library: Adrian Catterall 62 Mu; Alan Heath 46 Mu; Bob Garner 32 Mo, 50 Mlu, 54 ul, 58 ul; Bob Mizon 85 Mro; Chris Livingstone 90 uM, 103 uM; David Cortner 16 uM; David Graham 42 ur, 42 Mru, 46 Mro, 47 Mlo, 47 Ml, 47 M, 47 Mr, 55 uM, 55 Mlu; David Ratledge 111 goM, 122 Ml; Duncan Radbourne 67 ur, 86 uM; Eric Hutton 36 M, 66–67;Gordon Garradd 8 Mlo, 11 Mo, 100 uM, 101 Mru, 101 uM, 103 Mro, 103 Ml; Howard Brown-Greaves 71 Mru, 79 Mr, 91 ur, 106 ul, 109 Ml; J.Gillett 112 Ml; Jim Henderson 118 ul; John Gillett 110 Ml, 113 ur; JPL 51 Mru, 51 M; Martin Mobberley 67 M; Michael Maunder 11 Ml, 71 ul, 75 Mr; Michael Stecker 5 Mr, 5 gol, 36 uM, 37 ul, 69 M, 74–75, 76–77, 83 Mro, 88 Mlo, 88 M, 88–89, 88 ul, 89 ul, 93 Ml, 93 gol, 97 goM, 104 Mlu, 105 ur, 105 Mro, 105 ul, 105 gol, 107 Mo, 108 Mro, 112 Mr, 119 goM, 125 Mro, 129 ur, 131 goM, 131 Mu; Michael Strecker 87 goM; NASA 42 Mlu, 78 gor;Nik Szymanek und Ian King 92 uM, 111 Mu, 113 Mro; Paul Stephens 65 goM; Paul Sutherland 77 Mo; Robin Scagell 1M, 5 Mru, 5 Mro, 9 ur, 9 gor, 10 M, 12 uM, 12 ur, 12 ul, 13 Mru, 13 Mr, 13 ur, 16 Mr, 17 gol, 24 Mu, 24 Mro, 24 Mru, 25 gor, 25 Mlo, 27 Mu, 27 Mul, 27 Mu, 27 Mlu, 27 Mur, 36 Mo, 38 ur, 39 gor, 39 ul, 42 M, 42 Mlo, 43 ul, 46 Ml, 46 Mlu, 46 M, 47 gor, 50 M, 50 Mlo, 54 gor, 54 Mlo, 54 M, 58 M, 58 Ml, 59 gor, 62 M, 62 ul, 62 Mlo, 63 Ml, 63 uM, 63 Mru, 63 Mro, 64 Mlo, 66 Mr, 66 Ml, 66 M, 71 gol, 75 ul, 79 goM, 79 gol, 79 gor, 79 uM, 82 Mlu, 82 Ml, 82–83 goM, 82 ul, 83 Mr, 84 M,84 uM, 84 gor, 84 Mr, 85 Ml, 85 M, 85 goM, 86 Mru, 86 Mo, 86 gor, 87 ul, 87 uM, 88 ur, 92 goM, 96 uM, 97 Mru, 98 Mr, 98 M, 99 gol, 99 ul, 99 uM, 100 Ml, 101 gor, 102 Mlu, 103 ul, 104 uM, 106 M, 107 Mlu, 109 Mr, 110 uM, 112 uM, 113 Ml, 115 Mr, 116 Mr, 117 ur, 117 Ml, 123 uM, 123 Mr, 124 Mru, 125 Mru, 125 Mlo, 126 ul, 127 gor, 128 ul, 128 Mo, 129 Ml, 129 Mr, 129 gor, 132 ul, 132 Mu, 133 ul, 133 Mlo, 135 goM; Stephen Fielding 122 uM; Steve Smith 123 goM; STScI 11 Mru; Tatsuo Nakagawa 13 gor; Y.Hirose 17 Mu, 70 Ml, 93 Mro, 111 Mr; Jim Henderson :5 ur, 72–73, 73 Mr, 73 Mro, 73 Mru, 73 ur; Jet Propulsion Laboratory: Dr. Robert Leighton 50 Mu; Stuart A.Long: 68 Mru; NASA: 5 gor, 10 goM, 10–11 Mro, 11 gor, 32 M, 36 ur, 36 Ml, 59 Mr, 59 Mu, 67 gor, 70–71, 127 Mu, 131 Mr, JPL 10 Mr, 55 goM; Science Photo Library: David Nunuk 6–7; Frank Zullo 2–3, 80–81; John Foster 34–35; John Sanford 75 gor; Pekka Parviainen 18–19 goM.